JN112122

はじめに

　化学では，化学基礎ではふれられなかった，より高度な理論や反応を学び〔……〕
文章記述，描画と多種多様な学習方法，表現手法が必要とされます。深く〔……〕
取り組むことで，様々な角度から化学を見つめ，表現できるようになること〔……〕っています。

佐藤　陽子

本書の特色としくみ

①各単元は STEP 1，2 の2段階で構成されています。STEP 1 では基礎的な問題で知識の確認を，
　STEP 2 では標準的なレベルの問題で定期テストや共通テストに向けた力が養えます。

②各章末には STEP 3 として，よりレベルの高い問題を掲載しています。はじめに「チャレンジ例題」で
　考え方を確認し，次に「チャレンジ問題」に取り組みましょう。

③解答・解説は詳しくわかりやすい説明となるようにしています。

アイコンの説明

 単元の重要語を解説しています。

 発展的な内容を含む，参考となる事項を掲載しています。

Hints 問題の解き方や着眼点を掲載しています。こちらを参考に問題に取り組みましょう。

 問題を解く上での確認事項を解説しています。

 注意すべき間違えやすい事項を掲載しています。

目次

物質の状態

STEP 1 基本問題

解答 ➜ 別冊1ページ

重要 **1** [熱運動と拡散] 次の文章の空欄に適語をそれぞれ入れなさい。

物質を構成する粒子はその温度に応じた激しさの運動をしている。この運動を（① 　　　　　）という。高温のときは構成粒子の（ ① ）が激しい粒子が（② 　　　　）くなる。（ ① ）によって物質の構成粒子は乱雑に動き回り，散らばっていく。この現象を（③ 　　　　）という。

2 [物質の三態] 物質の三態について，最も適切な記述と図を**ア**〜**ケ**から選び，次の表を完成させなさい。

	体積と形状	構成粒子の振る舞い	モデル図
固体	①	②	③
液体	④	⑤	⑥
気体	⑦	⑧	⑨

ア 体積と形は一定しない。　　**イ** 体積と形は一定である。

ウ ほぼ一定の体積を保つが，形は一定しない。

エ 熱運動が激しいため，粒子間の引力の影響が小さくなり，粒子は自由に運動する。

オ 熱運動は激しいが，粒子間の引力の影響を無視できず，粒子は互いに位置を変えながら運動する。

カ 粒子間の引力の影響が非常に強く，粒子は位置を変えず振動する。

キ 　**ク** 　**ケ**

3 [気体の圧力] 次の文章の空欄に適語をそれぞれ入れなさい。

気体の分子数が（① 　　　　）いほど，また，温度が（② 　　　　）いほど，気体の圧力は大きくなる。温度が0℃，圧力が1.013×10^5 Paのとき，図のhの高さは（③ 　　　　）mmである。

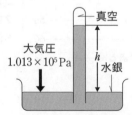

真空
大気圧
1.013×10^5 Pa
h
水銀

Guide

確認 **熱運動の分布**

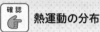

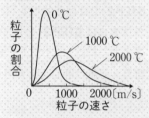

粒子の割合

0℃
1000℃
2000℃

0　1000　2000〔m/s〕
粒子の速さ

どの温度においても，速く動く粒子と遅く動く粒子が共存している。

温度が高いときは動きの速い粒子の割合が多くなり，温度が低いときは動きの遅い粒子の割合が多くなる。

確認 **拡散の例**

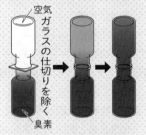

空気
ガラスの仕切りを除く
臭素

空気に含まれる窒素分子（分子量28）や酸素分子（分子量32）よりも，臭素分子（分子量160）のほうが重いが，熱運動によって上方にも広がっていく。

用語 **圧力**

単位面積あたりにはたらく力（圧力の単位は p.7 参照）

4 ［加熱と状態変化］右の図は大
気圧下で氷を加熱していったと
きの加熱時間と温度の関係をグ
ラフにしたものである。これに
ついて，次の問いに答えなさい。

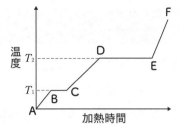

(1) 次の状態はグラフのどの区間か。アルファベットで答えよ。

① 固体のみ（　　　　　）　② 沸騰している（　　　　　）

③ 密度が最も小さい（　　　　　）

(2) BC 間と DE 間は加熱しても温度が変化しない。

① このときに吸収される熱をそれぞれ何というか答えよ。

BC 間（　　　　　）　DE 間（　　　　　）

記述 ② 加熱しても温度が変化しない理由を簡潔に答えよ。

（　　　　　　　　　　　　　　　　　　　　　　　　　　）

5 ［液体と気体の間の状態変化］次の(1)〜(4)について，正しければ
○，誤っていれば×で答えなさい。

(1) 沸点以下の温度であっても蒸発は起こる。

(2) 気液平衡とは蒸発と凝縮が停止した状態のことをいう。

(3) 密閉容器内に揮発性液体を封入し，温度を上げると蒸発する
分子の数は増えるが，凝縮する分子の数は増えない。

(4) 注射器内に揮発性液体を封入し，液体がなくならない程度に
体積を増やすと蒸発する分子の数は増えるが，蒸気の圧力は増
えない。

(1)（　　　）　(2)（　　　）　(3)（　　　）　(4)（　　　）

重要 **6** ［蒸気圧曲線と沸騰］図は，ある物質 A
〜C の蒸気圧曲線を表している。これ
について，次のア〜エのうち，正しいも
のをすべて選び，記号で答えなさい。

ア 気体分子の熱運動が激しくなるため，
曲線が右上がりになる。

イ 大気圧が 0.6×10^5 Pa における液体 A
の沸点は約 20 ℃である。

ウ 3つの中で最も分子間引力が小さいのは物質 C である。

エ 90 ℃，0.9×10^5 Pa の気体 B を定圧のまま冷やしていくと，
60 ℃で凝縮し始める。　　　　　　　　　（　　　　　　　）

確認 **蒸発と沸騰**

▶**蒸発**…互いに引き合って
密接している液体の粒子
が周囲の引力をすべて振
りはらって，自由な距離
をとって運動できるよう
になることを指す。液体
の表面に存在する粒子が
ある一定以上の運動エネ
ルギーを有していれば，
蒸発できる。

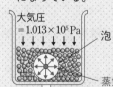

蒸発はどのような温度
でも起こる。しかし，温
度によって蒸発する粒子
の数は大きく異なる。

▶**沸騰**…蒸発の一種であり，
液体内部で起こる蒸発の
ことを指す。その際，液
体の粒子が液体内部で粒
子間の引力を振りはらう
だけでなく，周囲の液体
粒子をはらいのけて気体
になっている。

大気圧
$=1.013 \times 10^5$ Pa

泡

蒸気圧
$=1.013 \times 10^5$ Pa

周囲の液体粒子は大気
圧によって圧縮されてい
るので，粒子の運動エネ
ルギーはこの圧力を超え
なければならない。した
がって，沸騰が起こると
きとは，蒸気圧が大気圧
以上の値を示したときで
ある。

1 ［物質の三態と熱運動］物質の状態に関する記述として誤りを含む
ものを，次の**ア〜オ**から1つ選び，記号で答えなさい。

ア 温度を上げると気体中の分子の拡散が速くなるのは，気体の分
子がエネルギーを得て，その運動が活発になるからである。

イ 蒸気圧が一定の密閉容器内では，液体の表面から飛び出した分
子は再び液体中に戻らない。

ウ 大気中に放置したビーカー中の液体の量が次第に減少するのは，
蒸発した分子が空気中に拡散していくからである。

エ 固体から液体へ状態が変化すると，この物質を構成する分子は，
融解熱に相当するエネルギーを得て，移動できるようになる。

オ ピストン付き密閉容器内の気体の温度を一定にしたまま体積を
小さくすると，単位時間・単位面積あたりに，容器の壁に衝突す
る分子の数が増える。

1

2 ［熱量と状態変化］図はある固体の物
質 0.10 mol に，1時間あたり 6.0 kJ の
熱を加えたときの加熱時間と温度の関
係を示している。これについて，次の
問いに答えなさい。

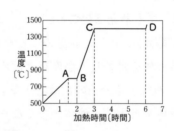

(1) この物質の蒸発熱〔kJ/mol〕を整数で求めよ。

(2) この物質の液体のときの比熱〔J/(mol・℃)〕を求め，有効数字2
桁で答えよ。ここでいう比熱とは，1 mol の物質の温度を1℃上
昇させるのに必要なエネルギー〔J〕であるとする。

記述 (3) 融解熱よりも蒸発熱のほうが大きい理由を説明せよ。

2

(1)	
(2)	
(3)	

3 ［水の特異性］次の**ア〜カ**のうち，正しいものをすべて選びなさい。

ア 水の密度は固体に比べ液体のほうが小さい。

イ 水の密度は4℃を上回ると，温度が上がるにつれて大きくなる。

ウ 氷ではすべての酸素原子の非共有電子対と水素原子が共有結合
によって結びついている。

エ 氷では1分子の水が2分子の水に囲まれた構造をとる。

オ 氷では酸素原子だけ取り出すとダイヤモンドと同じ構造になる。

カ 水では水分子の熱運動のため分子間のすき間の大きな状態にな
り，氷では水分子の位置が固定されすき間の小さな状態で並ぶ。

3

Hints

ダイヤモンドでは，炭素
原子が正四面体構造を形
成している。

4 [分子間引力と沸点・融点] (1)〜(5)について，沸点が最も高いものをそれぞれ選び，化学式で答えなさい。また，その理由を**ア〜オ**から選び，記号で答えなさい。H＝1.0，O＝16，F＝19，S＝32，Cl＝35.5

(1) ダイヤモンド，塩化ナトリウム，ナフタレン

(2) 水素，酸素，塩素

(3) 酸素，硫化水素，フッ素

(4) フッ化水素，塩化水素，臭化水素

(5) フッ化ナトリウム，フッ化マグネシウム，酸化アルミニウム

ア いずれも無極性分子で，分子間引力が分子量の大小で決まる。

イ 共有結合は，イオン結合や分子間引力より強い結合力をもつ。

ウ イオン半径が同程度なら，結合力はイオン価数の積に比例する。

エ 水素結合は，極性分子間のクーロン力より強い引力である。

オ 分子量が同程度なら，極性分子のほうが分子間引力は大きい。

5 [蒸気圧曲線と水銀柱] **図1**のように温度に対して蒸気圧が変化する化合物A〜Dがある。これらの化合物について，次の問いに答えなさい。

図1

(1) 化合物A〜Dの中で，沸点が最も高いのはどれか。

(2) 化合物Cを40℃で沸騰させるためには，外部の圧力を何mmHg以下にしなければならないか。

(3) 80℃，400mmHgの条件から，圧力一定のまま温度を40℃まで下げていくと，化合物A〜Dのうち状態変化が起こるものをすべて答えよ。また，その状態変化の名称も答えよ。

(4) 温度10℃，外部の圧力760mmHgの下で4本の試験管に水銀を満たし，これを水銀浴表面から高さ800mmだけ出して倒立させ，先を曲げたスポイトで少量の化合物A〜Dの液体を別々の試験管内に入れた。液体は試験管内の水銀面で一部を残してほとんど蒸発し，**図2**のようになった。

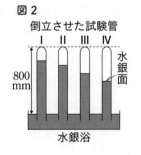

図2
倒立させた試験管
I II III IV
水銀面
800mm
水銀浴

① **図2**の試験管 I 〜 IV のうち，化合物Bを入れたものはどれか。記号で答えよ。

② ①の試験管の水銀面は試験管の上端から何mmのところにあるか。

[弘前大－改]

4

(1)	・
(2)	・
(3)	・
(4)	・
(5)	・

Hints

構成粒子間にはたらく引力が大きいほど，融点や沸点は高くなる。

5

(1)	
(2)	
(3)	記号
	状態変化
(4)	①
	②

Hints

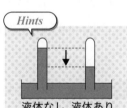

液体なし　液体あり
液体を封入した場合，液体が蒸発して生じた蒸気の圧力によって，水銀柱は押し下げられる。

2 気体の性質

解答 ⊕ 別冊2ページ

STEP 1 基本問題

1 [絶対温度] 次の問いに，整数で答えなさい。

(1) 27 ℃は何 K か。 （　　　　）

(2) −21 ℃は何 K か。 （　　　　）

(3) 0 K は何℃か。 （　　　　）

2 [ボイルの法則] 次の問いに，有効数字2桁で答えなさい。

(1) 体積が 2.0 L で圧力が $1.0×10^5$ Pa を示す気体を，温度一定のまま 1.0 L まで圧縮したとき，気体の圧力は何 Pa を示すか。 （　　　　）

(2) 25 ℃，$1.0×10^5$ Pa で 200 mL を占める気体を，温度一定のまま体積を 10 L まで膨張させたとき，気体の圧力は何 Pa を示すか。 （　　　　）

重要 3 [シャルルの法則] 次の問いに，有効数字2桁で答えなさい。

(1) 300 K，$1.0×10^5$ Pa で 27 L を示す気体を加熱し，一定圧力のまま 30 L まで体積を変化させた。このときの温度は何 K か。 （　　　　）

(2) 57 ℃，$1.0×10^5$ Pa で 880 mL を示す気体を一定圧力のまま冷却し 800 mL まで体積を変化させた。このときの温度は何℃か。 （　　　　）

重要 4 [ボイル・シャルルの法則] 次の問いに，有効数字2桁で答えなさい。

(1) 27 ℃，$1.0×10^5$ Pa で体積が 1.5 L の気体を，127 ℃，$4.0×10^4$ Pa にすると，体積は何 L を示すか。 （　　　　）

(2) 27 ℃，$1.0×10^5$ Pa で 500 mL の体積を占める気体を，227 ℃に加熱した状態でその体積を 200 mL に抑えたい。どれだけの圧力〔Pa〕で圧縮すればよいか。 （　　　　）

(3) 17 ℃，$1.0×10^5$ Pa において，300 mL を占める気体を $5.0×10^5$ Pa まで耐えられる容積 1.0 L の耐圧容器に入れ加熱する。容器が破裂しないように加熱するとき，何℃まで加熱することができるか。 （　　　　）

Guide

確認 ボイルの法則 (1662)

一定温度で一定量の気体において，体積 V と圧力 P が反比例する。

$$PV=k（k は定数）$$

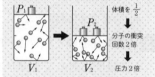

確認 シャルルの法則 (1787・1802)

一定圧力で一定量の気体において，体積 V と絶対温度 T が比例する。

$$V=k'T（k' は定数）$$

確認 ボイル・シャルルの法則と気体定数

一定量の気体において，体積 V と圧力 P と絶対温度 T の間には次の関係が成り立つ。

$$\frac{PV}{T}=k''（k'' は定数）\cdots（*）$$

0 ℃（=273 K），$1.013×10^5$ Pa で 1 mol の気体の体積は，22.4 L であるから，これを（*）式に代入すると，$k''=8.31×10^3$ Pa・L/(mol・K) と算出できる。これを気体定数とよび，R で表す。

重要 **5** ［理想気体の状態方程式］次の問いに答えなさい。ただし，気体定数 $R = 8.3 \times 10^3\,\mathrm{Pa \cdot L/(mol \cdot K)}$ とする。

(1) $27\,^{\circ}\mathrm{C}$，$2.5 \times 10^5\,\mathrm{Pa}$ で $8.3\,\mathrm{L}$ の体積を占める気体がある。この気体の物質量〔mol〕はいくらか。　　（　　　　　　）

(2) 窒素 $0.10\,\mathrm{mol}$ を $2.1\,\mathrm{L}$ の容器に詰め，$-63\,^{\circ}\mathrm{C}$ まで冷却した。このとき，容器内の圧力は何 Pa を示すか。（　　　　　　）

6 ［分子量・密度］次の問いに答えなさい。ただし，気体定数 $R = 8.3 \times 10^3\,\mathrm{Pa \cdot L/(mol \cdot K)}$ とする。

(1) ある気体 $4.0\,\mathrm{g}$ をとり，$27\,^{\circ}\mathrm{C}$，$1.0 \times 10^5\,\mathrm{Pa}$ の下で体積を測定すると $1.66\,\mathrm{L}$ を示した。この気体の分子量を整数で求めよ。

（　　　　　　）

(2) $27\,^{\circ}\mathrm{C}$ で分子量 40 の気体 $0.90\,\mathrm{g}$ を容積 $600\,\mathrm{mL}$ の風船に詰めた。このとき，風船内の気体の圧力は何 Pa か。　（　　　　　　）

(3) $77\,^{\circ}\mathrm{C}$，$3.0 \times 10^5\,\mathrm{Pa}$ において，密度が $2.1\,\mathrm{g/L}$ の気体の分子量を整数で求めよ。　　　　　　（　　　　　　）

7 ［混合気体の圧力・分圧・平均分子量］次の問いに答えなさい。
$\mathrm{N} = 14$，$\mathrm{O} = 16$，気体定数 $R = 8.3 \times 10^3\,\mathrm{Pa \cdot L/(mol \cdot K)}$

(1) $4.00\,\mathrm{mol}$ の窒素と $12.0\,\mathrm{mol}$ の水素を $2.00\,\mathrm{L}$ の容器に入れ，$27\,^{\circ}\mathrm{C}$ に保った。このときの混合気体の全圧〔Pa〕と各気体の分圧〔Pa〕を有効数字 3 桁で求めよ。　　全圧（　　　　　　）Pa
窒素（　　　　　）Pa　水素（　　　　　）Pa

(2) 一定温度で $2.0 \times 10^5\,\mathrm{Pa}$ で $6.0\,\mathrm{L}$ を占める酸素と $1.0 \times 10^5\,\mathrm{Pa}$ で $4.0\,\mathrm{L}$ を占める窒素を $5.0\,\mathrm{L}$ の 1 つの容器に移しかえた。酸素と窒素の分圧と，混合気体の全圧を有効数字 2 桁で求めよ。また，混合気体の平均分子量を小数第 1 位まで求めよ。
酸素（　　　　　）Pa　窒素（　　　　　）Pa
全圧（　　　　　）Pa　平均分子量（　　　　　）

8 ［水上置換法］室温 $27\,^{\circ}\mathrm{C}$，$776\,\mathrm{mmHg}$ の実験室内で水素を生成し，水上置換法で捕集した。捕集した気体の体積が $240\,\mathrm{mL}$ であるとき，次の問いに有効数字 3 桁で答えなさい。
気体定数 $R = 8.3 \times 10^3\,\mathrm{Pa \cdot L/(mol \cdot K)}$，$1.013 \times 10^5\,\mathrm{Pa} = 760\,\mathrm{mmHg}$

(1) 捕集した気体中の水素の分圧〔Pa〕を求めよ。$27\,^{\circ}\mathrm{C}$ での水の飽和蒸気圧を $27\,\mathrm{mmHg}$ とする。　（　　　　　　）

(2) 得られた水素の物質量〔mol〕を求めよ。　（　　　　　　）

確認 **理想気体の状態方程式と関連する式**

(1) 理想気体の状態方程式
$PV = nRT$

(2) 分子量 M を求める式
n〔mol〕の気体について，分子量 M と質量 w〔g〕である場合，n〔mol〕$= \dfrac{w\,〔\mathrm{g}〕}{M}$ であるから，

$PV = \dfrac{w}{M}RT \Leftrightarrow M = \dfrac{wRT}{PV}$

(3) 密度 d を用いる式
密度は d〔g/L〕$= \dfrac{w\,〔\mathrm{g}〕}{V\,〔\mathrm{L}〕}$ であるから，(2)の式は
$M = \dfrac{dRT}{P}$ とも書ける。

確認 **混合気体の圧力**

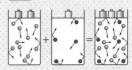

（気体A）　　（気体B）　　（混合気体）
圧力 P_A　　圧力 P_B　　圧力 $P = P_A + P_B$
体積 V　　体積 V　　体積 V

気体の圧力は器壁などに分子が衝突して生じる圧力であり，気体の種類によらない。したがって，異なる種類の気体を混合した場合でも圧力は増加する。このとき，成分ごとに気体の種類を区別して考えた圧力を**分圧**とよび，分圧の総合計を**全圧**とよぶ。分圧は粒子数に応じて決まるので，

分圧 ＝ 全圧 × モル分率
でも計算することができる。

参考 **圧力の単位**

$1.013 \times 10^5\,\mathrm{Pa}$
$= 1\,\mathrm{atm}$（1 気圧）
$= 760\,\mathrm{mmHg}$

解答 ⊙ 別冊4ページ

1 ［ボイル・シャルルの法則のグラフ］次の問いに答えなさい。

(1) 1 mol の理想気体の性質に関して，正しい関係を表しているものを，次の図**ア**〜**キ**のうちから2つ選べ。ただし，T は絶対温度，P は圧力，V は体積とし，$T_1 > T_2$，$P_1 > P_2$ とする。

1

(1)

(2)

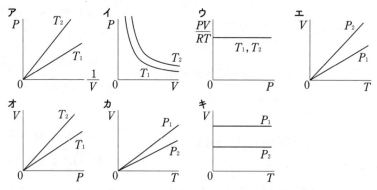

(2) 理想気体を密閉容器に入れ，圧力 P，体積 V，絶対温度 T を変化させる操作**ア**〜**キ**を行い，それぞれの結果を下の図にまとめた。図**ア**〜**キ**のうち，誤っているものを2つ選べ。ただし，図**イ**，**ウ**，**キ**中の○印はそれぞれの出発点を表す。

ア T を一定にして V を変化させる。

イ V を一定にして T を上げたのち，T を一定にして V を減少させる。

ウ P を一定にして T を下げたのち，T を一定にして V を増加させる。

エ V を一定にして T を変化させる。

オ T を一定にして P，V を変化させる。

カ P を一定にして T を変化させる。

キ P を一定にして T を上げたのち，T を一定にして P を増加させる。

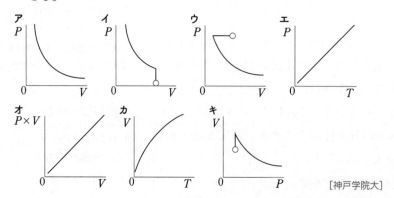

［神戸学院大］

Hints

$PV = nRT$ を変形し，「縦軸の文字＝◯◯◯」にしたとき，どのような関係になっているかを考察する。

(1)**ア**，**イ**

$P = \dfrac{RT}{V}$

∴ P は $\dfrac{1}{V}$ に比例する。

（P は V に反比例する。）

ウ

$\dfrac{PV}{RT} = 1$

∴ $\dfrac{PV}{RT}$ は常に一定。

エ〜**キ**

$V = \dfrac{R}{P} \times T$

∴ V は T に比例し，P に反比例する。

(2)**オ**

$PV = nRT$

∴ T が一定なら，$PV = $一定になる。

重要 **2** ［コックの開閉］容積 1.0 L の容器 **A** と容積 2.0 L の容器 **B** をコックＣで連結した装置がある。コックＣを閉じたまま，容器Ａ内に気体 α を，容器Ｂ内に気体 β をいずれも 3.0×10^5 Pa で封入したのち，コックＣを開けて十分に放置した。これについて，次の問いに答えなさい。ただし，装置全体は常に一定の温度で保たれているとする。

(1) 次のア～オのうち，コックを開けた後の容器内の気体分子数の比の関係を正しく表しているものを 1 つ選べ。ただし，図中の○は気体 α，●は気体 β の分子を示している。

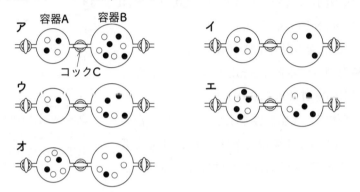

(2) それぞれの気体の分圧〔Pa〕および全圧〔Pa〕を求めよ。

2

(1)		
(2)	α	
	β	
	全圧	

$PV=nRT$ より
①Tが一定なら
$$n=PV\left(\frac{1}{RT}\right)$$
なので，PV の比を計算すると n の比が求められる。
②P も T も一定なら
$$n=V\left(\frac{P}{RT}\right)$$
なので，n の比は V の比に一致する。

重要 **3** ［分子量測定（デュマ法）］27 ℃，1.0×10^5 Pa で，化合物 **A** の分子量を決定する実験を行った。次の文章を読んで，あとの問いに答えなさい。

図1のように栓をつけた丸底フラスコを水で満たし，その質量を測定すると 439.50 g であった。また，図2のように十分に乾燥して質量をはかると 139.50 g であった。**A** をフラスコに入れて，図3のように 100 ℃の恒温槽に浸したところ，**A** はすべて気体となった。このときフラスコ内の空気は追い出され，フラスコ内は 1.0×10^5 Pa の **A** の気体で完全に満たされたものとする。フラスコを恒温槽から取り出し，27 ℃まで冷却し，**A** を凝縮させた。この質量を測ったところ 140.21 g であった。ただし，実験の操作中，コックは開いていた。

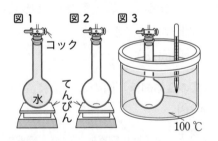

(1) フラスコの容積〔mL〕を整数で求めよ。ただし，水の密度は 1.00 g/cm³ とする。

(2) 図3において，フラスコ内に存在する **A** の質量〔g〕を求めよ。

(3) 化合物 **A** の分子量を整数で求めよ。$R = 8.3 \times 10^3$ Pa·L/(mol·K)

3

(1)	
(2)	
(3)	

理想気体の状態方程式は，すべての物質が気体となっている状態でしか使えない。
したがって，27 ℃のときは状態方程式を使うことができない。

4 ［気体の比較］(1), (2)の条件に合うように，**ア～エ**を左から順番に並べなさい。H = 1.0, He = 4.0, C = 12, O = 16

(1) 体積の大きいものから順　　(2) 密度の大きいものから順

ア 0℃，$2.0×10^5$ Pa のヘリウム 8.0 g

イ 127℃，$5.0×10^4$ Pa の酸素 48 g

ウ −73℃，$1.0×10^5$ Pa の二酸化炭素 11 g

エ 0℃，$3.0×10^5$ Pa のメタン 8.0 g

4

(1)	
(2)	

5 ［混合気体の平均分子量］次の問いに答えなさい。H = 1.0, He = 4.0, C = 12, N = 14, O = 16, $R = 8.3×10^3$ Pa·L/(mol·K)

(1) 合計して 0.56 g のメタンと酸素の混合気体があり，27℃，$1.0×10^5$ Pa の条件で体積を測定すると 498 mL であった。混合気体に含まれるメタンと酸素の物質量比を求めよ。

(2) ヘリウムと酸素の混合気体で，風船を浮き上がらせたい。混合気体を空気(体積比で窒素4：酸素1の混合気体とする)よりも軽くするためには，ヘリウムを何％以上含まなければならないか。有効数字2桁で求めよ。

5

(1)	メタン：酸素 =
(2)	

Hints

(2)混合気体の平均分子量が空気のそれより小さければよい。

6 ［気体反応の量的関係］鉄粉 5.6 g を 2.0 L の密閉容器に入れ，空気(体積比で窒素4：酸素1の混合気体とする)を 27℃，$1.0×10^5$ Pa で封入し，密栓した。鉄と酸素を完全に反応させた後，27℃にもどすと，容器内の圧力は何 Pa になるか。鉄と酸素の反応式は $4Fe + 3O_2 \longrightarrow 2Fe_2O_3$ とし，有効数字2桁で求めよ。

Fe = 56, $R = 8.3×10^3$ Pa·L/(mol·K)

6

7 ［コックの開閉と気体反応の量的関係］図のような装置のコック**C**を閉じた状態で，容器**A**(内容積 4.0 L)には一酸化炭素を，容器**B**(内容積 6.0 L)には酸素を封入した。装置全体を

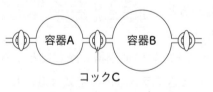

容器A　コックC　容器B

27℃に保ったところ，**A** は $1.5×10^5$ Pa，**B** は $1.0×10^5$ Pa を示した。次の問いに，有効数字2桁で答えなさい。ただし，連結部分やコックの内容積は無視できるものとする。$R = 8.3×10^3$ Pa·L/(mol·K)

(1) コック**C**を開いて十分な時間がたったとき，各気体の分圧〔Pa〕と全圧〔Pa〕を求めよ。

(2) (1)の後，容器内で気体を完全に反応させ，装置の温度を 27℃に戻した。このときの装置内に含まれる各気体の分圧〔Pa〕と，容器**B**内に含まれる生成物の物質量〔mol〕を求めよ。

7

(1)	CO
	O_2
	全圧
(2)	気体とその分圧
	物質量

Hints

V, T が一定のとき n の比 = 分圧の比

重要 **8** [理想気体と実在気体] 次の文章の空欄にあてはまる語句を答えなさい。

　理想気体は，分子間力と分子自身の体積がない仮想的な気体であり，理想気体の状態方程式に厳密に従う。実在気体は，（　①　）温，（　②　）圧では状態方程式から大きく外れるが，（　③　）温になると運動エネルギーの大きな分子の割合が増して（　④　）の影響が小さくなり，理想気体に近づく。また，（　⑤　）圧では一定体積の気体に含まれる分子数が（　⑥　）くなるので（　⑦　）の影響が小さくなり，理想気体に近づく。実在気体の中でも，極性が（　⑧　）いもの，分子量が（　⑨　）いもの，沸点が（　⑩　）いものほど理想気体に近い。

8

①
②
③
④
⑤
⑥
⑦
⑧
⑨
⑩

9 [圧縮率因子] 図1は，3種類の実在気体 A 〜 C について，温度 T を一定にして，圧力 P〔Pa〕を変えながら，1 mol あたりの体積 V〔L〕を測定し，$Z = \dfrac{PV}{RT}$ の値を求め，圧力 P との関係を示したものである。ただし，R は気体定数である。これについて，次の問いに答えなさい。

図1

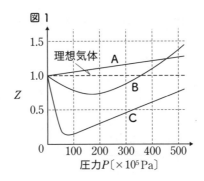

(1) $P = 100 \times 10^5$ Pa において，体積が最も小さい気体の記号を答えよ。

(2) $P = 100 \times 10^5$ Pa において，気体 A 〜 C についてどのようなことが考えられるか。次のア〜エの中から1つ選び，記号で答えよ。

　ア　分子の大きさが A＞B＞C である。

　イ　分子の大きさが C＞B＞A である。

　ウ　分子間にはたらく引力が A＞B＞C である。

　エ　分子間にはたらく引力が C＞B＞A である。

記述 (3) $P > 200 \times 10^5$ Pa において，すべての気体のグラフが右上がりになる。この理由を簡潔に説明せよ。

記述 (4) $P < 100 \times 10^5$ Pa において，気体 C の温度を上げるとグラフはどのように変化するか。図2のア〜ウのうちから1つ選び，その理由を簡潔に説明せよ。

図2

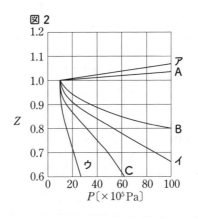

9

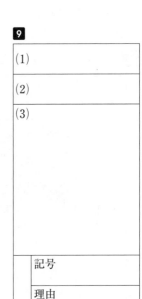

(1)	
(2)	
(3)	
(4)	記号
	理由

Hints

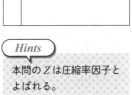

本問の Z は圧縮率因子とよばれる。

3

第1章 物質のようす

固体の構造

STEP 1 基本問題

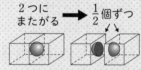解答 ⊖ 別冊5ページ

重要 **1** ［固体の構造］次の文章の空欄にあてはまる語句を答えなさい。

　固体のうち，構成粒子（原子，分子，イオン）が規則正しく周期性をもって並んでいるものを（① 　　　　　）といい，繰り返しの最小単位となる構造を（② 　　　　　）という。また，固体でも（ ① ）のように周期性をもたないものを（③ 　　　　　　）という。

重要 **2** ［結晶の種類］次のア～オの物質は(1)～(4)のどの結晶を構成するか答えなさい。

(1) イオン結晶 （ 　　　　　 ）　　(2) 金属結晶（ 　　　　　 ）

(3) 共有結合結晶（ 　　　　 ）　　(4) 分子結晶（ 　　　　　 ）

ア NaCl　　イ Fe　　ウ SiO_2　　エ CuO　　オ CO_2

重要 **3** ［イオン結晶］次の表を完成させなさい。

	NaCl型	CsCl型	ZnS型
単位格子のモデル図	Cl^-　Na^+	Cl^-　Cs^+	S^{2-}　Zn^{2+}
含まれる陰イオンの数	① （ 　　 ）×8 + （ 　　 ）×6 = （ 　　 ）	② （ 　　 ）×8 = （ 　　 ）	③ （ 　　 ）×8 + （ 　　 ）×6 = （ 　　 ）
含まれる陽イオンの数	④ （ 　　 ）×1 + （ 　　 ）×12 = （ 　　 ）	⑤ （ 　　 ）×1 = （ 　　 ）	⑥ （ 　　 ）×4 = （ 　　 ）
配位数	⑦	⑧	⑨

Guide

参考 **結晶と非晶質のイメージ図**

結晶　　　　非晶質

確認 **元素の種類と結晶**

(1) 金属元素と非金属元素
　　　→ イオン結晶

(2) 金属元素の単体
　　　→ 金属結晶

(3) 非金属元素のみ
● Si 単体，SiO_2，ダイヤモンド，黒鉛 SiC（炭化ケイ素）
　　　→ 共有結合結晶
● その他 → 分子結晶

確認 **立方格子に含まれるイオン数，原子数の考え方**

2つにまたがる ➡ $\frac{1}{2}$個ずつ

　面上にあるイオン（原子）は，2つの結晶格子にまたがって存在するので，結晶格子1つあたりに$\frac{1}{2}$個存在すると考える。同様に辺上であれば$\frac{1}{4}$個，頂点上であれば$\frac{1}{8}$個と考える。

重要 **4** ［金属結晶］次の表を完成させなさい。

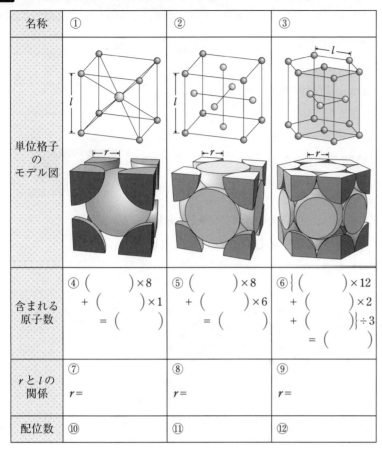

名称	①	②	③
単位格子のモデル図			
含まれる原子数	④ ( ) ×8 + ( ) ×1 = ( )	⑤ ( ) ×8 + ( ) ×6 = ( )	⑥ { ( ) ×12 + ( ) ×2 + ( ) ÷3 = ( )
r と l の関係	⑦ $r=$	⑧ $r=$	⑨ $r=$
配位数	⑩	⑪	⑫

5 ［炭素の結晶］次の表中の図は，炭素の単体の構造を表している。これを見て表を完成させなさい。

物質名	①	②
構造	0.142 nm / 0.688 nm	0.154 nm
結晶内に含まれる結合の種類	③	④
硬さ	⑤	⑥
電気伝導性	⑦	⑧
結合に使用される価電子の数	⑨	⑩

第1章
第2章
第3章
第4章
第5章

用語 **最密構造**

　面心立方格子と六方最密構造は，原子が最も密に詰まった構造である。1つの原子は12個の原子に囲まれていて，原子が空間に占める割合はそれぞれ74％となる。

確認 **配位数**

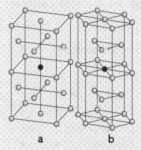

a　　b

　面心立方格子の配位数は図aのように隣り合う2つの単位格子を描くことで数え上げることができる。同様に，六方最密構造の配位数は図bのように六角柱を2つ並べて描くことで数え上げることができる。

確認 **ダイヤモンド型結晶構造**

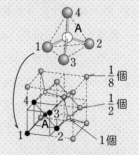

$\frac{1}{8}$ 個
$\frac{1}{2}$ 個
1個

　ダイヤモンドやケイ素，水などに見られる結晶格子があてはまり，正四面体構造とよばれる。見る角度を変えると，立方格子になる。

重要 **1** ［イオン結晶のイオン半径］図は塩化ナトリウムの結晶の単位格子を示している。Na^+ の半径を r^+〔cm〕，Cl^- の半径を r^-〔cm〕，結晶の密度を d〔g/cm³〕とし，次の問いに答えなさい。

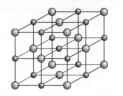

● Na^+
○ Cl^-

(1) 単位格子の一辺の長さ〔cm〕を r^+ と r^- で表せ。

(2) 塩化ナトリウムのモル質量〔g/mol〕をあたえる式を r^+，r^-，d，アボガドロ定数 N_A で記せ。

1

(1)

(2)

Hints

単位格子の質量〔g〕
= NaCl のモル質量 / アボガドロ定数 × 4
NaCl 1個分の質量

2 ［イオン結晶と組成式］(1)〜(5)の図は，A原子のイオン（●）とB原子のイオン（○）からなるイオン結晶の構造を示したものである。(1)〜(5)の組成式を A_nB_m の形で示しなさい。

(1)　　　(2)　　　(3)　　　(4)　　　(5)

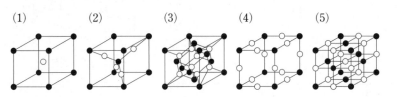

［東京工業大］

2

(1)

(2)

(3)

(4)

(5)

3 ［金属結晶の原子半径］次の図を見て，あとの問いに答えなさい。ただし，$\sqrt{2}=1.41$，$\sqrt{3}=1.73$，$1.24^3=1.91$ とする。

a 　　b 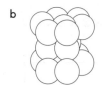　　c

(1) 結晶格子 a 〜 c の名称を答えよ。

(2) 銀の結晶は，a の構造をとる。単位格子の一辺を a〔cm〕，モル質量を M〔g/mol〕，結晶の密度を d〔g/cm³〕とするとき，これらを用いてアボガドロ定数 N_A〔/mol〕を表せ。

(3) 鉄の結晶は，常温では c の構造をとる。単位格子の一辺の長さ〔nm〕と密度〔g/cm³〕を有効数字3桁で求めよ。Fe の原子半径は 0.124 nm，原子量は Fe＝55.8 とし，アボガドロ定数 $N_A=6.02×10^{23}$/mol とせよ。

(4) 同じ原子で a の格子と c の格子をつくったとき，次の①〜④の値はどちらの格子のほうが大きくなるか。a，c の記号で答えよ。

① 単位格子に含まれる原子の数　　② 配位数

③ 単位格子の一辺の長さ　　④ 結晶の密度

3

(1)	a	
	b	
	c	
(2)		
(3)	一辺の長さ	
	密度	
(4)	①	
	②	
	③	
	④	

Hints

(3) 1 m = 10² cm
1 m = 10⁹ nm
よって，1 cm = 10⁷ nm

4 ［ダイヤモンド型結晶］図はケイ素の結晶 の単位格子を示したものである。単位格子 の一辺の長さを a 〔cm〕，密度を d 〔g/cm^3〕， アボガドロ定数を N_A 〔/mol〕として，次の 問いに答えなさい。

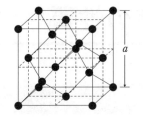

(1) 単位格子に含まれる原子の数を答えよ。

(2) ケイ素のモル質量〔g/mol〕を a, d, N_A を含む式で表せ。

(3) 原子間結合の長さ〔cm〕を a を含む式で表せ。

4	
(1)	
(2)	
(3)	

5 ［直方体型の結晶格子］ヨウ素の結晶の単位格子は， 図のように，3つの辺の長さが 0.48 nm，0.73 nm， 0.98 nm の直方体である。I＝127，N_A＝$6.0×10^{23}$/mol

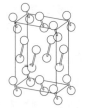

(1) 1つの単位格子に含まれるヨウ素分子（I$_2$）の個数 を答えよ。

(2) ヨウ素の結晶の密度〔g/cm^3〕を有効数字2桁で求めよ。

［名古屋工業大－改］

5	
(1)	
(2)	

6 ［水の結晶］氷で は水素結合により酸 素原子がダイヤモン ド型構造（**図1**）をと るように並ぶ。

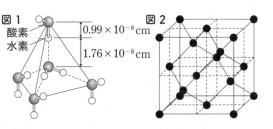

(1) 氷の単位格子は**図2**に示す。ここで，**図2**の●は酸素原子を表す。 単位格子の一辺の長さ〔cm〕を求めよ。無理数は近似値にしなく てよい。

(2) 単位格子に含まれる酸素原子の数と水分子の数を答えよ。

(3) N_A＝$6.02×10^{23}$/mol，H$_2$O＝18.0，$\sqrt{3}$＝1.73 として氷の密度 〔g/cm^3〕を有効数字3桁で求めよ。 ［日本大－改］

6		
(1)		
(2)	酸素原子	
	水分子	
(3)		

7 ［3種類のイオンによる結晶格子］右図は， 価数と配位数の異なる2種類の陽イオン （Ca，Ti）と1種類の陰イオン（O）からな るペロブスカイト型結晶の単位格子であ る。この物質の組成式と，Ca の陽イオ ンの配位数を求めよ。

［東京農工大－改］

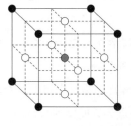

● Caの陽イオン
● Tiの陽イオン
○ Oの陰イオン

7	
組成式	
配位数	

4 溶液の性質

解答⊙別冊7ページ

STEP 1 基本問題

1 [固体や液体の溶解] 次の溶液を調製しようとするとき，物質はどのように溶解するか。最も近い記述を選び，記号で答えなさい。

(1) ヨウ素をベンゼンに溶かす　　(2) エタノールを水に溶かす

(3) 塩化ナトリウムを水に溶かす　　(4) 塩化水素を水に溶かす

ア 溶質粒子と溶媒分子の間に強い引力ははたらかず，自由に拡散する。

イ 溶質粒子が電離した際に，その一部は溶媒分子と配位結合を生じて安定化している。

ウ 溶質粒子が電離した際に，無数の溶媒分子に取り囲まれて水和イオンとなって，安定化している。

エ 溶質粒子と溶媒粒子の間に水素結合がはたらいて，互いに混じり合う。

(1)(　　　) (2)(　　　) (3)(　　　) (4)(　　　)

 2 [気体の溶解・ヘンリーの法則] 酸素は $0\,℃$，$1.0×10^5\,Pa$ で $1\,L$ の水に $49\,mL$ 溶ける。次の問いに答えなさい。$O=16$

(1) $0\,℃$，$3.0×10^5\,Pa$ で $5\,L$ の水に溶ける酸素の質量〔g〕を求めよ。

(　　　　　　　)

(2) $0\,℃$，$4.0×10^5\,Pa$ で $1\,L$ の水に溶ける酸素について，① $1.0×10^5\,Pa$ における体積〔mL〕，② $4.0×10^5\,Pa$ における体積〔mL〕を整数で求めよ。　　①(　　　　) ②(　　　　)

 3 [蒸気圧降下と沸点上昇] 次の記述について，正しいものをすべて選び，記号で答えなさい。　　　　　　(　　　　　)

ア 不揮発性物質を溶かした希薄溶液では純水に比べ水分子の割合が減るので，蒸気圧降下が起こる。

イ 同じ溶質を異なる溶媒に溶かした場合でも，同じ質量モル濃度であれば沸点上昇度は等しい。

ウ 同じ溶媒に異なる非電解質の物質を溶かした場合でも，同じ質量モル濃度であれば沸点上昇度は等しい。

エ 同じ質量モル濃度であれば，電解質水溶液よりも非電解質水溶液のほうが蒸気圧降下は大きくなる。

Guide

用語 溶解（溶媒和）

物質が液体に溶けるためには，「溶質粒子間にはたらく引力を振りはらう」，「溶媒粒子と溶質粒子が引き合う」の2つが必要である。ただし，無極性分子が無極性溶媒に溶けるときは引力ではなく熱運動による拡散が重要となる。

確認 ヘンリーの法則

一定温度で一定量の溶媒に溶ける気体の量（物質量，質量）は，気体が溶媒に接する圧力（分圧）に比例する。気体の圧力が増減すると，気体の体積は変わってしまうため，体積は単純には比較，計算できない。

用語 蒸気圧降下

純溶媒　　溶液

○ 不揮発性物質の粒子
○ 溶媒分子

揮発性の液体に不揮発性の物質を溶かすと，不揮発性分子に比例して蒸気の分子が減り，蒸気圧が下がる。また，液体内部でも不揮発性分子が蒸発を妨げるので，沸点は上昇する。

重要 **4** ［凝固点降下・溶液の冷却曲線］図は，溶液の冷却曲線である。(1)，(2)の状態になっている区間を図中の**ア〜エ**の記号を用いて表しなさい。

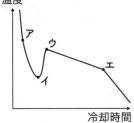

(1) 液体のみ　　　　（　　　　　）

(2) 固体と液体が共存（　　　　　）

重要 **5** ［浸透］管の太さが一様なU字管に半透膜の仕切りを入れ，片方に純溶媒，もう一方に溶液を液面の高さが同じになるように入れた（図a）。しばらく静置すると溶液の液面が上昇した（図b）。この上昇を抑えるためには溶液の液面に圧力を加える必要があった（図c）。これについて，あとの問いに答えなさい。

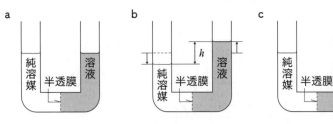

(1) 次の**a→b**についての考察の（　）にあてはまる語句を答えよ。
　　（①　　　　　）粒子は半透膜を通過し，（②　　　　　）粒子は半透膜を通過しない。このとき，（③　　　　　）側から（④　　　　　）側への（⑤　　　　　）粒子の移動が妨げられるため，溶液の体積が増加する。この現象を（⑥　　　　　）という。

(2) 下線部の圧力の名称を答えよ。　　　（　　　　　　）

6 ［コロイド］次の(1)〜(4)について，下線部の内容が正しければ○，誤っていれば正しい記述に直しなさい。

(1) デンプン水溶液に横から強い光をあてると，コロイド粒子が光を①吸収し光の通路が輝いて見える。この現象を②チンダル現象という。　①（　　　　　）　②（　　　　　）

(2) ブラウン運動は，コロイド粒子とコロイド粒子が不規則に衝突するために起こる現象である。　（　　　　　）

(3) 直径が10^{-7}〜10^{-5}m程度の粒子が液体に分散している状態をコロイド（溶液）という。　（　　　　　）

(4) 炭素数16程度のセッケン分子は水中で分子コロイドとなる。　（　　　　　）

用語 **凝固点降下**

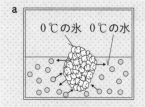

純溶媒の凝固点では凝固と融解が同じ速度で起きていて平衡状態を保っている。

溶液でaと同じ温度に保つと，融解はaと同じ速度で起こるが，溶質粒子は溶媒分子が凝固するのを妨げるので，どんどん融解が進んでしまう。凝固を進行させるためには，より低い温度に下げなければならない。

用語 **浸透**

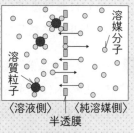

(1) 溶液←純溶媒の移動
　　…自由に起きる

(2) 溶液→純溶媒の移動
　　…溶質に妨害される
　　結果として，(1)ばかりが進行してしまい，溶液側の体積が増える。この体積の増減を抑えるための圧力が**浸透圧**に等しい。

1 [溶解] 次の**ア～エ**のうち，誤っているものをすべて選び，記号で答えなさい。

ア 一定温度で一定量の溶媒に固体溶質を過剰に加えて飽和溶液としたとき，溶け残った溶質の表面で溶解は完全に停止している。

イ 塩化ナトリウムが水に溶けるとき，各イオンは水との間で錯イオンを形成して溶解する。

ウ 異なる固体物質を個別に溶かして，それぞれ等しいモル濃度の水溶液としたとき，それらの温度を下げていくと，最も溶解度の小さい物質から先に析出する。

エ ボイルの法則とヘンリーの法則によれば，一定温度で一定量の液体に溶ける気体の体積は，溶解させた圧力の下では一定である。

1

重要 **2** [固体の溶解度] 図は 3 種類の物質の水に対する溶解度曲線である。(1)～(3)について，正しければ○，誤っていれば×と答えなさい。

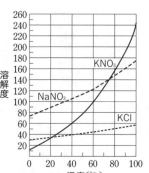

(1) 40 ℃における硝酸カリウムの溶解度は，100 ℃における塩化カリウムの溶解度より小さい。

(2) 90 ℃における硝酸ナトリウムの飽和溶液 250 g を 20 ℃に冷却すると，60 g の結晶が析出する。

(3) 40 ℃における塩化カリウムの飽和溶液 140 g を 0 ℃に冷却しても，析出する結晶は 20 g 以下である。

2

(1)

(2)

(3)

Hints

(固体の)溶解度
溶媒 100 g あたりに溶けうる溶質の限度量〔g〕

3 [ヘンリーの法則] 窒素と酸素について，分圧が 1.0×10^5 Pa のときに 1 L の水に対する溶解度〔mol〕を表に示す。温度は 0 ℃，40 ℃，60 ℃のいずれかである。これについて，あとの問いに答えなさい。
N ＝ 14，O ＝ 16

温度	A	40 ℃	B
窒素	0.46×10^{-3}	0.52×10^{-3}	1.03×10^{-3}
酸素	0.87×10^{-3}	1.04×10^{-3}	2.18×10^{-3}

(1) **A** と **B** のどちらが 60 ℃か。記号で答えよ。

(2) 40 ℃の下で 1.0×10^5 Pa の空気(窒素：酸素 ＝ 4：1)を 1 L の水に飽和させた。溶けている窒素の質量を 1 とすると酸素の質量はいくらになるか。有効数字 2 桁で求めよ。

3

(1)

(2)

Hints

(1)温度を上げると，溶質である気体分子の熱運動が激しくなってしまい，溶液中にとどまりにくくなる。

4 ［蒸気圧降下］18 g の純水が入った
容器 **A**，**B** にそれぞれ NaCl 0.0585 g，
$C_6H_{12}O_6$ 0.270 g を溶解させ，図に示す

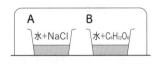

ように密封した。H＝1.0，C＝12，O＝16，Na＝23，Cl＝35.5，水溶
液の密度はどちらも 1.0 g/cm^3 とし，容器内の水蒸気は無視せよ。

(1) 密封直後の **A**，**B** の質量モル濃度を有効数字 2 桁で求めよ。

記述 (2) しばらくすると片方の容器の溶液の体積が増えた。どちらのほ
うが増えたか。記号で答え，その理由を簡潔に説明せよ。

(3) 溶液の体積の増減が止まったとき，**A**，**B** の溶液の体積〔mL〕を
求めよ。

重要 **5** ［溶液の蒸気圧曲線］図は 0.1 mol/kg
尿素（分子量 60）水溶液 **A**，0.1 mol/kg
塩化ナトリウム水溶液 **B**，純水 **C** の蒸
気圧曲線である。

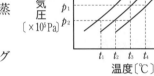

(1) **ア〜ウ** はそれぞれどの水溶液のグ
ラフか。**A〜C** の記号で答えよ。

(2) 尿素水溶液の沸点上昇度〔℃〕を $t_1 〜 t_5$ を用いて表せ。

(3) t_4＝100.052 ℃のとき，t_5 は何 ℃か。小数第 3 位まで求めよ。

記述 (4) 尿素水溶液を沸騰させ続けると，蒸気圧曲線はどのようになるか。
簡潔に答えよ。

重要 **6** ［冷却曲線］図はスクロース水溶液
と純水を一定の速度で冷却していった
ときの冷却時間と温度の関係をそれぞ
れグラフに表したものである。

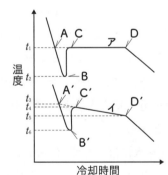

(1) 水の凝固点，スクロース水溶液の
凝固点を $t_1 〜 t_6$ から選び，記号で
答えよ。

(2) 曲線 **ア** において凝固が始まる時点
を **A〜D** から選び，記号で答えよ。

記述 (3) 曲線 **ア** において，次の①，②の理由を簡潔に説明せよ。

① **BC** 間で温度が上昇する　　② **CD** 間が水平

記述 (4) 曲線 **イ** において，次の①，②の理由を簡潔に説明せよ。

① **D′** を超えると傾きが大きくなる　　② **C′D′** 間が右下がり

(5) この実験のスクロース水溶液と同濃度の塩化カルシウム水溶液
（電離度 1 とする）の凝固点を $t_1 〜 t_6$ を用いて表せ。

4

(1)	A
	B
(2)	記号
	理由
(3)	A
	B

5

(1)	ア	イ
	ウ	
(2)		
(3)		
(4)		

6

(1)	水
	スクロース水溶液
(2)	
(3)	①
	②
(4)	①
	②
(5)	

7 ［浸透］図のように中央に半透膜をもった内径の等しいU字管の**A**側に$1×10^{-3}$ mol/Lのブドウ糖水溶液1Lを，**B**側には水1Lを入れ，放置した後，つり合ったときの**A**側と**B**側の液面の高さの差はh_0であった。次の(1)～(4)の操作を行い，つり合ったときの両液面の高さの差をh_Xとしたとき，それぞれの操作におけるh_Xとh_0の関係を下の**ア**～**ウ**から選びなさい。

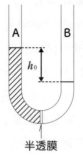

半透膜

(1) 温度を高くしたとき。

(2) **A**側および**B**側にそれぞれ水1Lを追加したとき。

(3) **B**側にブドウ糖を$1×10^{-3}$ mol加えたとき。

(4) **A**側にブドウ糖水溶液のかわりに$1×10^{-3}$ mol/Lの塩化ナトリウム水溶液1Lを入れたとき。ただし，塩化ナトリウムは浸透しない。

ア $h_X=h_0$　　**イ** $h_X>h_0$　　**ウ** $h_X<h_0$

［摂南大－改］

8 ［希薄溶液に関する様々な計算］次の問いについて，有効数字2桁で答えなさい。NaCl＝58.5，気体定数$R=8.31×10^3$ Pa·L/(mol·K)

(1) 100gの水に下の**ア**～**オ**の不揮発性物質1.00gを溶かした水溶液の中で最も低い凝固点を示すものと最も低い沸点を示すものを選び記号で答えよ。物質名の後の数値は分子量，式量を表す。

ア スクロース(342)　　**イ** グルコース(180)　　**ウ** 尿素(60)
エ 硫酸ナトリウム(142)　　**オ** 塩化カリウム(74.6)

(2) 非電解質のある化合物0.287gをベンゼン10.0gに溶かし，その凝固点を測定したところ，純粋なベンゼンの凝固点より1.22K低かった。この化合物の分子量を求めよ。ベンゼンのモル凝固点降下は5.07 K·kg/molとする。

(3) ある有機化合物1.00gを水に溶かして400mLにした水溶液の浸透圧は27℃で$4.81×10^4$ Paであった。この有機化合物の分子量を求めよ。

(4) ヒトの血液の37℃における浸透圧は$7.50×10^5$ Paである。この浸透圧と同じ圧力を示す塩化ナトリウム水溶液1.00Lを調製するのに必要な塩化ナトリウムの質量〔g〕を求めよ。

(5) 海水を密度1.03 g/cm³，濃度3％の食塩水とする。半透膜を使い，逆浸透法で食塩を除いた水を得たい。20℃で海水にかけなければならない最低限の圧力〔Pa〕を求めよ。

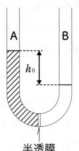

7

(1)		(2)	
(3)		(4)	

Hints

浸透圧は，
①溶液のモル濃度c
（溶媒粒子の移動の妨害に寄与）
②絶対温度T
（溶媒の熱運動に寄与）
の2つに比例する。
式の上では，
浸透圧$\Pi=cRT$
（R：気体定数）

8

(1)	凝固点	
	沸点	
(2)		
(3)		
(4)		
(5)		

Hints

逆浸透法

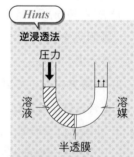

圧力

溶液　　溶媒
半透膜

溶液側に浸透圧以上の圧力を加えると，溶媒が半透膜を通過して溶媒側に移動する。
海水の淡水化や果汁の濃縮に利用されている。

9 ［日常生活と溶液］次の現象を説明するのに適切な語句を語群から選び，記号で答えなさい。

(1) 血液中から尿素やその他老廃物などを除去する。

(2) 熱湯に溶かしたゼラチンは冷えると固まる。

(3) 工場で煙に電圧をかけ，すすなど有害物質（ばい煙）を除去する。

(4) 河川の河口付近では三角州ができる。

(5) 梅の風味を焼酎で抽出する際，氷砂糖を大量に溶かす。

(6) 雲の切れ目から太陽光が差し込み，筋となって見える。

(7) 冬場に凍結した路面に塩化カルシウムをまいて氷を融かす。

(8) 海水にぬれた水着は，純水でぬれた水着より乾きにくい。

［語群］　**ア** 凝析　　**イ** 透析　　**ウ** 塩析　　**エ** 保護コロイド

　　　　オ ゾル・ゲル　　**カ** チンダル現象　　**キ** 浸透圧

　　　　ク 凝固点降下　　**ケ** 蒸気圧降下　　**コ** 電気泳動

9	
(1)	
(2)	
(3)	
(4)	
(5)	
(6)	
(7)	
(8)	

記述 **10** ［コロイド粒子のブラウン運動］コロイド溶液を限外顕微鏡で観察すると，光った粒子が不規則に動く様子が見られた。このような粒子の運動をブラウン運動という。コロイド粒子がブラウン運動をする理由を簡潔に述べなさい。　　　　　　　　　　　［慶應義塾大－改］

10

11 ［コロイド溶液の性質］次の文章中の空欄にあてはまる語句の組み合わせを，あとの**ア～ク**から選び，記号で答えなさい。

　界面活性剤 A（$C_{12}O_{25}-OSO_3^-Na^+$）は合成洗剤であり，濃度が $8.2×10^{-3}$ mol/L 以上になるとミセルを形成する。これは（　①　）であり，濃度 $1.0×10^{-1}$ mol/L の A の水溶液はチンダル現象を（　②　）。また，この溶液に電極を入れて電気泳動を行うと，A のミセルは（　③　）側に移動する。

11

Hints

コロイドの電気泳動
正コロイドは陰極側に移動し，負コロイドは陽極側に移動する。

	①	②	③
ア	分子コロイド	示す	陽極
イ	分子コロイド	示す	陰極
ウ	分子コロイド	示さない	陽極
エ	分子コロイド	示さない	陰極
オ	会合コロイド	示す	陽極
カ	会合コロイド	示す	陰極
キ	会合コロイド	示さない	陽極
ク	会合コロイド	示さない	陰極

［共通テスト－改］

STEP 3 チャレンジ例題 1

解答 → 別冊10ページ

1 ◆例題チェック◆ ［温度変化と気液平衡］

　気体を体積の変わらない密閉容器内に閉じ込め，温度を下げていくと，気体分子の熱運動は ［ a ］ため，その圧力は ［ b ］。

　ある温度を下回ると分子間引力に負けてしまい，気体は ［ c ］を始める。このときに示す気体の圧力は，この温度における飽和蒸気圧である。［ c ］が始まってからさらに温度が下がると，熱運動が ［ a ］のに加えて，［ c ］が続くことで気体分子の数が ［ d ］，気体の圧力変化は ［ e ］。

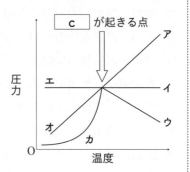

［ c ］が起きる点

圧力

温度

(1) ［ a ］～［ e ］にあてはまる語句をそれぞれ記号で選べ。

　　［ a ］　ア 激しくなる　イ 穏やかになる　　［ b ］　ア 下がる　イ 上がる　ウ 変化しない

　　［ c ］　ア 凝縮　イ 凝集　ウ 凝固　　［ d ］　ア 増え　イ 減り

　　［ e ］　ア 大きくなる　イ 小さくなる

(2) このようすを縦軸に気体の圧力，横軸に温度をとったグラフで表す場合，［ c ］が始まるまではア～ウのうちどれが適当か。また，［ c ］の後ではエ～カのどれが適当か。それぞれ記号で答えよ。

解法 (1) 熱運動は温度が高いほど激しいので，温度が下がると熱運動は［①　　　　　　　　　］。同時に気体分子が器壁にあたる力は［②　　　　］くなるため，圧力は［③　　　　　］する。このときはすべての分子が気体であるため，［④　　　　　　　　　　　　］の法則にしたがう。三態の特徴をまとめると，

　　［⑤　　　　　］…分子間引力に束縛されることなく，自由に飛び回ることができる。

　　［⑥　　　　　］…分子間引力に束縛され，位置を自由に変えることができるが，分子間距離は一定。

　　［⑦　　　　　］…分子間引力に強く束縛され，互いの位置を変えることもできない。

となるから，温度を下げて熱運動が［①　　　　］と，気体は分子間引力に束縛されて［⑧　　　　］し，［⑥］になる。気体の分子数が［⑨　　　　　］するため，［④］の法則にはしたがわず，急激に圧力が［⑩　　　　　　　］する。

よって，a［⑪　　　　］，b［⑫　　　　　］，c［⑬　　　　　］，d［⑭　　　　　］，e［⑮　　　　　］となる。

(2) (1)より，cの前のグラフは［⑯　　　　］，cの後では［⑰　　　　　］となる。

2 類題 ［温度変化と気液平衡］

　3 L の容器を真空にし，ある揮発性物質を 10 g 加えた。この容器を加熱すると，容器内の圧力は図のように変化した。

$R = 8.3 \times 10^3 \, Pa \cdot L/(mol \cdot K)$

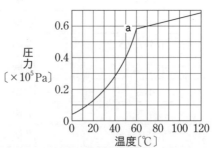

圧力 ［$\times 10^5 Pa$］

温度〔℃〕

2

(1)

(2)

記述 (1) 圧力が a 点から直線的に変化するようになった原因を簡潔に答えよ。

(2) この物質の分子量を有効数字 2 桁で求めよ。

［名古屋大－改］

3 **例題チェック** ［体積変化と気液平衡］

気体を温度一定のまま圧縮していくと，気体が容器の器壁にあたる回数が ▢a ため，気体の圧力が ▢b 。一方で気体の分子間にはたらく引力は分子どうしが近づくほど大きくなるため，圧縮を続けると気体はやがて ▢c し始める。このときに示す気体の圧力は ▢あ 圧である。 ▢c が始まってから，さらに圧縮を続けると ▢c が続くことで，気体の分子数が ▢d ，圧縮しているにもかかわらず気体の圧力は ▢e 。

(1) ▢a ～ ▢e にあてはまる語句をそれぞれ記号で選べ。

  ▢a   ア 増える   イ 変化しない   ウ 減る

  ▢b , ▢e   ア 上がる   イ 変化しない   ウ 下がる

  ▢c   ア 凝縮   イ 凝集   ウ 凝固

  ▢d   ア 増え   イ 減り

(2) ▢あ にあてはまる語句を答えよ。

解法 (1) 圧縮すると器壁と器壁の間の距離が［① ］くなるので同じ速度で飛んでいても，器壁にあたる回数は［② ］し，圧力は［③ ］する。この間，圧力と体積の関係は［④ ］の法則にしたがう。分子間引力が大きくなると，分子どうしが運動を束縛し合い，［⑤ ］して［⑥ ］体になる。これに伴って気体分子の数は［⑦ ］する。これを図に表すと，次のようになる。

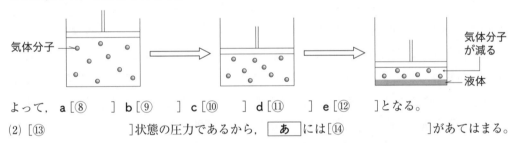

よって，a［⑧ ］ b［⑨ ］ c［⑩ ］ d［⑪ ］ e［⑫ ］となる。

(2) ［⑬ ］状態の圧力であるから， ▢あ には［⑭ ］があてはまる。

4 **類題** ［体積変化と気液平衡］0.10 mol の液体エタノールを体積可変の密閉容器に入れて，温度を 27℃に保ちながら，体積を増加させたところ，ある時点で液体がなくなった。$R = 8.3 \times 10^3$ Pa·L/(mol·K)，エタノールの 27℃における飽和蒸気圧 8.8×10^3 Pa

(1) 液体がなくなったときの体積 V〔L〕を有効数字 2 桁で求めよ。

(2) 容器の体積 V と容器内の圧力 P の関係を表したグラフの概形として最も適当なものを，次のア～オから 1 つ選び，記号で答えよ。

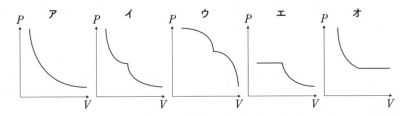

4	
(1)	
(2)	

23

STEP ③ チャレンジ問題 1

解答⊖ 別冊11ページ

1 塩化セシウム CsCl の単位格子は1個の Cs^+ の周りに Cl^- が8個配置された構造をしている。CsCl の結晶中でイオンの占める体積は全体の何%か，有効数字2桁で求めなさい。ただし，CsCl の単位格子の一辺の長さは 4.0×10^{-8} cm，Cs^+ のイオン半径は 1.7×10^{-8} cm，Cl^- のイオン半径は 1.8×10^{-8} cm で，$1.7^3 = 4.9$，$1.8^3 = 5.8$，円周率 $\pi = 3.1$ とする。

（　　　　　　　）［福井大－改］

2 CsCl 型構造をもつ，あるイオン結晶 XY が，NaCl 型構造へ変化したとすると，密度は何倍に変化するか。小数第2位まで求めなさい。なお，構造が変化するとき，イオン半径は変わらないものとする。$\sqrt{3} = 1.73$　　　　　　（　　　　　　　）［東京慈恵医大］

重要 3 次の文章を読んで，あとの問いに答えなさい。

アルカリ金属のハロゲン化物の結晶構造には NaCl 型と CsCl 型があり，それぞれの単位格子は右の図のように表される。ただし，構造をわかりやすくするために各イオンを小さく示しているが，ここでの考

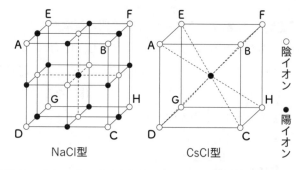

NaCl型　　　CsCl型　　○陰イオン　●陽イオン

察は，隣り合うイオンが可能な限り互いに接しているものと仮定する。イオン結晶の安定な構造が，①同符号のイオンどうしは接しない，②異符号のイオンどうしができるだけ多く接するという2つの条件で決まるものと仮定すると，この結晶構造の違いは陽イオンの半径を r，陰イオンの半径を R として $\dfrac{r}{R}$ の違いによる効果として理解できる。

(1) 不安定ではあるが，NaCl 型構造で陽イオンが陰イオンに比べて十分に小さく，陰イオンどうしが互いに接していると仮定する。図中の面 ABCD における陰イオンのようすを図示し，単位格子の一辺の長さを R を用いて表せ。

(2) (1)の条件に加えて，さらに陽イオンが隣り合うすべての陰イオンに接していると仮定する。適当な面を選んで陽イオンと陰イオンのようすを図示し，半径比 $\dfrac{r}{R}$ を求めよ。

(3) 不安定ではあるが，CsCl 型構造で陽イオンが陰イオンに比べて十分に小さく，陰イオンどうしが互いに接していると仮定する。図中の面 ABCD における陰イオンのようすを図示し，単位格子の一辺の長さを R を用いて表せ。

(4) (3)の条件に加えて，さらに陽イオンが隣り合うすべての陰イオンに接していると仮定する。適当な面を選んで陽イオンと陰イオンのようすを図示し，半径比 $\dfrac{r}{R}$ を求めよ。

(5) (2)で得られた半径比を a，(4)で得られた半径比を b とする。与えられた2つの条件に基づいて，$a < \dfrac{r}{R} < b$ と $b < \dfrac{r}{R}$ の場合，NaCl 型と CsCl 型のどちらの結晶構造がより安定と考えられるか。ただし，$\dfrac{r}{R} \leqq 1$ とする。

(1)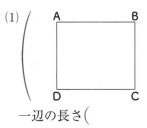
一辺の長さ( )

(2) ( )
半径比 $\dfrac{r}{R}$ =( )

(3)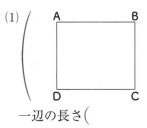
一辺の長さ( )

(4) ( )
半径比 $\dfrac{r}{R}$ =( )

(5) $a < \dfrac{r}{R} < b$ のとき( )
$b < \dfrac{r}{R}$ のとき( )

［関西学院大－改］

4 右図は水の状態図である。これについて，次の問いに答えなさい。

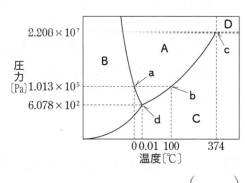

(1) A～Cの各領域を表す状態とa～cの各点を表す名称をそれぞれ答えよ。

A( ) B( ) C( )
a( ) b( ) c( )

(2) Dの領域の水の状態について，正しいものはどれか。

( )

ア この状態の水は，固体と液体の両方の性質をもっている。

イ この状態の水は，液体と気体の両方の性質をもっている。

ウ この状態の水は，気体と固体の両方の性質をもっている。

エ この状態の水は，液体と気体が平衡状態で共存している。

オ この状態では，水は水素と酸素の原子に分解している。

(3) 次の記述のうち，正しいものをすべて選べ。

( )

ア dの状態の水は，固体・液体・気体のすべてが平衡状態で共存する。

イ bの状態の水をすべて気体にするには，温度か圧力のどちらかを上げればよい。

ウ 0℃の水は，固体か液体のどちらかの状態でしか存在しない。

エ 気圧 2.026×10^5 Pa の条件下では，水は温度変化によって固体・液体・気体の三態をとることができる。

記述 (4) 圧力鍋を使うと，調理時間が短縮できた。その理由を簡潔に書け。

( ) ［星薬大，高知大－改］

重要 **5** 図に示すように，コックⅠ，Ⅱによって連結された3つの耐圧容器A，B，Cがある。コックⅠ，Ⅱを閉じた状態で，容器Aにはプロパン C_3H_8 が2.2 g，容器Bには酸素が9.6 g入っており，容器Cは真空である。容器A，B，Cの内容

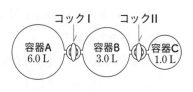

コックⅠ　　コックⅡ

容器A　容器B　容器C
6.0 L　3.0 L　1.0 L

積はそれぞれ 6.0 L，3.0 L，1.0 L であり，内容積は温度により変化しない。容器 A，B，C は，個別に温度を設定することができる。ただし，気体はいずれも理想気体とする。また，コックがある部分の容積は非常に小さく無視できるものとし，気体定数は $R = 8.3 \times 10^3$ Pa・L/(K・mol)，飽和水蒸気圧は 3.5×10^3 Pa(27 ℃)，原子量は H = 1.0，C = 12，O = 16 とする。

(1) 容器 A，B，C の温度を 27 ℃ に保ったまま，コック I，II を開けた。十分な時間がたった後，容器内の圧力は何 Pa になるか答えよ。　　　　　（　　　　　　　　　）

(2) (1)の操作の後に，コック I，II を開けたまま，容器 A の温度を 27 ℃ に保ち，容器 B を 127 ℃ に，容器 C を 327 ℃ に上げた。十分な時間がたった後，容器内の気体の圧力は何 Pa になるか答えよ。　　　　　　　　　　　　　　　　　　　　（　　　　　　　　　）

(3) (2)の操作の後に，容器 A，B，C の温度をいずれも 27 ℃ に戻し，コック I，II を閉め，容器 A 内で点火してプロパンを完全燃焼させた。容器 A の温度を再び 27 ℃ にすると，容器 A 内の気体の圧力は何 Pa になるか答えよ。ただし，液体の水の体積は容器に比べて小さいので無視できるとする。また，酸素と二酸化炭素の水への溶解も無視できるとする。（　　　　　　　　　）

記述 (4) 圧力が高くなると，実在気体は理想気体の状態方程式にしたがわない。その理由を 2 つ挙げ説明せよ。（　　　　　　　　　　　　　　　　　　　　　　　　　　　　）

　　　　　（　　　　　　　　　　　　　　　　　　　　　）［横浜市立大］

6 ピストンと開閉できるコックを取り付けた圧力容器がある。20 ℃ において 1.0×10^5 Pa の酸素は水 1.0 L に対して 1.38×10^{-3} mol 溶解する。気体は理想気体とし，次の問いに答えなさい。ただし，水の蒸気圧は無視できるものとし，気体定数 $R = 8.3 \times 10^3$ L・Pa/(K・mol) とする。数値は有効数字 2 桁で答えること。

(1) この容器に水 10 L と酸素ガスを入れ，容器内の圧力を 1.0×10^5 Pa，温度を 20 ℃ に保つ。このとき水に溶解する酸素の体積は何 mL か。　　　　　（　　　　　　　　　）

(2) この容器に水 10 L と酸素ガスを入れてコックを閉じ，温度を 20 ℃ に保ったところ，容器内の圧力が 2.0×10^5 Pa，気体の体積が 1.0 L であった。このとき容器内にある酸素は何 mol か。　　　　　　　　　　　　　　　　　　　　　　　（　　　　　　　　　）

(3) (2)の状態からピストンを動かし，温度を 20 ℃ に保ちながら気体の体積を 0.50 L まで圧縮した。このとき容器内の圧力は何 Pa になるか。　　（　　　　　）［豊橋科技大］

7 酢酸を溶質とする溶液の凝固点降下に関する文章 A，B を読み，あとの問いに答えなさい。

〔文章 A〕　40.0 g のベンゼンに 0.680 g の酢酸を加えた溶液の凝固点降下度は 0.730 K であった。ベンゼンのモル凝固点降下 5.12 K・kg/mol から，この溶液中の溶質の物質量は　 a 　mol と求められる。酢酸の分子量は 60.0 なので，(i)ベンゼン中で酢酸分子は水素結合を形成していると考えられる。

〔文章 B〕　1.00 kg の純水に 0.0600 g の酢酸を加えた溶液の凝固点降下度は 2.05×10^{-3} K であった。水のモル凝固点降下は 1.86 K・kg/mol であるので，この溶液の凝固点降下度から算出される

溶質の分子量は酢酸の分子量よりも小さい。これは酢酸が完全に電離しないためと考えられる。

$$CH_3COOH \rightleftarrows CH_3COO^- + H^+$$

　　ここで加えた酢酸の物質量を m〔mol〕とし，溶液中で電離している酢酸の割合を α とすると，溶液中に存在する化学種 CH_3COOH，CH_3COO^-，H^+ の物質量の合計は　b　mol になる。測定された凝固点降下度の値を使って α を求めると，　c　となる。

(1)　a ，　c　にあてはまる数値(有効数字2桁)と，　b　にあてはまる式を答えよ。

a(　　　　　　　)　b(　　　　　　　　　)　c(　　　　　　　)

(2) 下線部(i)について，酢酸の構造式(右図)に必要なものを書き加え，水素結合のようすを図示せよ。ただし，共有結合は実線，水素結合は点線で表すこと。[北海道大-改]

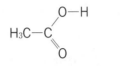

8 次の文章を読み，あとの問いに答えなさい。必要であれば，気体定数には R を用いよ。

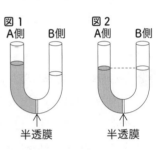

　図1のように，溶媒分子のみが透過できる膜(半透膜)を，内径が一定な U 字型のガラス管の中央に取り付け，A 側には分子量 M_1 の非電解質の分子1を w_1〔g〕溶かした希薄水溶液を，B 側には分子量 M_2 の非電解質の分子2を w_2〔g〕溶かした希薄水溶液をそれぞれ入れた。水溶液を U 字管に入れた直後は A 側が B 側に比べ液面が高かった。

(1) 一定温度 T_1 においてしばらく放置した後，A，B 両側の液面をみると，高さが等しくなっていた(図2)。この状態を"状態 I"とする。このときに M_1，M_2，w_1，w_2 の間に成り立つ関係式を示せ。　　　　　　　　　　　　　　(　　　　　　　　　　　　　)

(2) 状態 I から温度を T_2 へ低下させたところ，A 側で分子1の一部が N 量体(N 個の分子1が集合(会合)したコロイド粒子)を形成し，単量体と N 量体の間で平衡が成り立った。この状態を"状態 II"とする。このとき，A 側における N 量体の物質量，および単量体と N 量体とを合わせた総物質量を M_1，w_1，α，N を用いて表せ。ただし，温度の変化による水溶液の体積の変化は無視でき，会合前の分子1の分子数に対する N 量体を形成した分子1の分子数の比を会合度 α $(0 < \alpha < 1)$ とする。

$$会合度\, \alpha = \frac{N 量体を形成した分子1の分子数}{会合前の分子1の分子数}$$

N 量体(　　　　　　　　　　　)　総物質量(　　　　　　　　　　　)

(3) 状態 II において，A 側あるいは B 側のいずれか一方に圧力を加え，両側の液面の高さを等しくした。このときに加えた圧力を求めよ。ただし，A，B 両側の水溶液の体積はともに V であるとする。　　　　　　　(　　　　　　　　　　　　　)

記述 (4) U 字管中のコロイド粒子は少量の電解質を加えても沈殿しなかったが，多量の電解質の添加により沈殿が生じた。この理由を簡潔に述べよ。

(　　　　　　　　　　　　　　　　　　　　　　　　　　　　　　　　)

[九州大-改]

5 化学反応と熱・光エネルギー

第2章 物質の反応と平衡

STEP ① 基本問題

解答➡ 別冊14ページ

1 ［熱量の計算］次の問いに有効数字2桁で答えなさい。ただし，水の比熱，水溶液の比熱をともに 4.2 J/(g・K) とする。

(1) 50 g の水の温度が 22 ℃ 上昇した。この水が得た熱量〔J〕を求めよ。

( )

(2) 塩酸 20 g と水酸化ナトリウム水溶液 20 g を混合すると温度が 5 ℃ 上昇した。このとき発生した熱量〔J〕を求めよ。

( )

2 ［発熱反応と吸熱反応］次の文章の空欄に適語を入れなさい。

化学反応に伴って出入りする熱を（① ）という。圧力一定の条件下での（ ① ）は,その反応に伴う（② ）と等しくなり，記号（③ ）で表す。反応エンタルピーは（④ ）のエンタルピーから（⑤ ）のエンタルピーを引いた値として求められる。発熱反応の（ ② ）は（⑥ ）の値を示し，吸熱反応の（ ② ）は（⑦ ）の値を示す。

3 ［さまざまなエンタルピー変化］次の(1)～(7)に示すエンタルピー変化を下のア～キから選び，記号で答えなさい。

(1) 1 mol の物質が完全燃焼する際のエンタルピー変化 （ ）

(2) 水溶液中で H^+ と OH^- が反応して，1 mol の水を生じる際のエンタルピー変化 （ ）

(3) 1 mol の固体が液体へと変わる際のエンタルピー変化（ ）

(4) 1 mol の液体が気体へと変わる際のエンタルピー変化（ ）

(5) 1 mol の液体が固体へと変わる際のエンタルピー変化（ ）

(6) 1 mol の化合物が構成元素の単体から生じる際のエンタルピー変化 （ ）

(7) 1 mol の物質を多量の溶媒に溶かした際のエンタルピー変化 （ ）

ア 融解エンタルピー イ 溶解エンタルピー
ウ 生成エンタルピー エ 燃焼エンタルピー
オ 蒸発エンタルピー カ 中和エンタルピー
キ 凝固エンタルピー

Guide

 熱量の計算の公式

反応熱 Q〔J〕
= 比熱 c〔J/(g・K)〕
　× 質量 m〔g〕
　× 温度変化 ΔT〔K〕

反応物と生成物

▶反応物…反応前の物質
▶生成物…反応後に生じる物質

 エンタルピーとエンタルピー変化

▶エンタルピー…記号 H
▶エンタルピー変化
　…記号 ΔH

※ΔH は 25 ℃, 1.013×10^5 Pa における値を用いる。

 発熱反応と吸熱反応

▶発熱反応…熱を放出
　エンタルピー変化 $\Delta H < 0$
例 C(黒鉛) + O_2(気)→CO_2(気)

$\Delta H = -394$ kJ

反応系 C(黒鉛) + O_2(気)
↓ 発熱 394 kJ の放出
生成系 CO_2(気)

▶吸熱反応…熱を吸収
　エンタルピー変化 $\Delta H > 0$
例 NaCl(固) + aq → NaClaq

$\Delta H = +3.9$ kJ

生成系 NaClaq 吸熱 3.9 kJ の吸収
反応系 NaCl(固) + aq

※水溶液として考えるときには,aq (多量の水のこと)をつける。

4 ［反応エンタルピーの種類］次の反応(1)～(4)のうち，生成エンタルピーを示したものを選び，記号で答えなさい。　　　（　　）

(1) HClaq＋NaOHaq ⟶ NaClaq＋H₂O（液）　　　$\Delta H = -56$ kJ

(2) Na（固）＋$\frac{1}{2}$Cl₂（気）⟶ NaCl（固）　　　$\Delta H = -411$ kJ

(3) CH₄（気）＋2O₂（気）⟶ CO₂（気）＋2H₂O（気）　$\Delta H = -891$ kJ

(4) H₂SO₄（液）＋aq ⟶ H₂SO₄aq　　　$\Delta H = -95.3$ kJ

重要 **5** ［ヘスの法則］次の文章の空欄に適語をそれぞれ入れなさい。

　1 mol の固体の水酸化ナトリウムを水に溶かすと 44.5 kJ の熱を発生する。この水酸化ナトリウム水溶液と十分な量の希塩酸を反応させると，56.5 kJ の熱を発生して，1 mol の
（①　　　　　　　　　）を含む水溶液となる。 方，1 mol の固体の水酸化ナトリウムを十分な量の希塩酸と反応させると
（②　　　　　）kJ の熱を発生し，1 mol の（ ① ）を含む水溶液となる。

　「反応前後の状態が決まれば，反応の経路によらず反応熱や反応エンタルピーは同じである」とまとめることができ，これを
（③　　　　　　　　）の法則（総熱量保存則）という。

6 ［エントロピー］次の文章の空欄にあてはまる語句を答えなさい。

　エントロピーとは，物質の（①　　　　　　）を測る尺度である。
（ ① ）が大きいほどエントロピーの値は（②　　　　　　）なる。

　エントロピー変化は，生成物のエントロピーから反応物のエントロピーを引いた値であり，記号（③　　　　）で表す。

　氷の融解や水の蒸発ではエントロピーが（④　　　　）し，水蒸気の凝縮や，水の凝固ではエントロピーが（⑤　　　　）する。

7 ［自発的に進む反応の考え方］次の文章の空欄にあてはまる語句を答えなさい。

　エンタルピー変化 ΔH から絶対温度 T とエントロピー変化の積を引いたものを（①　　　　　　　　　　）といい，次の式で示すことができる。

　　　　　（②　　　　　）＝ ΔH－（③　　　　　）

（ ② ）が（④　　　）の値ならば反応は自発的に進むが，
（⑤　　　）の値の場合，反応は自発的に進まない。

 反応エンタルピーについて

　通常，反応エンタルピーの値は，着目している物質 1 mol あたりで考える。

 ヘスの法則

　化学反応に伴う反応エンタルピーは，化学反応の経路によらず一定である。
⇒反応エンタルピーは反応物と生成物の状態と種類だけで決まる。

エントロピー

▶エントロピー…記号 S
▶エントロピー変化
　…記号 ΔS

固体　　液体　　気体
小 ◀━━ 乱雑さ ━━▶ 大

 絶対温度

　絶対零度（－ 273 ℃）を原点とする温度で，単位：K（ケルビン）で表す。セルシウス温度 t と絶対温度 T の目盛りの間隔は同じである。両者の間には次の関係が成り立つ。

　$T(\text{K}) = 273 + t(℃)$

 物質の状態

　状態を明記する物質
例 水：H₂O（気），H₂O（液），
　　　H₂O（固）
　炭素：C（黒鉛），
　　　　C（ダイヤモンド）
　また，水溶液として考えるときは，aq を付ける。
例 水酸化ナトリウム水溶液
　：NaOHaq

第1章
第2章
第3章
第4章
第5章

1 ［反応エンタルピー］次の問いに答えなさい。

(1) 反応に伴うエンタルピー変化に関する記述として下線部に誤りを含むものを，次の**ア**〜**オ**から１つ選び，記号で答えよ。

　　ア ジエチルエーテルの蒸発エンタルピーは $+27\ kJ/mol$ である。したがって，ジエチルエーテルの凝縮エンタルピーは $-27\ kJ/mol$ である。

　　イ Mg の燃焼エンタルピーは $-602\ kJ/mol$ である。したがって，MgO の生成エンタルピーは $-602\ kJ/mol$ である。

　　ウ CO の燃焼エンタルピーの値は負である。したがって，CO の生成エンタルピーは CO_2 の生成エンタルピーよりも小さい。

　　エ エタンの生成エンタルピーの値は負，エチレンの生成エンタルピーの値は正である。したがって，エチレンに H_2 が付加してエタンが生成する反応は発熱反応である。

　　オ 酸と塩基の中和エンタルピーの値は負である。したがって，塩酸を水酸化ナトリウム水溶液で中和するとき熱が発生する。

(2) 次の記述について，正しいものをすべて選び，記号で答えよ。

　　ア 水(液体)と水蒸気の生成エンタルピーは異なる。

　　イ 同一の物質であれば，融解エンタルピーと蒸発エンタルピーは常に等しい。

　　ウ 反応エンタルピーとは，生成物の生成エンタルピーの総和から反応物の生成エンタルピーの総和を引いた値である。

　　エ 溶解エンタルピーとは，物質 $1\ mol$ を多量の溶媒に溶かしたときのエンタルピー変化で，常に負の値である。

　　オ 強酸と強塩基の希薄溶液の中和エンタルピーは，酸と塩基の種類に強く依存する。

　　　　　　　　　　　　　　　　　　　　　　　　　　　　　　　　　　［上智大－改］

2 ［熱量と量的関係］次の問いに答えなさい。H＝1.0, C＝12, O＝16

(1) メタノール $64\ g$ を完全燃焼させて，$20\ ℃$ の水 $1.0\ kg$ を加熱する。発生する熱量のうち $10\ \%$ が，この水の温度上昇に使われたとすると，水の温度は何 $℃$ になるか，整数で答えよ。ただし，メタノールの燃焼エンタルピーを $-726\ kJ/mol$，水の比熱を $4.2\ J/(g \cdot K)$ とする。

(2) $0\ ℃$，$1.013 \times 10^5\ Pa$ で $67.2\ L$ を占める一酸化炭素とメタンの混合気体を完全燃焼させると，$1153\ kJ$ の熱量が発生した。混合気

1

(1)	
(2)	

Hints

(2)物質のもつエンタルピーは，固体＜液体＜気体の順になる。

2

(1)		
(2)	一酸化炭素	
	メタン	

Hints

(2)各成分の物質量を文字でおけばよい。

体に含まれる各成分の物質量〔mol〕を有効数字 2 桁で求めよ。ただし，一酸化炭素の燃焼エンタルピーは $-283\ \mathrm{kJ/mol}$，メタンの燃焼エンタルピーは $-891\ \mathrm{kJ/mol}$ とする。

(3) 黒鉛 12.0 g が不完全燃焼して，一酸化炭素と二酸化炭素が合わせて 40.0 g 生成した。このとき発生した熱量〔kJ〕を整数で求めよ。ただし，黒鉛および一酸化炭素の燃焼エンタルピーは，それぞれ $-394\ \mathrm{kJ/mol}$ および $-283\ \mathrm{kJ/mol}$ である。

重要 **3** ［ヘスの法則］次の問いに答えなさい。ただし，反応エンタルピーの値はすべて整数で記すものとする。

(1) プロパン C_3H_8（気）の生成エンタルピー，および C（黒鉛）と H_2（気）の燃焼エンタルピーは次のように表される。これらの式を利用して，プロパンが完全燃焼する際の燃焼エンタルピーの値を求めよ。

$3C$（黒鉛）$+\ 4H_2$（気）$\longrightarrow C_3H_8$（気）$\quad \Delta H=-105\ \mathrm{kJ}$

C（黒鉛）$+\ O_2$（気）$\longrightarrow CO_2$（気）$\quad \Delta H=-394\ \mathrm{kJ}$

H_2（気）$+\ \dfrac{1}{2}O_2$（気）$\longrightarrow H_2O$（液）$\quad \Delta H=-286\ \mathrm{kJ}$ ［東北大－改］

(2) 1 mol の一酸化炭素が酸素で酸化されるときの反応エンタルピーは $-284\ \mathrm{kJ/mol}$ であり，二酸化炭素の生成エンタルピーは $-394\ \mathrm{kJ/mol}$ である。一酸化炭素の生成エンタルピーを求めよ。

［横浜国大－改］

(3) エチレン C_2H_4 は次式のように，水素と反応しエタン C_2H_6 になることが知られている。

C_2H_4（気）$+\ H_2$（気）$\longrightarrow C_2H_6$（気）$\quad \Delta H=-137\ \mathrm{kJ}$

エタンの燃焼エンタルピーを $-1560\ \mathrm{kJ/mol}$，水素の燃焼エンタルピーを $-286\ \mathrm{kJ/mol}$ とするとき，エチレンの燃焼エンタルピーを求めよ。

［山口大－改］

4 ［エネルギー図］図を見て，次の問いに答えなさい。

(1) 塩酸と水酸化ナトリウムの中和エンタルピーを表す矢印は**ア，イ**のうちどちらか。

(2) NaCl（固）の溶解エンタルピーは $+3.9\ \mathrm{kJ/mol}$ である。図の中に「NaCl（固）＋ aq ＋ H_2O（液）」という状態を書き加えるならば，①〜④のどの部分に加えるのが適当か，記号で答えよ。

エンタルピー

① NaOH（固）＋ aq ＋ HClaq

② NaOHaq ＋ HClaq $\quad \Delta H=-44.5\ \mathrm{kJ}$

③

ア

NaClaq ＋ H_2O（液）

④

イ

2

(3)

Hints

(3) CO になる黒鉛 x〔mol〕と CO_2 になる黒鉛 y〔mol〕の混合物と考える。

3

(1)

(2)

(3)

4

(1)

(2)

Hints

(2) NaCl（固）は 3.9 kJ のエネルギーを得て NaClaq になる。

重要 **5** ［熱化学実験］次の文章を読んであとの問いに答えなさい。ただし、水の比熱は 4.20 J/(g·K)、水の密度は 1.00 g/cm³ とし、用いたガラス器具の比熱は無視できるものとする。H＝1.00、C＝12.0、O＝16.0、Na＝23.0

図1

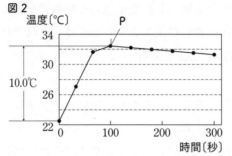

図2

水酸化ナトリウム 2.00 g を、**図1** の器具を用いてガラス棒でかき混ぜながら、水 50.0 cm³ に溶かした。そのときの水溶液の温度変化が、**図2** に示されている。室温は、実験中一定であった。

(1) **図1** では反応容器に 100 mL ビーカーを用いているが、より高い精度で実験結果を得るためにはどのような容器に変えればよいか。次の**ア～ウ**から選び、記号で答えよ。

　ア 500 mL ビーカー

　イ 100 mL フォームポリスチレンカップ

　ウ 100 mL ステンレス製カップ

(2) 溶液の最高温度（**図2** 中の点 **P**）から求めた溶解による温度上昇は、10.0 ℃ であった。このときの発熱量〔kJ〕を有効数字 2 桁で答えよ。この水酸化ナトリウム水溶液の比熱は 4.20 J/(g·K)とする。

(3) (2)で求めた発熱量より、水酸化ナトリウムの溶解エンタルピーを有効数字 2 桁で答えよ。

記述 (4) (3)で求めた溶解エンタルピーは、正しい値より小さかった。その理由を**図2**のグラフを参考にして答えよ。

　引き続いて、得られた水酸化ナトリウム水溶液を使って、以下の実験を行った。

〔実験Ⅰ〕　得られた水酸化ナトリウム水溶液の温度が一定になった後、同じ温度の 1.00 mol/L の硫酸 50.0 mL を加えて中和エンタルピーを求めた。

〔実験Ⅱ〕　〔実験Ⅰ〕の硫酸の代わりに 1.00 mol/L の塩酸 50.0 mL を用いて、同様に中和エンタルピーを求めた。

記述 (5) 〔実験Ⅰ〕と〔実験Ⅱ〕で得られた中和エンタルピーは、ほとんど同じであった。その理由を説明せよ。

［大阪教育大－改］

5

(1)	
(2)	
(3)	
(4)	
(5)	

6 ［結合エネルギー］次の問いに答えなさい。

(1) C−H 結合の結合エネルギーを 416 kJ/mol とする。次の化学反応の反応エンタルピーの値を求めよ。ただし，CH_4 に含まれる C−H 結合の結合エネルギーはいずれも同じであるとする。

$$CH_4(気) \longrightarrow C(気) + 4H(気)$$

(2) H−H 結合の結合エネルギーは 432 kJ/mol，Cl−Cl 結合の結合エネルギーは 239 kJ/mol であり，$H_2(気) + Cl_2(気) \longrightarrow 2HCl(気)$ の ΔH は −185 kJ である。これらから H−Cl 結合の結合エネルギーを求めよ。

7 ［化学変化が進む向き］定温・定圧下での反応物から生成物への状態変化を考える際には，次の関係が成立する。

$$\Delta G = \Delta H - T\Delta S$$

ΔG の値が負になる場合に反応が進むため，ΔG の符号を考えればその反応が進行するかどうかを検討できる。室温で正反応が進むアンモニアの合成反応は次のように示される。

$$\frac{1}{2}N_2(気) + \frac{3}{2}H_2(気) \longrightarrow NH_3(気) \quad \Delta H = -46.1 \text{ kJ}$$

この反応の ΔS は −99.4 J/K であり，温度を上げると反応を逆転させることができる。温度が何℃以上になるとアンモニアの乖離（かいり）が進行するか。　　　　　　　　　　　　　　　　　　　　［関西学院大−改］

8 ［光エネルギー］次の文章を読んで，あとの問いに答えなさい。

　化学反応において反応物と生成物の化学エネルギーの差を放出，吸収する際，熱エネルギーとしてではなく，光エネルギーを放出，または吸収することがある。植物が行う光合成は光エネルギーを吸収することで進行する化学反応の代表例といえる。光合成では（　A　）と（　B　）から（　C　）とグルコース $C_6H_{12}O_6$ を合成している。

(1) 下線部について，次の記述①〜④に結びつきの深い語句を**ア**〜**エ**から 1 つずつ選び，記号で答えよ。

① 光を吸収しながら進行する化学反応

② 光を放出しながら進行する化学反応

③ 熱を吸収しながら進行する化学反応

④ 熱を放出しながら進行する化学反応

ア 発熱反応　　**イ** 吸熱反応　　**ウ** 光化学反応

エ 化学発光

(2) **A**〜**C**にあてはまる物質名を答えよ。　　　　　　［岩手大−改］

6
(1)
(2)

Hints
(1)メタンには C−H 結合が 4 本含まれる。

7

Hints
$\Delta G = 0$ になるときの温度以上になれば，アンモニアの乖離が進む。

8
(1)
①
②
③
④
(2)
A
B
C

第2章 物質の反応と平衡

6 化学反応と電気エネルギー

解答⊖ 別冊17ページ

1 [リチウムイオン電池] 近年，Li は電池材料として需要が増大している。次の①〜⑦にあてはまる語句を答えなさい。

化学電池は正極で進行する(①)反応と負極で進行する(②)反応により，(③)エネルギーを(④)エネルギーに変換する装置である。

リチウム電池の正極活物質には(⑤)，負極活物質には Li が用いられ，有機溶媒に Li 塩を溶解させた溶液が電解液に用いられる。一般に，電池では，電子は(⑥)極から(⑦)極に流れ，電流は(⑦)極から(⑥)極に流れる。 [大阪大－改]

重要 **2** [鉛蓄電池] 鉛と酸化鉛(IV)を電極とし硫酸水溶液に浸し，極板を導線で結ぶと鉛蓄電池となる。これについて，次の問いに答えなさい。

(1) この電池から電流を取り出すとき，負極と正極で生じる反応のイオン反応式と電池全体の化学反応式をそれぞれ答えよ。

　負極( )
　正極( )
　全体( )

(2) 次の①〜④の放電に伴う増減を答えよ。

　① 正極の質量　( )　② 負極の質量　( )
　③ 電解液の密度　( )　④ 電解液のpH　( )

3 [電気量] 次の問いに，有効数字3桁で答えなさい。

ファラデー定数 $F = 9.65 \times 10^4$ C/mol

(1) 38600 C の電気量は電子の物質量に換算すると何 mol か。

( )

(2) 1.00 A の電流を16分5秒間流したとき，流れた電気の電気量は何 C か。また，それは電子の物質量で何 mol か。

(,)

(3) 電子1個のもつ電気量〔C〕を電気素量という。アボガドロ定数を $N_A = 6.02 \times 10^{23}$/mol として電気素量を求めよ。

( )

Guide

用語 電池

化学エネルギーを電気エネルギーに変換する装置。

確認 電気量の公式

電気の量を電気量といい，1 A の電流を1秒間流したとき，1 C の電気量が流れたと決める。

電気量〔C〕＝電流〔A〕×時間〔秒〕
$Q = I \times t$

96500 C の電気量が回路を流れると電子 1 mol 分の反応が起きるので，電気量は次のように電子の物質量に変換する。

$$\frac{電気量〔C〕}{96500} = 電子の物質量〔mol〕$$

この 96500 は単位 C/mol をもつファラデー定数として広く用いられている。

確認 pH

酸性の度合いを表す数値で，値が小さいほど酸性が強いことを示す。

1 ←――― 7 ―――→ 14
酸性　　　中性　　　塩基性

重要▶ **4** ［水溶液の電気分解］次の水溶液を，【 】に示す電極を両極に用いて電気分解した。各極で生じる反応を反応式で答え，それらを1つにまとめた反応式も答えなさい。

(1) 硫酸銅（Ⅱ）水溶液【白金】

陽極（　　　　　　　　　　） 陰極（　　　　　　　　　　）

まとめ（　　　　　　　　　　　　　　　　　　　　　　）

(2) 硫酸銅（Ⅱ）水溶液【銅】

陽極（　　　　　　　　　　） 陰極（　　　　　　　　　　）

まとめ（　　　　　　　　　　　　　　　　　　　　　　）

(3) 水酸化ナトリウム水溶液【白金】

陽極（　　　　　　　　　　） 陰極（　　　　　　　　　　）

まとめ（　　　　　　　　　　　　　　　　　　　　　　）

(4) 塩化銅（Ⅱ）【白金】

陽極（　　　　　　　　　　） 陰極（　　　　　　　　　　）

まとめ（　　　　　　　　　　　　　　　　　　　　　　）

5 ［一槽の電気分解，量的関係］次の問いに答えなさい。

(1) 0.50 L の硫酸銅（Ⅱ）水溶液を，白金電極を用いて 1.00 A の電流で電気分解を行ったところ，一方の電極の質量が 0.32 g 増加した。

H＝1.0，O＝16，Cu＝64，ファラデー定数 $F＝9.65×10^4$ C/mol

① 電気分解に要した時間は，何分何秒か。（　　　　　　　）

② 陽極で生じた気体の 0 ℃，$1.013×10^5$ Pa における体積〔mL〕を求めよ。（　　　　　　　）

③ 電気分解後の溶液に水を加え，体積を 1.0 L にした溶液のpHを整数で求めよ。なお，$[H^+]＝1.0×10^{-n}$ の溶液の pH は n である。（　　　　　　　）

(2) 硝酸ナトリウム水溶液を白金電極を用いて 32 分 10 秒間電気分解したところ，両極から合わせて 0.672 L（0 ℃，$1.013×10^5$ Pa）の気体が得られた。ファラデー定数 $F＝9.65×10^4$ C/mol

① 各極で発生した気体の物質量を求めよ。

陽極（　　　　　　　） 陰極（　　　　　　　）

② 回路に流した電流〔A〕を求めよ。（　　　　　　　）

6 ［工業と電気分解］次の物質を工業的に生産するとき，関連の深い方法を**ア**〜**ウ**から選び，記号で答えなさい。

(1) ナトリウム（　　　　） (2) 水酸化ナトリウム（　　　　）

(3) 銅　　　　（　　　　） (4) アルミニウム　　（　　　　）

ア 溶融塩電解　　**イ** イオン交換膜法　　**ウ** 電解精錬

確認🖐 **水溶液の電気分解の反応式**

▶陽極（酸化反応）

(1) 白金，炭素以外の電極を使用した場合，電極が溶けてイオンになる。

例 銀電極，銅電極

$Ag \longrightarrow Ag^+ + e^-$

$Cu \longrightarrow Cu^{2+} + 2e^-$

(2) 白金または炭素を電極に用いる場合，次の順で優先的に酸化される。

① ハロゲン化物イオン

$2I^- \longrightarrow I_2 + 2e^-$

$2Cl^- \longrightarrow Cl_2 + 2e^-$

② 塩基から生じた※水酸化物イオン

$4OH^- \longrightarrow O_2 + 2H_2O + 4e^-$

※水の電離で生じた水酸化物イオンは除く。

③ 水

$2H_2O \longrightarrow O_2 + 4H^+ + 4e^-$

④ 硫酸イオン（SO_4^{2-}）や硝酸イオン（NO_3^-）は反応しない。

▶陰極（還元反応）

電極の種類によらず，次の順で優先的に還元される。

① Ag^+，Cu^{2+}

$Ag^+ + e^- \longrightarrow Ag$

$Cu^{2+} + 2e^- \longrightarrow Cu$

② 酸から生じた※水素イオン

$2H^+ + 2e^- \longrightarrow H_2$

※水の電離で生じた水素イオンは除く。

③ 水

$2H_2O + 2e^- \longrightarrow H_2 + 2OH^-$

④ Na^+，Mg^{2+}，Al^{3+}などは，イオン化傾向が大きすぎるので還元されない。

重要 **1** ［起電力の大小］ダニエル電池を模して，次の電池式で表される電池を作製した。この中で最も起電力が大きいものを選び，記号で答えなさい。ただし，どの電池も電解質溶液の濃度はほぼ同じとする。

ア （－）Pb ｜ Pb(NO₃)₂aq ｜ CuSO₄aq ｜ Cu（＋）

イ （－）Al ｜ Al₂(SO₄)₃aq ｜ AgNO₃aq ｜ Ag（＋）

ウ （－）Zn ｜ ZnSO₄aq ｜ CuSO₄aq ｜ Cu（＋）

エ （－）Pb ｜ Pb(NO₃)₂aq ｜ AgNO₃aq ｜ Ag（＋）

オ （－）Fe ｜ FeSO₄aq ｜ CuSO₄aq ｜ Cu（＋）

1

Hints

両極の金属のイオン化傾向の差が大きいほど，起電力が大きい。

2 ［酸化銀電池］銀の酸化物は，より酸化されやすい金属と組み合わせることで酸化銀電池として腕時計などの小型の電子機器に用いられている。酸化銀電池の電解液は水酸化カリウム水溶液であり，両極の反応と全体の反応は次のようになる。この電池を 48250 秒間放電したら，正極の質量が 0.010 g 減少した。あとの問いに，有効数字 2 桁で答えなさい。O＝16.0，Zn＝65.4

負極の反応　　Zn ＋ 2OH⁻ ⟶ ZnO ＋ H₂O ＋ 2e⁻

正極の反応　　Ag₂O ＋ H₂O ＋ 2e⁻ ⟶ 2Ag ＋ 2OH⁻

全体の反応　　Ag₂O ＋ Zn ⟶ 2Ag ＋ ZnO

(1) 放電中の平均電流の値を求めよ。

(2) 放電により生成した酸化亜鉛の質量を求めよ。

[東北大－改]

2

(1)

(2)

Hints

電気量，電流，時間の関係は
$Q(C)＝I(A) \times t(s)$

3 ［水素－酸素燃料電池］図の燃料電池では触媒を含有した 2 枚の多孔質電極に仕切られた容器に，固体の高分子膜が電解質として入れられている。膜内は水素イオンが自由に移動できる。次の問いに答えなさい。

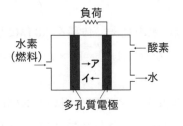

負荷

水素（燃料）

酸素

水

→ア
イ←

多孔質電極

(1) 放電時，各極で起こる反応を反応式で示せ。

(2) 膜内で H⁺ の移動する方向を図の**ア**，**イ**から選び，記号で答えよ。

(3) 1013 hPa，25℃で 25.0 L の O₂ が反応するとき，この電池から取り出せる電気量〔C〕を有効数字 3 桁で求めよ。$F＝9.65 \times 10^4$ C/mol

(4) この電池では H₂ の燃焼エンタルピー（－286 kJ/mol）の大きさの 80.0％が電気エネルギーに変換されるものとする。1013 hPa，25℃で 100 L の H₂ が 10.0 W の携帯電話を稼働する場合，何時間使用することができるか。有効数字 3 桁で求めよ。ただし，1 W＝1 J/s である。

[富山大－改]

3

(1)
　負極

　正極

(2)

(3)

(4)

Hints

(3)本問の条件は 0 ℃，1.013×10^5 Pa でないので，1 mol ≠ 22.4 L である。

重要 **4** ［さまざまな電池］(1)～(6)の電池を一次電池と二次電池に分類しなさい。また，電池式を**ア**～**カ**から選び，記号で答えなさい。

(1) アルカリマンガン乾電池　(2) 鉛蓄電池　(3) ダニエル電池
(4) 燃料電池　(5) ニッケル水素電池　(6) リチウムイオン電池

ア　(－)LiC_6｜Li 塩｜$LiCoO_2$(＋)
イ　(－)水素吸蔵合金｜KOH aq｜NiO(OH)(＋)
ウ　(－)Pb｜H_2SO_4 aq｜PbO_2(＋)
エ　(－)H_2, Pt｜H_3PO_4 aq｜O_2, Pt(＋)
オ　(－)Zn｜$ZnSO_4$ aq｜$CuSO_4$ aq｜Cu(＋)
カ　(－)Zn｜KOH aq｜MnO_2(＋)

5 ［鉛蓄電池を用いた電気分解］鉛蓄電池と硫酸銅(Ⅱ)水溶液に白金電極を浸した電解槽Ⅰを用意した。
H＝1.0，O＝16，S＝32

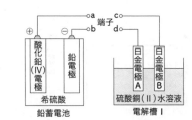

〔実験1〕最初1分間は a–c，b–dをつないで反応させた。

〔実験2〕次に a–d，b–c とつなぎ変えて1分間反応させた。

〔実験3〕鉛蓄電池の電解液を30％希硫酸(密度1.25 g/cm³)1.0 Lに変えて，〔実験2〕の配線で2.0 Aで1時間20分25秒間通電した。

(1) 〔実験1〕で白金電極**A**，**B**で起こる反応を反応式で示せ。

記述 (2) 〔実験2〕で白金電極**A**，**B**でどのような変化が観察されるか。

(3) 〔実験3〕で鉛蓄電池の電極の質量はそれぞれどのように変化したか。増減ならびに変化量〔g〕を答えよ。

(4) 〔実験3〕終了時の希硫酸の質量％濃度を求めよ。　　〔岐阜大一改〕

6 ［直列回路］図のように，片方の電解槽には硫酸銅(Ⅱ)水溶液を，もう一方の電解槽にはヨウ化カリウムとデンプンの混

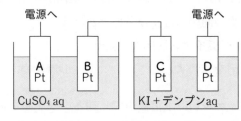

合水溶液をそれぞれ入れ，白金を電極として電気分解を行ったところ，<u>**C**極のまわりが青紫色に変化し，</u>**A**極からは0℃，1.013×10⁵ Paで112 mLの気体が発生した。

記述 (1) 下線部について，青紫色に変化したのはなぜか。簡潔に答えよ。

(2) 各電極の反応式を e⁻ を用いた反応式で示せ。また，電極の表面が変色したものを選び，記号で答えよ。

(3) **D**極で発生した気体の物質量〔mol〕を答えよ。

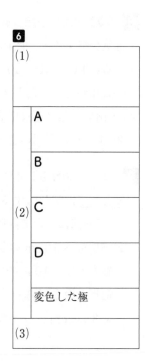

4		
一次電池		
二次電池		
(1)		(2)
(3)		(4)
(5)		(6)

5		
(1)	A	
	B	
(2)	A	
	B	
(3)	鉛	
	酸化鉛(Ⅳ)	
(4)		

6	
(1)	
(2)	A
	B
	C
	D
	変色した極
(3)	

7 ［グラフ］図に示すよ
うに，水素を燃料とする
燃料電池と質量 100 g の
銅板 2 枚を電極とする電
気分解装置を接続して，

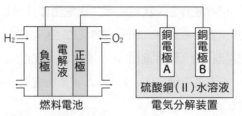

0.5 mol/L 硫酸銅（Ⅱ）水溶液 1.0 L の電気分解を行った。

　この実験において，燃料電池で消費した水素の 0 ℃，1.0×10^5 Pa
における体積〔L〕と銅電極Aの質量〔g〕の関係を示すグラフとして
最も適当なものを，次の**ア〜カ**から 1 つ選び，記号で答えなさい。
ただし，消費した水素が放出した電子は，すべて電気分解に使われ
るものとする。Cu = 64

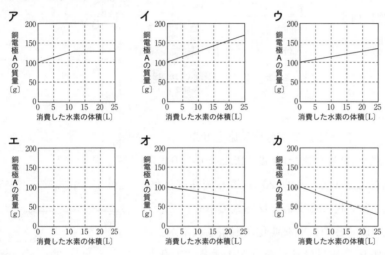

8 ［複数の反応が起こる電気分解］硫酸亜鉛水溶液を少し高い電圧で
電気分解すると，陰極に金属の亜鉛が析出すると同時に水素も発生
する。0 ℃，1.013×10^5 Pa において，陽極から 5.60 L，陰極から 1.12 L
の気体が発生したとき，次の問いに答えなさい。Zn = 65

(1) 両極で起こる反応をすべてイオン反応式で表せ。

(2) 析出した亜鉛の質量〔g〕を求めよ。　　　　　　　　［慶應義塾大－改］

9 ［めっきの厚さ］硫酸ニッケル（Ⅱ）水溶液中で，<u>銅とニッケルを極
板として</u>電気分解すると銅板をニッケルでめっきすることができる。

(1) 下線部について，陽極，陰極はどちらの金属を用いるべきか。

(2) 5.0 cm × 5.0 cm の銅板の両面に 0.059 mm のニッケルめっきを
　施すのに，4.0 A の電流ではおよそ何分かかるか。整数で答えよ。
　銅板の厚さは無視するものとし，ニッケルの原子量を 59，密度
　を 8.8 g/cm³，ファラデー定数を 9.65×10^4 C/mol とする。

7

8

	陽極	
(1)		
	陰極	
(2)		

9

	陽極	
(1)		
	陰極	
(2)		

Hints

めっき
ここでは金属材料に別の
金属でコーティングする
ことをいう。

10 ［イオン交換膜法］図のような陽イオン交換膜で仕切った**A**室，**B**室に $1.00\ \text{mol/L}$ の NaCl 水溶液を $500\ \text{mL}$ ずつ入れ，電気分解したところ，**A**室の NaCl 水溶液の濃度が $0.900\ \text{mol/L}$ になった。

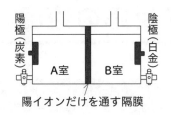

陽極（炭素）　陰極（白金）

A室　B室

陽イオンだけを通す隔膜

(1) 陽極，陰極で起こる反応の反応式を表せ。

[記述] (2) 隔膜を通過するイオンの化学式を答え，隔膜の役割を説明せよ。

(3) 電気分解で流れた電気量〔C〕を求めよ。$F = 9.65 \times 10^4\ \text{C/mol}$

(4) 反応による体積の増減はないとして，**B**室の溶液の pH を求めよ。$[OH^-] = 10^{-n}$ のとき pH は $14 - n$ である。

11 ［銅の電解精錬］銅は黄銅鉱などを還元して得られる。（　①　）には不純物が多いため，①を陽極に，（　②　）を陰極にして，硫酸酸性の硫酸銅(Ⅱ)水溶液を $0.3\ \text{V}$ 程度の電圧で電気分解することで不純物を 0.01% 未満に減らす。このとき，不純物として含まれている金属の一部は（　③　）として沈殿する。

ファラデー定数 $F = 9.65 \times 10^4\ \text{C/mol}$

(1) ①～③にあてはまる語句を答えよ。

[記述] (2) ①に含まれる不純物として主なものは亜鉛，金，銀，鉄，ニッケルである。このうち，③になるものをすべて選び，元素記号で答えよ。また，③になるものとならないものの違いを説明せよ。

(3) 銅の純度が 92.5% の粗銅を，$2.00\ \text{A}$ の電流をちょうど 50 分間流して電解精錬を行ったところ，陽極の粗銅の質量が $2.00\ \text{g}$ 減少した。イオンとして溶け出した物質のうち，銅(Ⅱ)イオン以外のイオンをすべて2価のイオンとして，その物質量を小数第3位まで計算せよ。$Cu = 63.5$　　　　　　［富山大－改］

12 ［溶融塩電解］アルミニウムは，A その塩類の水溶液を電気分解しても（　①　）を発生するだけで，金属は析出しない。このため，（　②　）を精製して得られた（　③　）に B（　④　）を加え，溶融塩電解して製造される。このとき陽極の炭素電極では一酸化炭素と二酸化炭素が発生し，陰極ではアルミニウムが得られる。$C = 12$, $O = 16$, $Al = 27$

(1) ①～④にあてはまる語句を答えよ。

[記述] (2) 下線部 **A**，**B** について，その理由を簡潔に説明せよ。

(3) 両極で生じる反応の反応式を答えよ。

(4) 一酸化炭素 $1.4\ \text{kg}$ と二酸化炭素 $4.4\ \text{kg}$ が発生した場合，アルミニウムは何 kg 得られるか。有効数字2桁で答えよ。　　［名城大－改］

10

(1)	陽極
	陰極
(2)	化学式
	役割
(3)	
(4)	

11

(1)	①
	②
	③
(2)	違い
(3)	

12

(1)	①
	②
	③
	④
(2)	A
	B
(3)	陽極
	陰極
(4)	

化学反応の速度

重要 **1** ［反応速度の定義］次の文章の空欄に適語をそれぞれ入れなさい。

化学反応の速さ v は，単位時間あたりの（①　　　　　）の変化量の大きさで表されることが多い。一方で，反応の速さは物質の（①）や反応時の（②　　　　　）によって変化するので，次の式で表されることもある。

$$2H_2O_2 \longrightarrow 2H_2O + O_2 \qquad v = k[H_2O_2]$$

この式を（③　　　　　）といい，この式で用いられる定数 k を（④　　　　　）という。k は反応時の（②）や反応の（⑤　　　　　）によって大きく変化し，（②）の高低や（⑥　　　　　）の有無を反映する。

重要 **2** ［反応速度の濃度依存性］ある溶液中の反応 $X + 2Y \longrightarrow Z$ を，温度を一定に保ち，濃度を変えて行い，次の結果を得た。

A：$[X]$ を2倍にすると Z の生成速度は4倍になった。

B：$[Y]$ を半分にすると Z の生成速度は $\dfrac{1}{2}$ 倍になった。

(1) 反応速度 v を $[X]$，$[Y]$ を用いて表せ。ただし，反応速度定数を k とする。（　　　　　　）

(2) $[X] = [Y]$ から反応を開始し，やがて $[Y]$ が反応開始時の 0.50 倍まで減少した。このときの反応速度は開始時の何倍か。

（　　　　　　）

重要 **3** ［気体反応の反応速度の分圧依存性］ある気体反応 $3X + Y \longrightarrow 2Z$ の速度式が $v = k[X]^3[Y]$ で表される。温度を一定に保ったまま反応容器を圧縮し全圧を5倍にしたとき，反応速度は何倍になるか。ただし，この反応では逆反応は起きないとする。（　　　　　　）

4 ［反応速度の温度依存性］ある気体反応 $2X + Y \longrightarrow 2Z$ について，反応時の温度が 20 K 上昇すると，Z の生成速度は9倍になる。

(1) 反応温度を次のように変化させると，反応速度は何倍になるか。

① 40 K 昇温させる。（　　　　　　）

② 10 K 降温させる。（　　　　　　）

(2) 生成速度を 100 倍以上にするには，何 K 以上の昇温が必要か。次の中から最も近いものを選び，記号で答えよ。（　　　　　　）

ア 32 K　　イ 42 K　　ウ 52 K　　エ 62 K

確認 **反応速度の定義**

単位時間における濃度の変化量の大きさを反応速度といい，次の式で算出する。

反応速度 v〔mol/(L·s)〕

$= \dfrac{\text{濃度の変化量の大きさ〔mol/L〕}}{\text{反応に要した時間〔s〕}}$

確認 **反応速度を決める要因**

反応速度が大きくなる条件は次の3つ。

(1) 温度が高い

反応に必要な活性化エネルギーを超えるエネルギーを有する粒子の割合が増えるため。

(2) 濃度が大きい

単位時間あたりの粒子の接触回数（衝突回数）が増えるため。

(3) （正）触媒がある

活性化エネルギーが下がって，活性化エネルギーを超えるエネルギーを有する粒子の割合が増えるため。

注意 **平均の速さ**

反応速度は濃度によって変化するため，反応時間が長くなると，その速度は開始時と終了時で大きく異なってくる。

5 ［反応量と反応時間のグラフ］1.00 mol/L
の過酸化水素水に酸化マンガン（Ⅳ）を加
え，過酸化水素濃度の減少を測定する実
験を行い，表の結果を得た。

表　過酸化水素の濃度変化

時間〔s〕	濃度〔mol/L〕
0	1.00
100	0.74
200	0.55
300	0.41
400	0.30
500	0.22
600	0.17
700	0.122
800	0.091
900	0.067

(1) 表から，時間①0〜100 s および②700
〜800 sでの平均濃度と反応速度を求めよ。

①(　　　　　,　　　　　)

②(　　　　　,　　　　　)

(2) 反応速度 v を，速度定数 k と[H_2O_2]で
表せ。(　　　　　　　　　　)

(3) 次の場合の濃度変化を図にかき入
れよ。②はおおよその形でよい。

① 過酸化水素の初濃度を半分にし
た場合

② 反応温度を下げた場合

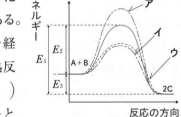

6 ［活性化エネルギー］3種の気体化
合物 A，B から C を生じる反応がある。

(1) この反応が図の実線のような経
路をとる場合，発熱反応か吸熱反
応か答えよ。(　　　　　　　)

(2) この反応の反応エンタルピーと
活性化エネルギーの大きさは，E_1, E_2, E_3 のどれに相当するか。

反応エンタルピー(　　　　　)　活性化エネルギー(　　　　　)

(3) 触媒を加えて反応が起こりやすくなった場合の反応経路は，曲
線ア〜ウのどれに相当するか記号で答えよ。(　　　　　　　)

記述 (4) 次の図はある温度における A の運動エネルギーの分布（実線）
と活性化エネルギー（波線）を表している。次の①，②のときの
グラフを概形で描き，反応速度が上がることを説明せよ。

① 温度を上げる　　　　② （正）触媒を加える

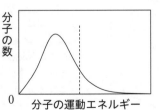

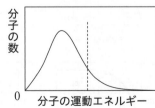

①(　　　　　　　　　　　　　　　　　　　　　　)

②(　　　　　　　　　　　　　　　　　　　　　　)

確認 👉 **速度式**

ある化学反応として，

$$aA + bB\cdots \longrightarrow xX + \cdots$$

における反応の速度は，反
応物のモル濃度を用いて，

$$v = k[A]^m[B]^n\cdots$$

と表される。

この式を（反応）速度式と
よび，比例定数 k を（反応）
速度定数という。また，濃
度の指数 m, n は反応次数
といわれ，化学反応式の係
数とは無関係に決まる数値
なので注意（一致すること
もある）。

確認 👉 **活性化エネルギーと触媒**

化学反応中の化学結合を
組み替える瞬間，物質は不
安定な状態になる。この不
安定な状態を遷移状態とい
い，遷移状態になるために
必要なエネルギーを活性化
エネルギーという。

例 $H_2 + I_2 \longrightarrow 2HI$

H–H	H H	H H
→	⋮ ⋮ →	| |
I–I	I I	I I

結合があいまいな
不安定な状態

また，触媒が存在すると，
物質は触媒とともに異なっ
た遷移状態をつくる。これ
により活性化エネルギーが
変化する。

一方，エンタルピー変化
ΔH は反応経路によらず1
つに決まるため，触媒を用
いても変化しない。

重要 **1** ［反応速度論］次の記述について，誤りを含むものを選び，記号で答えなさい。

ア （正）触媒は，活性化エネルギーを小さくする。

イ 反応物の濃度を高くすると，単位時間あたりの反応物の粒子どうしの衝突回数が増え，反応速度が大きくなる。

ウ 活性化エネルギーが大きいと，エンタルピー変化は大きくなる。

エ 反応物の温度を上げると反応速度が大きくなるのは，反応物の粒子どうしの衝突回数が増加することだけでは説明できない。

1

記述 **2** ［反応量のグラフ］2.5%の過酸化水素水 10 mL と酸化マンガン(Ⅳ)0.1 g を 25 ℃で混合し，生じる気体の体積と時間との関係をグラフにしたところ，**A**が得られた。また，温度は一定のままで，実験①～③のように条件を変えた。あとの問いに答えなさい。

実験①：5.0%の過酸化水素水 10 mL と酸化マンガン(Ⅳ)0.1 g

実験②：2.5%の過酸化水素水 10 mL と酸化マンガン(Ⅳ)0.2 g

実験③：2.5%の過酸化水素水 20 mL と酸化マンガン(Ⅳ)0.1 g

(1) 実験①から得られるグラフとして最も適切なものを，次の**ア**～**オ**から選び，その理由を述べよ。

(2) 実験②から得られるグラフとして最も適切なものを，次の**ア**～**オ**から選び，その理由を述べよ。

(3) 実験③から得られるグラフとして最も適切なものを，次の**ア**～**オ**から選び，その理由を述べよ。

2

	記号	
(1)	理由	
	記号	
(2)	理由	
	記号	
(3)	理由	

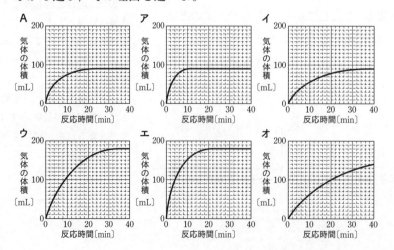

Hints

傾きから反応速度を読みとり，体積が一定になるところから，H_2O_2 の物質量を読みとる。

重要▶ **3** ［速度式の決定］右の表は一定温度のもと，$2AB + C_2 \longrightarrow 2ABC$ の反応をさまざまな濃度から始めてその反応速度を測定した結果

実験	初濃度〔mol/L〕		ABC の生成初速度
	AB	C_2	〔mol/(L·s)〕
1	0.10	0.10	6
2	0.10	0.20	12
3	0.10	0.30	18
4	0.20	0.10	24
5	0.30	0.10	54

をまとめたものである。この反応の反応速度 v を各物質のモル濃度 $[AB]$，$[C_2]$と速度定数 k を用いて表せ。また，k の単位を答えよ。

重要▶ **4** ［反応速度の実験データ・擬一次反応の解析］水溶液中で分子 A と分子 B が反応して分子 C が生じる化学反応がある。$[B] = 3.00 \times 10^{-3}$ mol/L のときの$[A]$の時間変化を下の表に示した。あとの問いに答えなさい。ただし，$[B] \gg [A]$のため，$[B]$は一定と見なし，逆反応を無視してよいものとする。

時間 t〔s〕	0		120		240		360		480
濃度$[A]$〔$\times 10^{-7}$ mol/L〕	2.00		1.39		0.97		0.67		0.47
平均濃度〔$\times 10^{-7}$ mol/L〕			1.70		1.18		**a**		0.57
平均反応速度〔$\times 10^{-10}$ mol/(L·s)〕			5.1		3.5		**b**		1.7

(1) **a**，**b**にあてはまる数値を有効数字 2 桁で答えよ。

(2) 反応速度 v について，$[B]$が一定と見なしたときの反応速度定数 k_1 と$[A]$を用いて表せ。

(3) 0 ～ 120 秒の平均反応速度より，k_1 の値を単位とともに答えよ。

(4) $[B] = 6.00 \times 10^{-3}$ mol/L のとき，k_1 は 2 倍になった。この反応の真の速度定数を k とするとき v を k，$[A]$，$[B]$を用いて表せ。

(5) k の値を単位とともに答えよ。
［防衛医大－改］

5 ［触媒］次の記述は身近な生活，または化学工業における触媒の利用例を示したものである。各例に使用されている触媒(主成分)をア～クから 1 つずつ選び，記号で答えなさい。

(1) アンモニアを酸化して硝酸を製造する。

(2) 硫黄を酸化して硫酸を製造する。

(3) 過酸化水素を分解して酸素を得る。

(4) 窒素と水素からアンモニアを製造する。

(5) 自動車の排気ガスを分解する。

(6) デンプンを加水分解し，マルトース(麦芽糖)を得る。

ア V_2O_5　　イ Fe_3O_4　　ウ Ni　　エ Pt　　オ MnO_2

カ Pt－Pd　　キ マルターゼ　　ク アミラーゼ

3

単位

Hints
反応速度と濃度の単位は決められているので，速度定数の単位は速度式の両辺の単位に矛盾がないように決定する。

4

(1)	a
	b
(2)	
(3)	
(4)	
(5)	

Hints
(2)本来は$v = k[A]^x[B]^y$と表されるが，$[B]$が一定と考えているので，
$k[B]^y = k_1 = $一定
とすることができる。つまり，$v = k_1[A]^x$

5

(1)	
(2)	
(3)	
(4)	
(5)	
(6)	

化学平衡

STEP 1 基本問題

解答→別冊21ページ

重要 **1** **［語句の整理］** 文中の空欄にあてはまる語句や式を答えなさい。

可逆反応 $H_2+I_2 \rightleftarrows 2HI$ について考える。密閉容器に H_2 と I_2 をいれ，高温に保つと，初期の段階では(①　　　　　)の反応速度が大きい。しかし，反応が進行すると，H_2 と I_2 の濃度が減少し，(②　　　　　)の反応速度が大きくなる。今，(①)の反応速度を v_1，(②)の反応速度を v_2 とすると，左辺から右辺への反応の見かけの反応速度は(③　　　　　)で表される。ある時間経過すると，見かけの反応速度の値は(④　　　　　)となり，反応は見かけ上停止した状態になる。

重要 **2** **［化学平衡の法則と濃度平衡定数］** 可逆反応 $H_2+I_2 \rightleftarrows 2HI$ について，次の問いに答えなさい。

(1) この反応の平衡定数 K をそれぞれの物質の平衡状態におけるモル濃度$[H_2]$，$[I_2]$，$[HI]$を用いて表せ。(　　　　　)

(2) 平衡状態におけるモル濃度が$[H_2]=0.36$ mol/L, $[I_2]=0.49$ mol/L, $[HI]=0.070$ mol/L のとき，平衡定数 K の値を求めよ。(　　　　　)

(3) (2)と同じ温度で，10 L の密閉容器に H_2，I_2 をそれぞれ 10 mol ずつ入れて反応させた。平衡状態に達したときに得られる HI の物質量を求めよ。(　　　　　)

3 **［ルシャトリエの原理］** 次の反応が平衡状態にあるとき，〔　〕に示される操作を行うと，平衡はどちらに移動するか。右，または左，移動しない場合は×と答えなさい。

① $I_2(気)+H_2 \rightleftarrows 2HI$　$\Delta H=-10.4$ kJ　〔温度を下げる〕(　　)

② $Cu^{2+}+S^{2-} \rightleftarrows CuS$　〔溶液中にH_2Sを吹き込む〕(　　)

③ $CH_3COOH \rightleftarrows CH_3COO^-+H^+$　〔NaOHを加える〕(　　)

④ $N_2O_4 \rightleftarrows 2NO_2$　〔全圧を下げる〕(　　)

⑤ $N_2+3H_2 \rightleftarrows 2NH_3$　〔体積一定の下，Arを加える〕(　　)

⑥ $N_2+3H_2 \rightleftarrows 2NH_3$　〔触媒を加える〕(　　)

Guide

用語 平衡に関する語句

▶**正反応，逆反応**

反応物から生成物をつくる反応

反応物 $\underset{逆反応}{\overset{正反応}{\rightleftarrows}}$ 生成物

生成物から反応物をつくる反応

▶**可逆反応，不可逆反応**

逆反応が可能な反応(左右に反応が進む場合)を可逆反応，逆反応が不可能な反応(右にのみ反応が進む場合)を不可逆反応という。

参考 平衡の数式化

化学平衡の状態は次の2つの式で表すことができる。

(1) 定義に基づいた式
正反応の速度 v_1 と逆反応の速度 v_2 が等しいので，$v_1=v_2$

(2) 化学平衡(質量作用)の法則
$aA+bB+\cdots \rightleftarrows lL+mM+\cdots$
で表される反応において，
$$\frac{[L]^l[M]^m\cdots}{[A]^a[B]^b\cdots}=K(一定)$$
となる。
このときの定数 K を平衡定数という。なお，固体の濃度は無視する。

重要 **4** ［pHの計算］次の水溶液のpHを小数第1位まで求めなさい。ただし，$\log_{10}2 = 0.3$ とする。

(1) 0.010 mol/L 塩酸　　　　　　　　　　　　　　　（　　　　　　）

(2) 0.010 mol/L 硫酸　　　　　　　　　　　　　　　（　　　　　　）

(3) 0.10 mol/L 水酸化カリウム水溶液　　　　　　　（　　　　　　）

(4) 0.50 mol/L 水酸化ナトリウム水溶液　　　　　　（　　　　　　）

5 ［電離平衡・電離定数］次の文章の空欄にあてはまる語句，式，数値を答えなさい。$K_a = 2.7 \times 10^{-5}$ mol/L，$\log_{10}2.7 = 0.43$，$\sqrt{2.7} = 1.6$

C〔mol/L〕の酢酸水溶液について，電離度を α として電離前，電離後の濃度をまとめると次の表のようになる。

	CH₃COOH	⟶	CH₃COO⁻	+	H⁺
電離前	C		（①　　　）		（②　　　）
増減	（③　　　）		（④　　　）		（⑤　　　）
電離後	（⑥　　　）		（⑦　　　）		（⑧　　　）

したがって，電離定数 K_a は C，α を用いて表すと，

$$K_a = \left(⑨ \qquad\qquad \right)$$

となる。ここで，弱酸においては電離度が1に比べて大変小さいために，$1 - \alpha \fallingdotseq（⑩　　　）$とすることができ，結果として $K_a \fallingdotseq（⑪　　　）$と近似できる。これを用いると，α，[H⁺]，pHを次のように K_a，C で表すことができる。

$$\alpha = \left(⑫ \qquad\qquad \right), \quad [H^+] = （⑬　　　）, \quad pH = （⑭　　　）$$

これらを用いると 0.10 mol/L 酢酸水溶液における酢酸の電離度の値は（⑮　　　），pH は（⑯　　　）と求められる。

6 ［緩衝溶液の理論］弱酸とその塩の混合溶液のpHは少量の酸，塩基が混入してもほとんど変化しない。酢酸と酢酸ナトリウムの混合水溶液Aを例に，次の問いに答えなさい。

(1) このような働きをもつ溶液の総称を答えよ。

　　　　　　　　　　　　　　　　（　　　　　　）

(2) Aに次の①，②を加えた際に起こる反応の反応式を答え，pHが変化しない理由の（　　）に入るイオンの化学式を答えよ。

① 塩酸　　② 水酸化ナトリウム水溶液

①（　　　　　　　　　　　　　　　　　　　　）

　　理由：酸を加えたにもかかわらず（　　　　）が増えないため。

②（　　　　　　　　　　　　　　　　　　　　）

　　理由：塩基を加えたにもかかわらず（　　　　）が増えないため。

確認 **水のイオン積**

水素イオン濃度[H⁺]と水酸化物イオン濃度[OH⁻]の積は一定で，25℃では
$$K_w = [H^+][OH^-]$$
$$= 1.0 \times 10^{-14} \, (mol/L)^2$$
K_w を水のイオン積とよぶ。

確認 **pHの定義**

$$pH = -\log_{10}[H^+]$$

[OH⁻]のみがわかっている場合は，水のイオン積を用いて[H⁺]を求めればよい。

参考 **近似の可・不可**

$(1 - \alpha) \fallingdotseq 1$ と近似できる条件は，$(1 - \alpha) \geqq 0.95$，つまり $\alpha \leqq 0.05$ と考えられることが多い。

ただし，α は決まってから本当に $\alpha \leqq 0.05$ になっているかどうかの確認が必要である。

$\alpha \leqq 0.05$ になっていなかったら，改めて近似しない式（二次方程式）から α を求める必要がある。

$$K = \frac{c\alpha^2}{1 - \alpha}$$

$$c\alpha^2 + K\alpha - K = 0$$

解は，

$$\alpha = \frac{-K + \sqrt{K^2 + 4cK}}{2c}$$

参考 **緩衝溶液の具体例**

人の体内では炭酸やリン酸の緩衝溶液がはたらいており，血液中は主に二酸化炭素から生じる炭酸の緩衝溶液によって pH は 7.4 に保たれている。

解答 ➡ 別冊22ページ

1 ［平衡に関するグラフ］容積１Ｌの容器に物質Ａを密閉し，高温に保つと物質Ｂが生成した。その反応において，物質ＡおよびＢはともに気体として存在し，その物質量〔mol〕は反応時間とともに図のように変化した。

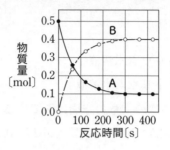

(1) この反応の反応式を書け。また，このように逆反応も起こりうるような反応を何というか，反応名を答えよ。

(2) 正反応と逆反応についての反応時間と反応の速さのグラフとして正しいものをア～オから選び，記号で答えよ。

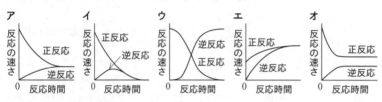

(3) この化学平衡の平衡定数 K を求めよ。

(4) 平衡状態での逆反応の速さは 1.2×10^{-3} mol/(L·s)である。正反応の速度定数 k を求めよ。ただし，正反応の速度式を $v=k[A]$ とする。

(5) 反応開始時のＡの物質量を２倍にすると２倍になるものはどれか。次のア～オからすべて選び，記号で答えよ。

ア 各反応時間での正反応の速さ　　イ 平衡状態でのＡの濃度
ウ 各反応時間での逆反応の速さ　　エ 正反応の速度定数
オ 平衡定数

［琉球大－改］

重要 **2** ［濃度平衡定数］H_2 2.0 mol と I_2 3.6 mol を密閉容器に詰め，一定温度に保つと平衡状態に達し HI 2.4 mol が生じていた。

(1) この反応の平衡定数を求めよ。

(2) 同じ反応を H_2 3.0 mol と I_2 4.0 mol で始めて，平衡状態に達した。このとき，HI は何 mol 生じているか。

(3) (2)の状態から I_2 を加えたところ，H_2 が 1.0 mol になっていた。加えた I_2 は何 mol か。

重要 **3** ［固体を含む濃度平衡定数］二酸化炭素は黒鉛の存在下，高温高圧に保つと $CO_2 + C \rightleftharpoons 2CO$ という反応により，平衡状態になる。10 L の容器に CO_2 5.0 mol を仕込んだところ，一酸化炭素 3.0 mol を生じて平衡状態となった。この反応の平衡定数を求めなさい。

1

	反応式	
(1)	反応名	
(2)		
(3)		
(4)		
(5)		

Hints

平衡状態とは，
正反応の速度
　　＝逆反応の速度
かつ，
いずれの反応も停止していない状態。

2

(1)
(2)
(3)

Hints

$\sqrt{65}$ は，8^2，8.05^2，8.1^2 などを計算しながら近似値を探す。

3

Hints

固体の濃度は平衡定数に含めない。

重要 **4** ［圧平衡定数］容積 V〔L〕の容器に窒素と水素を混合し，触媒のもと T〔K〕に保つとアンモニアが得られる。この反応は可逆反応である。

(1) この反応の平衡定数 K_c を［N_2］，［H_2］，［NH_3］を用いて表せ。

(2) この反応の圧平衡定数 K_p を各気体の分圧 p_{N_2}〔Pa〕，p_{H_2}〔Pa〕，p_{NH_3}〔Pa〕を用いて表せ。

(3) K_p を K_c ならびに T，気体定数 R を用いて表せ。

4

(1)

(2)

(3)

Hints

$PV = nRT$ より モル濃度 C〔mol/L〕について

$$C = \frac{n}{V} = \frac{P}{RT}$$

重要 **5** ［ハーバー・ボッシュ法と平衡移動］窒素と水素からアンモニアが生成する反応は可逆反応であり，次のように表される。

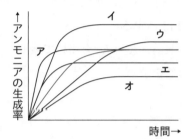

$$N_2(気) + 3H_2(気) \rightleftharpoons 2NH_3(気)$$
$$\Delta H = -92\ kJ$$

図の青線は窒素と水素を体積比 1：3 で混合した状態から，500 ℃，定圧に保って反応させたとき，アンモニアの割合が増える様子を示したものである。次のように反応条件を変化させた場合，グラフはどのようになるか。**ア～オ** から選び，記号で答えよ。

(1) 反応温度を 300 ℃にした。

(2) 反応温度を 700 ℃にした。

(3) 触媒を加えて，反応速度を大きくした。

(4) 反応容器の圧力を高くして反応させた。

5

(1)

(2)

(3)

(4)

Hints

反応開始直後の傾きが反応速度を表し，水平になったところが平衡状態における生成率を示す。高温，高圧，触媒ありで反応速度は増す。

6 ［弱塩基の電離定数と pH］次の文章を読み，あとの問いに答えなさい。

0.10 mol/L のアンモニア水溶液は，次のような電離平衡にある。

$$NH_3 + H_2O \rightleftharpoons NH_4^+ + OH^-$$

水溶液中におけるアンモニアの電離度を α とし，水のモル濃度 ［H_2O］はほぼ一定であると考えると，［NH_4^+］は（ ① ）mol/L，［OH^-］は（ ② ）mol/L，［NH_3］は（ ③ ）mol/L と書き表すことができる。今，電離度 α が 1.3×10^{-2} であるとすると，このアンモニア水溶液の電離定数 K_b は（ ④ ）mol/L と算出される。

(1) 文章中の（ ）にあてはまる語句または数値を求めよ。④については有効数字 2 桁とする。

(2) このアンモニア水溶液の pH を小数第 1 位まで求めよ。ただし，$\log_{10}1.3 = 0.11$，$K_w = 1.0 \times 10^{-14}$（mol/L）^{2} とする。

[香川大－改]

6

(1)

①

②

③

④

(2)

Hints

$\alpha = 1.3 \times 10^{-2} \ll 1$ なので，$1 - \alpha \fallingdotseq 1$ と近似してよい。

7 [2価弱酸の電離平衡] 炭酸の水溶液中での電離平衡とその電離定数は次に示されるとおりである。

$$H_2CO_3 \rightleftharpoons HCO_3^- + H^+ \qquad K_1 = 4.5 \times 10^{-7} \, mol/L$$

$$HCO_3^- \rightleftharpoons CO_3^{2-} + H^+ \qquad K_2 = 5.6 \times 10^{-11} \, mol/L$$

(1) 自然界の雨水には二酸化炭素が溶け込むため，その pH は 7 ではない。雨水中の炭酸濃度 $[H_2CO_3]$ を $4.0 \times 10^{-5} \, mol/L$ とし，他の酸性物質は含まれていないとして，雨水の pH を小数第 1 位まで求めよ。ただし，$K_1 \gg K_2$ より第 2 段階の電離は無視できるとし，$\log_{10}2 = 0.30$，$\log_{10}3 = 0.48$ とする。

(2) $[CO_3^{2-}]$ を $[H_2CO_3]$，$[H^+]$，K_1，K_2 を用いて表せ。

(3) (1)のときの $[CO_3^{2-}]$ の値を求めよ。

重要 **8** [緩衝溶液] 次の 2 つの物質を混合した溶液のうち，緩衝作用をもつものをすべて選び，記号で答えなさい。

ア CH_3COONa，CH_3COOH　　**イ** $NaCl$，HCl

ウ $NaHSO_4$，H_2SO_4　　　　**エ** Na_2CO_3，$NaOH$

オ NaH_2PO_4，Na_2HPO_4　　**カ** NH_4Cl，NH_3

9 [緩衝溶液の pH] 酢酸と酢酸ナトリウムをそれぞれの濃度が C_A 〔mol/L〕，C_S〔mol/L〕になるように混合した溶液について，次の問いに答えなさい。酢酸の電離定数 $K_a = 2.7 \times 10^{-5} \, mol/L$

記述 (1) C_A がさほど高くないとき，溶液中に含まれる CH_3COOH の濃度は C_A に等しいとすることができる。その理由を簡潔に説明せよ。

記述 (2) 同様に溶液中に含まれる CH_3COO^- の濃度は C_S に等しいとすることができる。その理由を簡潔に説明せよ。

(3) (1)，(2)を参考に水溶液中の H^+ の濃度と pH を C_A，C_S ならびに酢酸の電離定数 K_a〔mol/L〕を用いて表せ。

(4) $C_A = C_S = 0.10 \, mol/L$ の酢酸・酢酸ナトリウム混合水溶液を **A** とする。次の①～③の溶液の pH を小数第 1 位まで求めよ。$\log_{10}2 = 0.30$，$\log_{10}2.7 = 0.43$，$\log_{10}3 = 0.48$

① **A** の pH

② **A** を 1.0 L 取り 0.060 mol/L 塩酸を 1.0 L 加えた溶液の pH

③ 純水 1.0 L に 0.060 mol/L 塩酸を 1.0 L 加えた溶液の pH

(5) 酢酸 6.0 g を用いて，(4)の水溶液 **A** より pH が 1 小さい緩衝溶液 **C** を 1.0 L 調製したい。酢酸ナトリウムの質量〔g〕を有効数字 2 桁で求めよ。　H = 1.0，C = 12，O = 16，Na = 23

7

(1)	
(2)	
(3)	

Hints

(1)第 2 段階を無視するので，1 価の弱酸として考えてよい。
(2)，(3)第 2 段階を無視してはいけない。

8

Hints

緩衝作用をもつものは，弱酸とその塩，もしくは弱塩基とその塩の組み合わせ。

9

(1)		
(2)		
(3)	$[H^+]$	
	pH	
(4)	①	
	②	
	③	
(5)		

48

10 ［塩の加水分解と pH］水に溶かした酢酸ナトリウムはほぼ完全に電離し，生じた酢酸イオンの一部は，次のように水と反応する。

$$CH_3COO^- + H_2O \rightleftarrows \boxed{\text{a}} \quad \cdots ①$$

このような反応を塩の $\boxed{\text{b}}$ という。式①の平衡定数を K とおくと $\boxed{\text{b}}$ 定数 K_h は次のように定義される。$K_h = K[H_2O] = \boxed{\quad A \quad}$

(1) a，b にあてはまるイオンの化学式と語句を答えよ。

(2) A を次の 2 つの表し方で表せ。

　① $[CH_3COO^-]$，$[CH_3COOH]$，$[OH^-]$ を用いる。

　② 酢酸の電離定数 K_a と水のイオン積 K_w を用いる。

(3) 0.10 mol/L 酢酸ナトリウム水溶液の pH を小数第 1 位まで求めよ。$K_a = 2.7 \times 10^{-5}$ mol/L，$K_w = 1.0 \times 10^{-14}$ (mol/L)^2，$\log_{10}2.7 = 0.43$ とする。

11 ［滴定曲線］図は濃度未知の酢酸水溶液 25 mL に 0.10 mol/L の NaOH 水溶液を滴下したときの滴定曲線である。酢酸の電離定数 $K_a = 2.0 \times 10^{-5}$ mol/L，水のイオン積 $K_w = 1.0 \times 10^{-14}$ (mol/L)^2，$\log_{10}2 = 0.30$，$\log_{10}3 = 0.48$ とし，pH は小数第 1 位まで求めなさい。

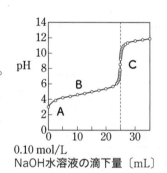

0.10 mol/L
NaOH水溶液の滴下量〔mL〕

(1) 滴定開始前 A の pH を求めよ。

記述 (2) B 付近では pH 変化が穏やかになる。その理由を簡潔に答えよ。

(3) 滴下量が 15 mL のときの溶液の pH を求めよ。

(4) 中和点 C での溶液の pH を求めよ。

12 ［溶解度積・沈殿生成の判定］同じ濃度の Cu^{2+} と Zn^{2+} を含む希塩酸溶液に H_2S を通じて，硫化物の沈殿が生成するかどうか調べたところ CuS は沈殿したが，ZnS は沈殿していなかった。

(1) CuS の溶解度積 $K_{sp \cdot CuS}$ を $[Cu^{2+}]$，$[S^{2-}]$ を用いて表せ。

(2) ZnS の溶解度積 $K_{sp \cdot ZnS}$ と $K_{sp \cdot CuS}$ の大小を不等号を用いて表せ。

(3) 硫化水素から硫化物イオンを生じる電離は $H_2S \rightleftarrows 2H^+ + S^{2-}$ で示され，この平衡の電離定数の大きさは $K_a = 1.20 \times 10^{-21}$ (mol/L)^2 である。以上を踏まえて，$[S^{2-}]$ を $[H^+]$，$[H_2S]$ を含む式で表せ。

(4) CuS をろ別した後，ろ液に塩基を加えて，$[H_2S] = 0.100$ mol/L，pH = 7 とした。このときの $[S^{2-}]$ を求めよ。

(5) 0.100 mol/L の Zn^{2+} を含む水溶液において，(4)の条件になれば ZnS は沈殿するか判定せよ。$K_{sp \cdot ZnS} = 2.20 \times 10^{-18}$ (mol/L)^2 とする。

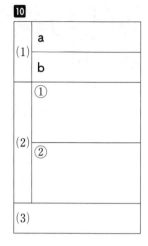

10

(1)	a
	b
(2)	①
	②
(3)	

11

(1)	
(2)	
(3)	
(4)	

12

(1)	
(2)	
(3)	
(4)	
(5)	

STEP ③ チャレンジ例題 2

解答→ 別冊25ページ

1 例題チェック [格子エネルギー（ボルン・ハーバーサイクル）]

　イオン結晶の格子エネルギーは，イオン結晶1molをその構成要素であるイオンに分けて，ばらばらの気体状態のイオンにするためのエネルギーに等しい。次の記号A〜H〔kJ/mol〕のうちから必要なものを用いて，塩化ナトリウムのイオン結晶の格子エネルギーQを求める式を記せ。ただし，（気）は気体，（固）は固体で物質の状態を示す。

　　A：Na（気）の第一イオン化エネルギー　　B：Na（固）の融解エンタルピー

　　C：Na（固）の昇華エンタルピー　　　　　D：Na（気）の電子親和力

　　E：Cl（気）の第一イオン化エネルギー　　F：Cl（気）の電子親和力

　　G：Cl₂（気）の結合エネルギー　　　　　　H：NaCl（固）の生成エンタルピー

[東京慈恵医大－改]

解法 格子エネルギーをQkJ/molとおいて，エネルギー図をかくと次のようになる。

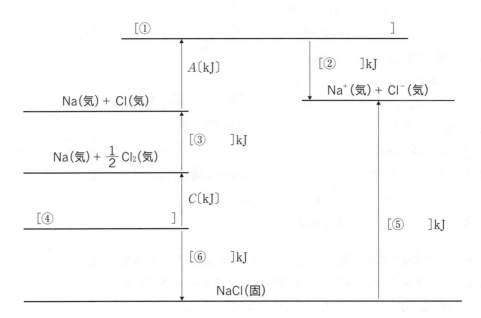

よって，Q=[⑦　　　　　　　　　　　　　　　　　　　]

2 類題 [格子エネルギー] 次の①〜⑤式を用いて，NaClの格子エネルギー〔kJ/mol〕を求めよ。

① Na（固）$\longrightarrow$ Na（気）　ΔH＝107 kJ

② Na（気）$\longrightarrow$ Na⁺（気）＋e⁻　ΔH＝496 kJ

③ Cl₂（気）$\longrightarrow$ 2Cl（気）　ΔH＝244 kJ

④ Cl（気）＋e⁻ $\longrightarrow$ Cl⁻（気）　ΔH＝－349 kJ

⑤ Na（固）＋$\frac{1}{2}$Cl₂（気）$\longrightarrow$ NaCl（固）　ΔH＝－411 kJ

3 ⟨例題チェック⟩ ［平衡定数と気体の圧力を用いた平衡状態の量的関係］

気体 X は分解して気体 Y を与え，X と Y は X $\rightleftharpoons$ 2Y のような平衡にある。温度 T において体積 1.0 L の容器に気体 X のみを封入したところ，平衡状態に至り，全圧が 4.2×10^5 Pa となった。これを状態 I とする。状態 I における圧平衡定数を 3.2×10^5 Pa として，これについて以下の問いに答えなさい。

(1) 状態 I における X と Y の物質量比を求めよ。

(2) 状態 I から容器の体積を変えずに温度のみを変化させたところ，Y の分圧が X の 6.0 倍になって新たな平衡状態となった。最初に封入された X の何 % が解離したか求めよ。

(3) 状態 I から温度を変えずに容器の体積を 5.0 L としたら，平衡が移動した。新たな平衡状態での X と Y の物質量比を求めよ。

［東京理科大－改］

解法 圧平衡定数の問題では，分圧を用いて平衡を考えるので，まずは分圧をできるだけ文字の種類が少ない状態で表すことがポイントとなる。本問では，反応前の X の物質量に対する，反応によって分解した X の割合(以後，解離度とよぶ)を用いて問題を考えることにする。

(1) 反応前の X の物質量を x [mol]，解離度を α とする。平衡時の X の物質量 n_x と Y の物質量 n_y は x, α を用いてそれぞれ，$n_x =$ ［①　　　　　　　］mol, $n_y =$ ［②　　　　　　　］mol と表される。全圧 4.2×10^5 Pa と［①］, ［②］などを用いると，X, Y の分圧 P_x, P_y はそれぞれ，

$P_x =$ ［③　　　　　　　］Pa, $P_y =$ ［④　　　　　　　］Pa と表すことができる。一方，圧平衡定数 K_p について，$K_p = \dfrac{［⑤\qquad］}{P_x} = 3.2 \times 10^5$ Pa であるから，③, ④を代入して，$\alpha =$ ［⑥　　　　　　］を得る。これを①, ②に代入すると $n_x : n_y =$ ［⑦　　　　　　］が得られる。

(2) 新たな平衡状態における解離度を β，全圧を P とおくと，X と Y の分圧は，β, P を用いてそれぞれ $P_x =$ ［⑧　　　　　　］Pa, $P_y =$ ［⑨　　　　　　］Pa と表される。また，本問の題意より，$\dfrac{［⑩\qquad］}{P_x} = 6.0$ となっているので，⑧, ⑨を代入して $\beta =$ ［⑪　　　　　　］を得る。つまり，最初に封入した X の［⑫　　　　　］% が解離した。

(3) 理想気体の状態方程式より $P =$ ［⑬　　　　　　　　］であるから，$K_p =$ ［⑭　　　　　　］$\times \dfrac{(n_y)^2}{n_x}$ となる。体積増加に伴って解離度が［⑥］からさらに γ 増加するとおくと，5.0 L のときの X, Y の物質量は x, γ を用いてそれぞれ，$n_x =$ ［⑮　　　　　　　］mol, $n_y =$ ［⑯　　　　　　　］mol と表される。1.0 L のときと 5.0 L のときでは温度が同じであるから平衡定数も変わらず，

$\dfrac{RT}{1.0\,\text{L}} \times \dfrac{0.80^2}{0.60} = \dfrac{RT}{5.0\,\text{L}} \times \dfrac{［⑮］^2}{［⑯］}$ となり，$\gamma \fallingdotseq$ ［⑰　　　　　　］を得る。$\therefore n_x : n_y =$ ［⑱　　　　　　　　］

4 ［類題］［平衡状態の量的関係］8.0×10^{-2} mol の N_2O_4 を容積 1.0 L の真空容器の中に入れ 313 K で保つと，N_2O_4 の 20% が分解し平衡状態に至った。この温度における圧平衡定数を有効数字 2 桁で求めよ。

$R = 8.3 \times 10^3$ Pa・L/(mol・K)

4

STEP **3** チャレンジ問題 **2**

解答⊃ 別冊26ページ

1 炭素が環状に6個結合した有機化合物として，ベンゼンとシクロヘキサンがある。ベンゼンの炭素間の結合は便宜上，単結合と二重結合が交互に並んだ構造式 **a** で示されることが多いが，実際は構造式 **b** に表されるように二重結合と単結合の中間の長さをもつ等価な結合で結合している。シクロヘキサンの構造式は構造式 **c** のとおりである。

a   b   c

1 mol のベンゼン C_6H_6 が完全に燃焼する反応の燃焼エンタルピーは，反応物も生成物もすべて気体である場合，$-3177\ kJ/mol$ である。また，ベンゼン(液)の生成エンタルピーは $49\ kJ/mol$，蒸発エンタルピーは $-32\ kJ/mol$，シクロヘキサン C_6H_{12}(液)の生成エンタルピーは $-156\ kJ/mol$ である。

ベンゼン分子中の炭素原子間の結合1つあたりの結合エネルギー〔kJ/mol〕を整数で求めなさい。ただし，結合エネルギーを O－H $459\ kJ/mol$，O＝O $494\ kJ/mol$，C＝O $799\ kJ/mol$，C－H $411\ kJ/mol$ とする。　　　　　　　　　　　　　　　　　　（　　　　　　　）

[同志社大－改]

2 図の燃料電池では，電解液に水素イオン源としてリン酸水溶液を使い，十分量の酸素と水素が白金触媒をつけた多孔質電極をへだてて電解液と接触している。次の問いに答えなさい。ただし，数値は有効数字2桁で答えるものとし，ファラデー定数 $F=9.65\times10^4\ C/mol$ とする。

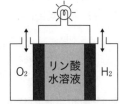

燃料電池の模式図

(1) 図の燃料電池で，負極になるのは水素または酸素と接触する電極のどちら側か。また，負極で起こる化学反応を電子 e^- を含む反応式で書け。　　　　　　　　　　　　　　　　　　　　　　　　　　　　　電極（　　　　　　　）

　　　　　　　反応式（　　　　　　　　　　　　　　　　　　　　　　　　）

(2) この燃料電池の性能を測定すると，25℃で電圧 $1.0\ V$ と出力 $12\ W$ が得られた。ここで出力は電流×電圧で定義され，$1\ W=1\ A\cdot V=1\ J/s$ である。

① 燃料電池を5分間使うと，何 J の電気エネルギーが得られるか。（　　　　　　　）

② このとき消費される水素ガスの物質量は何 mol か。（　　　　　　　）

(3) 一般に，水素 1 mol が燃焼して液体の水になるとき，25℃で $286\ kJ$ の熱エネルギーが出ることが知られている。図の燃料電池で水素 1 mol が反応して得られる電気エネルギーは，水素 1 mol が酸素と爆発的に結合して出る熱エネルギーの何％か。（　　　　　　　）

[千葉大－改]

3 次の文章を読み，下記の問いに答えなさい。ただし，原子量は Cu = 63.5，Ni = 58.7，Ag = 107.9 とし，ファラデー定数を 9.65×10^4 C/mol，アボガドロ定数を 6.02×10^{23} とする。

電解槽 I，II，III を図のように導線でつないだ。電解槽 I には硫酸ナトリウム水溶液，電解槽 II には硝酸銀水溶液，電解槽 III には硫酸銅(II)水溶液が入っている。電極は，白金を電解槽 I と II に用いた。また，電解槽 III の電極には，不純物としてニッケルと銀を含む銅板と，不純物を含まない銅板を用いた。

この回路の点 a と b に鉛蓄電池をいくつか直列に接続して電気分解を行った。なお，スイッチは最初，開いた状態で鉛蓄電池を接続した。9650 秒間電流を流した後，スイッチを閉じ，電解槽 II にも電流を流した。この状態

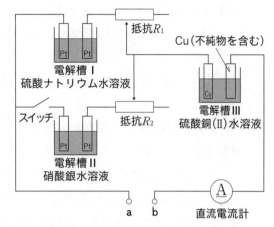

を 38600 秒間続けた後，すべての電気分解を終了した(電気分解の合計時間は 48250 秒である)。その結果，電解槽 II から電気分解によって発生した気体の体積は，0 ℃，1.01×10^5 Pa で 336 mL であった。また，電解槽 III の不純物を含む銅板の下に沈殿があった。

なお，すべての電気分解中，電流計の値が常に 0.200 A になるようにすべり抵抗器(可変抵抗器)R_1 と R_2 を調整した。また，電気分解によって発生した気体は，水溶液には溶解せず，理想気体として扱うことができるものとする。

⑴ 鉛蓄電池を放電する際，正極と負極，それぞれで起こる反応を反応式で示せ。

正極(　　　　　　　　　　　　　　　　　　　　　　　　　　　　　　　)

負極(　　　　　　　　　　　　　　　　　　　　　　　　　　　　　　　)

記述 ⑵ この電気分解では，鉛蓄電池の正極と負極のどちらを点 a に接続したか答え，その理由を簡潔に述べよ。(　　　　・　　　　　　　　　　　　　　　　　　　　　　　)

⑶ 電解槽 II の陽極と陰極で起こる反応をそれぞれ反応式で示せ。

陽極(　　　　　　　　　　　　　) 陰極(　　　　　　　　　　　　　)

⑷ スイッチを閉じた後，38600 秒間で電解槽 II に流れた電子の物質量は何 mol か答えよ。

(　　　　　　　　　　　)

⑸ 電解槽 I で発生した，すべての気体の物質量は合計何 mol か答えよ。(　　　　　　　　)

⑹ 電解槽 III に生じた沈殿の質量は，0.020 g であった。また，不純物を含む銅板は 3.16 g 減少していた。不純物を含む銅板に含まれていたニッケルの含有率と銀の含有率を答えよ。なお，含有率とは金属全体に対する各金属の質量の割合を百分率〔%〕で表した値である。

ニッケル(　　　　　　) 銀(　　　　　　)

⑺ 電気分解により，電解槽 III の電極表面に銅の結晶が析出した。析出した銅の体積は何 cm^3 か。ただし，銅の結晶は面心立方格子で単位格子の体積は 4.7×10^{-23} cm^3 である。(　　　　　　)

[横浜市立大]

53

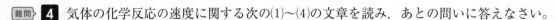

気体の化学反応の速度に関する次の(1)～(4)の文章を読み，あとの問いに答えなさい。

(1) 運動する気体がもつエネルギーを気体の運動エネルギーといい，その大きさは，気体分子の質量と気体分子の平均速度の2乗の積で表され，それは絶対温度に比例する。絶対温度を T〔K〕，気体分子の分子量を M，気体分子の平均速度を v とすると，v は M と T を用いて，$v \propto$ ⬚A⬚ と表すことができる（$\propto$ は比例記号）。この場合，温度を 600 K から 20 K 上昇させたとき，v は ⬚B⬚ 倍になる。

⬚A⬚ にあてはまる文字式と，⬚B⬚ にあてはまる数値（有効数字2桁）を求めよ。

A（　　　　　　　） B（　　　　　　　）

(2) 多くの化学反応では，温度が 10 K 上昇すると，反応速度は 2～4 倍になる。運動している気体分子すべてが，化学反応するわけではない。化学反応することができる気体分子は，ある一定以上の運動エネルギーをもっていなければならない。

絶対温度 T_1〔K〕のときの反応する気体分子の運動エネルギー分布図は右の図のようになる。図中に示している E_a はこの反応の活性化エネルギーであり，運動エネルギーが E_a 以上の分布面積 S は化学反応することが可能な分子の割合を示す。

この化学反応において，絶対温度 T_2〔K〕（$T_1 < T_2$）のときの運動エネルギー分布を図にかき入れた場合，どのグラフになるか。記号で記せ。（　　　　　）

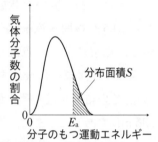

絶対温度 T_1〔K〕のときの気体分子の運動エネルギー分布図

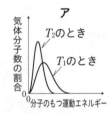
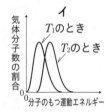
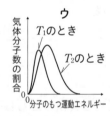
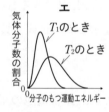
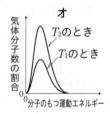

記述 (3) 活性化エネルギー E_a 以上の運動エネルギーをもつ気体分子が化学反応にかかわるが，その分布面積 S は $\dfrac{1}{e^f}$ の形で表すことができる。ここで，e は自然対数の底，f は活性化エネルギー E_a と絶対温度 T で表される式である。

f はどのような式か。(2)で解答した絶対温度 T_1〔K〕と T_2〔K〕における運動エネルギー分布図を参考にして，次のものから選び，記号で記せ（ただし，C は比例定数）。また，35字以内でその根拠を記せ。（　　　　　）

ア $C \times (E_a T)$　　　イ $C \times (E_a + T)$　　　ウ $C \times \left(\dfrac{T}{E_a}\right)$　　　エ $C \times \left(\dfrac{E_a}{T}\right)$

			5					10					15					20
			25					30					35					

(4) ヨウ化水素の気体を一定容器中に入れ，高温に保つと，$2HI \longrightarrow H_2 + I_2$ の分解反応が起こる。この反応の反応速度定数 k [L/(mol·s)] と絶対温度 T [K] との関係を調べた。各温度の結果を，横軸に T の逆数 $\left(\dfrac{1}{T}\right)$，縦軸に e を底とする k の対数値 $(\log_e k)$ をとったグラフにかき入れると，図のように直線に並んだ。

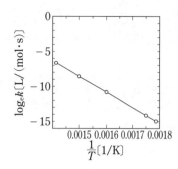

① この図の直線の傾きを $-A$ $(A>0)$，縦軸切片を B $(B<0)$ とすると，$\log_e k = \boxed{C}$ となる。$\boxed{C}$ に文字式を記せ。

（　　　　　　　　　）

② 絶対温度 606 K のときのこの反応の反応速度定数を k_1，その温度から 20 K 上昇させたときの反応速度定数を k_2 とすると，k_2 は k_1 に比べて $\boxed{D}$ 倍となる。$\boxed{D}$ に数値を記せ。ただし，$A = 21890$，$e = 10^{0.4343}$，$\sqrt{2} = 1.414$，$\sqrt{3} = 1.732$，$\sqrt{5} = 2.236$ とする。答えは，小数第 2 位を四捨五入して示せ。（　　　　　　）[九州大－改]

5 次の文章を読み，あとの問いに答えなさい。ただし，水の密度は 1.00 g/cm³，$\log_{10} 3 = 0.48$ とする。

酸と塩基の反応は中和反応とよばれ，その本質は H^+ と OH^- から H_2O が生じる反応である。酸や塩基があまり濃くない水溶液中では，pH によらず水の濃度 $[H_2O]$ は一定の値 $\boxed{a}$ mol/L に保たれるので，水のイオン積は一定値 1.0×10^{-14} (mol/L)² となる。

中和滴定に用いられる指示薬のいくつかは弱酸性の色素で水溶液の pH 変化によって電離平衡

HA ⇌ H⁺ + A⁻

が移動し，色調が変わる。人の眼は，指示薬の電離度がおよそ 0.1 から 0.9 の間で起こる色調の変化を感知できるので，その範囲を指示薬の変色域という。いま，0.20 mol/L の希塩酸 15 cm³ をホールピペットでコニカルビーカーに正確にはかりとり，弱酸性指示薬フェノールフタレイン溶液を 1 ～ 2 滴加えた後，ビュレットから水酸化ナトリウム水溶液を滴下した。溶液は最初 $\boxed{b}$ 色であったが，わずかに $\boxed{c}$ 色に変色したので滴定を終了した。

(1) 空欄 a ～ c を埋めよ。　　　　a（　　　）b（　　　）c（　　　）

記述 (2) 下線部で，$[H_2O]$ が一定に保たれる理由を述べよ。

（

　　　　　　　　　　　　　　　　　　　　　　　　　　　　　　　　　）

(3) フェノールフタレインの変色域を pH の値として小数第 2 位まで求めよ。ただし，フェノールフタレインの電離平衡定数は 1.0×10^{-9} mol/L とし，電離度が 0.10 から 0.90 の範囲を変色域として計算せよ。（　　　　　　　　　　　　　）

(4) フェノールフタレインの電離度がちょうど 0.5 に達したときの滴定値（滴下した水酸化ナトリウム水溶液の体積）と中和点での滴定値との差を，有効数字 2 桁で計算せよ。ただし，水酸化ナトリウム水溶液と希塩酸の濃度は同じとする。（　　　　　　）[大阪市立大－改]

第3章 無機物質

元素の分類, 水素, 18 族元素

STEP 1 基本問題

解答⊕ 別冊29ページ

重要 **1** [元素の分類①] 次の文章の空欄にあてはまる語句を答えたのち, あとの問いに答えなさい。

ロシアの科学者(① 　　　　　　　　　　)は元素を
(② 　　　　　　　　)の順に並べ, 性質のよく似た元素が同じ縦の列に並ぶようにまとめた表を発表した。この表を(③ 　　　　)という。(③)の横の行を(④ 　　　　), 縦の列を(⑤ 　　　)という。同じ(④)に属する元素は(⑥ 　　　　　　　　)が同じで, 同じ(⑤)に属する元素は(⑦ 　　　　　　)が同じである。元素は, 次のような分類がなされている。

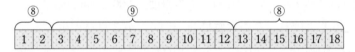

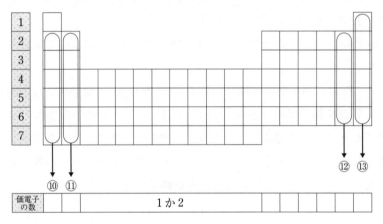

⑧(　　　　)元素…1, 2 族と 13 〜 18 族
⑨(　　　　)元素…3 族〜 12 族
⑩(　　　　　　)…H を除く 1 族
⑪(　　　　　　)…2 族
⑫(　　　　　　)…17 族
⑬(　　　　　　)…18 族

(1) 金属元素はどこに位置するか。上の周期表を斜線で塗りつぶして示せ。

(2) 上の周期表の最下段にある価電子の数を埋めて, 表を完成させよ。

Guide

用語 **典型元素と遷移元素**

▶**典型元素**…1, 2, 13 族〜 18 族の元素。

▶**遷移元素**…3 族〜 12 族の元素。遷移金属ともいう。

確認 **価電子数と最外殻電子数**

▶**最外殻電子**…最外殻にある電子。

▶**価電子**…最外殻電子の中で化学反応に関与する電子。価電子の数は次の通り。

● 貴ガス原子は, 化学反応をしないため価電子数を 0 とする。

● 貴ガス以外の原子は,「最外殻電子＝価電子」となる。具体的には,
(1) 典型元素は, 族番号の一の位の数と対応している。
(2) 遷移元素は, 1 か 2 になる。

参考 **覚えておくべき元素**

次の元素は周期表上でどこに位置するか覚えておく必要がある。
原子番号 1 〜 20 の元素,
Cs(1 族), Ba(2 族),
Br, I(17 族), Xe(18 族),
Cr, Mn, Fe, Ni, Zn, Cu,
Ag, Au(遷移元素),
Sn, Pb(典型金属元素)

重要▶ **2** ［元素の分類②］第3周期の元素について，次の記述にあてはまるものをすべて元素記号で答えなさい。

(1) 金属元素である。　　　　　　　　　　　（　　　　　　　）

(2) 貴ガス元素である。　　　　　　　　　　（　　　　　　　）

(3) 陰イオンになりやすい。　　　　　　　　（　　　　　　　）

(4) 単体が共有結合(の)結晶を形成する。　　（　　　　　　　）

(5) 単体が単原子分子である。　　　　　　　（　　　　　　　）

(6) 単体は水と反応して還元剤としてはたらく。（　　　　　　　）

3 ［元素の周期的性質］次の(1)～(3)の元素は周期表の**a**：右上，**b**：右下，**c**：左上，**d**：左下のどこに位置するか。記号で答えなさい。ただし，貴ガスは除くものとする。

(1) 電気陰性度の大きな元素　　　　　　　（　　　　　　　）

(2) 酸化物の水溶液が強酸性を示す元素　　（　　　　　　　）

(3) イオン化エネルギーの小さな元素　　　（　　　　　　　）

4 ［水素の製法］次の水素の製法を表す記述の空欄にあてはまる語句とその反応を表す化学反応式を答えなさい。

(1) イオン化傾向が水素よりも（①　　　　　　　）い亜鉛に希硫酸を作用させると水素を発生する。

　　②（　　　　　　　　　　　　　　　　　　　　　　　）

(2) 塩化ナトリウム水溶液を電気分解すると（③　　　　　　）極に水素が発生する。

　　④（　　　　　　　　　　　　　　　　　　　　　　　）

(3) （⑤　　　　　）性金属であるアルミニウムに水酸化ナトリウム水溶液を作用させると水素を発生する。

　　⑥（　　　　　　　　　　　　　　　　　　　　　　　）

(4) 工業的には石油などに含まれる炭化水素※と（⑦　　　　　）を反応させ，合成する。（※本問では炭化水素をメタンとせよ。）

　　⑧（　　　　　　　　　　　　　　　　　　　　　　　）

5 ［貴ガス］次の記述にあてはまる貴ガスの名称を答えなさい。

(1) 大気中に約1％含まれ，その割合は窒素，酸素に次いで多い。

　　　　　　　　　　　　　　　　　　　　　（　　　　　　　）

(2) 水素 H_2 に次いで軽く，飛行船を膨らませるガスに用いられる。

　　　　　　　　　　　　　　　　　　　　　（　　　　　　　）

(3) 高電圧をかけると橙赤色に発光し，広告用電飾に用いられる。

　　　　　　　　　　　　　　　　　　　　　（　　　　　　　）

用語 **元素の種類とその酸化物**

▶**塩基性酸化物**…金属酸化物は，次のような性質を示す。

● ほとんどは酸と反応し，塩を生じる（中和）。

● 反応性の高いものは水と反応して塩基となる。

このような性質を示す酸化物は塩基性酸化物とよばれる。また，反応性の高いものはアルカリ金属やアルカリ土類金属のような陽性の強い元素の酸化物である。

▶**両性酸化物**…金属の中でも両性金属(Al，Zn，Sn，Pbなど)の酸化物は強塩基とも反応するので，両性酸化物とよばれる。

▶**酸性酸化物**…一方で非金属酸化物の多くは次のような性質を示す。

● ほとんどは塩基と反応し，塩を生じる（中和）。

● 反応性の高いものは水と反応して酸となる。

このような性質を示す酸化物は酸性酸化物とよばれる。また，反応性の高いものはハロゲンや硫黄といった陰性の強い元素の酸化物である。

注意 **金属と酸を利用した水素の発生**

水素を発生させるには，金属のイオン化傾向が水素のそれより大きいことが条件である。よく次のような式を誤って書いてしまうので注意しよう。

×$Cu + H_2SO_4 \longrightarrow CuSO_4 + H_2$

1 ［元素の分類，性質］次の(1)～(10)について，正しければ○，誤っていれば×で答えなさい。

(1) 典型元素の価電子の数は，周期表の族番号と一致する。

(2) 遷移元素は周期表の第3周期で初めて現れる。

(3) 第2周期までの元素の酸化物は無色である。

(4) 空気中にわずかに含まれているアルゴンは8族元素である。

(5) アルミニウムは酸とも塩基とも反応する両性金属である。

(6) 2族の元素は，典型元素に属する。

(7) ハロゲン元素は，1価の陰イオンになりやすい。

(8) 遷移元素の単体は，すべて金属である。

(9) 周期表の最も左端の元素の単体は，すべて単原子分子である。

(10) 14族に属する元素の単体は，すべて非金属である。

1	
(1)	(2)
(3)	(4)
(5)	(6)
(7)	(8)
(9)	(10)

2 ［酸化物の性質］次の(1)～(7)について，正しければ○，誤っていれば×で答えなさい。

(1) 酸化ナトリウムが水と反応すると，強塩基性を示す。

(2) 酸化亜鉛が塩酸と反応すると，水素を発生する。

(3) 酸化アルミニウムは濃いアンモニア水溶液に溶ける。

(4) 酸化銅(Ⅱ)は水には溶けないが，希硫酸には溶ける。

(5) 二酸化炭素の水溶液と三酸化硫黄の水溶液では後者のほうが酸性が強い。

(6) 次亜塩素酸 $HClO$ の水溶液と塩素酸 $HClO_3$ の水溶液では後者のほうが酸性が強い。

(7) 二酸化ケイ素は，塩酸によく溶ける。

2	
(1)	(2)
(3)	(4)
(5)	(6)
(7)	

3 ［水素の製法］次の操作**ア**～**カ**のうちから，水素を発生する反応をすべて選び，記号とその反応を表す反応式を答えよ。

ア ナトリウムの小片を水に入れる。

イ マグネシウムリボンを乾燥空気中で燃やす。

ウ 亜鉛の小片を希硫酸に入れる。

エ 鉄の小片を濃塩酸に入れる。

オ 白金を電極として，水酸化ナトリウム水溶液を電気分解する。

カ アルミニウムの小片を濃硝酸に入れる。

3

注：すべて使うとは限らない。

4 ［水素の酸化物の性質］水に関する次の(1)〜(8)の記述について，正しければ○，誤っていれば×で答えなさい。

(1) 水は水素イオンを他の物質に与えて酸としてはたらく。

(2) 水(分子量18)の蒸発エンタルピーがメタン(分子量16)のそれよりも著しく大きいのは水素結合による。

(3) 水分子の酸素原子と水素原子の間で共有されている電子は，酸素原子のほうに引き寄せられている。

(4) 水分子は金属イオンなどと配位結合をつくることができる。

(5) 水分子が金属イオンに水和するとき，水分子の水素原子が金属イオンと結合する。

(6) 水分子は，水素イオンを他の物質から受け取って塩基としてはたらく。

(7) 水は電解質をよく溶かす。

(8) 水は酸化剤としてはたらくことはない。

4

(1)	
(2)	
(3)	
(4)	
(5)	
(6)	
(7)	
(8)	

Hints
(3), (5)酸素の電気陰性度は水素のそれより大きい。

5 ［水素化合物の性質］次の(1)〜(4)にあてはまるものを下の**ア**〜**オ**から1つずつ選びなさい。また，下線の水素化合物の化学式を書きなさい。

(1) 水に溶けて塩基性を示す<u>水素化合物</u>をつくる元素

(2) 分子の形が正四面体である<u>水素化合物</u>をつくる元素

(3) 水に溶けて弱酸性を示し，かつ水素結合を形成する<u>水素化合物</u>をつくる元素

(4) 酸としても塩基としてもはたらく<u>水素化合物</u>をつくる元素

ア 炭素　　**イ** 窒素　　**ウ** フッ素　　**エ** 酸素　　**オ** 塩素

5

	記号	化学式
(1)		
(2)		
(3)		
(4)		

6 ［貴ガス］ヘリウム，ネオン，アルゴンに関する記述として誤りを含むものを，次の**ア**〜**キ**からすべて選び，記号で答えなさい。

ア これらの気体は，いずれも空気より軽い。

イ これらの気体は，常温・常圧でいずれも無臭であるが，様々な色を示す。

ウ いずれも単原子分子からなる。

エ いずれも反応性に乏しい。

オ これらの気体の価電子は0である。

カ これらの中で沸点が最も低いのは，ヘリウムである。

キ これらの中で空気中に最も多く含まれているのはアルゴンである。

6

Hints
貴ガスの電子配置は非常に安定で，化学反応性に乏しい。

17族元素，16族元素

STEP 1 基本問題

解答 → 別冊30ページ

重要 **1** ［ハロゲンの単体］次の文章の空欄にあてはまる語句や数値を答えなさい。

ハロゲンは周期表（①　　　　）族に属する元素の総称で，原子番号の小さい方から（②　　　　），（③　　　　），（④　　　　），（⑤　　　　），アスタチンが含まれる。いずれも最外殻電子数が（⑥　　　　）であり，（⑦　　　　）価の（⑧　　　　）イオンになりやすい。また，原子番号の（⑨　　　　）い元素ほど単体の反応が激しい。

重要 **2** ［ハロゲンの単体の酸化作用］次の文章の空欄にあてはまる語句，数値，化学式を答えなさい。

ハロゲンの単体は（①　　　　）力が強く，電子を他の物質から奪う反応を起こしやすい。また，ハロゲン内では原子番号が（②　　　　）いほうが（ ① ）力が強い。たとえば，臭素とヨウ化カリウム水溶液の反応は，次の反応式で表される。

$Br_2 + 2I^- \longrightarrow$ （③　　　　　　　　　）

ハロゲンの単体は（ ① ）力を利用して，水素と反応する。たとえば，塩素は紫外線の下で水素と反応し，（④　　　　　　　　）を発生する。ハロゲン単体と水素の反応もまた，原子番号の（⑤　　　　）い元素の単体のほうが反応が激しい。

また，ハロゲンの中で最も酸化力の大きな単体である（⑥　　　　）は水を酸化することができ，このとき気体として（⑦　　　　）を発生する。

（⑧　　）$F_2 +$（⑨　　）$H_2O \longrightarrow$（⑩　　　　　　　　　）

重要 **3** ［ハロゲンの単体の性質］次の表を完成させなさい。

	フッ素	塩素	臭素	ヨウ素
分子式	①	②	③	I_2
色	④	黄緑色	⑤	⑥
状態	気体	⑦	⑧	⑨

Guide

確認 酸化還元に関する語句

酸化還元の定義は4種類である。

	酸化される	還元される
O 原子	得る	失う
H 原子	失う	得る
電子	失う	得る
酸化数	増える	減る

これらのうち，電子の授受や酸化数の増減についてはしっかりと復習しておきたい。

塩素が電子を引き抜く

酸化数⊕酸化された

$$Cl_2 + 2Br^- \longrightarrow 2Cl^- + Br_2$$
$$\;0 \qquad -1 \qquad\quad -1 \qquad 0$$

酸化数⊖還元された

▶酸化剤…電子を奪う物質。
酸化力が強い
＝電子を奪う力が大きい

確認 ハロゲンの単体

(1) すべて二原子分子
(2) すべて有色・有毒
(3) 分子量と沸点

	分子量	沸点〔℃〕
F_2	38	−188
Cl_2	71	−34
Br_2	160	59
I_2	254	184

無極性分子であるから分子間引力の大小は分子量の大小と一致し，分子量が大きくなると，沸点も高くなる。

4 ［ハロゲンの化合物の性質］次の文章の空欄にあてはまるハロゲンを含む物質の名称を答え，その反応を表す化学反応式を書きなさい。

(1) (① 　　　　　　　　)の水溶液はガラスを溶かすことができる。

②(　　　　　　　　　　　　　　　　　　　　　　)

(2) 塩化ナトリウムに濃硫酸を加えて加熱すると，

(③ 　　　　　　　　)を生じる。

④(　　　　　　　　　　　　　　　　　　　　　　)

(3) 水に塩素を溶かすと，塩化水素と(⑤ 　　　　　　)を生じる。

⑥(　　　　　　　　　　　　　　　　　　　　　　)

(4) さらし粉に希塩酸を加えると(⑦ 　　　　　　)を生じる。

⑧(　　　　　　　　　　　　　　　　　　　　　　)

5 ［硫黄の同素体］次の表を完成させなさい。

	①	単斜硫黄	②
分子式	S_8	③	S_x
分子の形状	④	環状分子	⑤
色	⑥	⑦	褐色

6 ［硫黄化合物の製法］次の記述で得られる気体の化学式を答えなさい。

(1) 希硫酸と亜硫酸水素ナトリウムを反応させる。(　　　　　)

(2) 希硫酸と硫化鉄（Ⅱ）を反応させる。　　　 (　　　　　)

(3) 濃硫酸と銅を高温下で反応させる。　　　　 (　　　　　)

7 ［硫酸の性質］次の表を完成させなさい。

性質の名称	内容・反応例
①	加熱しても蒸発しない。 $H_2SO_4 + NaCl \longrightarrow$ (② 　　　　　)
③	水中で完全に電離し水素イオンを放出する。 $H_2SO_4 + NaHSO_3$ $\longrightarrow$ (④ 　　　　　)
⑤	銅を溶かす。 $Cu + ($⑥ 　 $)H_2SO_4$ $\longrightarrow$ (⑦ 　　　　　)
⑧	分子から H と O を切り離す。 $C_{12}H_{22}O_{11} \longrightarrow$ (⑨ 　　　　　)

第1章
第2章
第3章
第4章
第5章

確認 **ハロゲン化水素**

(1) 無色で刺激臭のある気体（単体と混同しないこと）

(2) 水溶液の名称は「○○酸」
HF aq：フッ化水素酸
HCl aq：塩酸　　など

(3) 水溶液の酸性の強さは，フッ化水素酸だけが弱酸で，その他はすべて強酸になる。

(4) 分子量と沸点

	分子量	沸点〔℃〕
HF	20	20
HCl	36.5	−85
HBr	81	−67
HI	128	−35

HF は分子間に水素結合を生じるため沸点が高い。

参考 **硫黄の同素体**

単斜硫黄と斜方硫黄は下に示す８つの原子からなる環状分子 S_8 が集まってできている。

単斜とは単斜晶，斜方とは斜方晶で，S_8 分子がつくる結晶の形を意味する。

ゴム状硫黄は加熱により，S_8 分子が切れてひも状になり，無数につながっている。

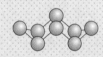

参考 **硫黄化合物の酸化数**

酸化数	代表例	酸化力	還元力
−2	H_2S	小	大
0	S		
+4	SO_2		
+6	SO_4^{2-}	大	小

重要 **1** ［ハロゲンの単体の性質］次の(1)～(6)について，正しければ○，誤っていれば×で答えなさい。

(1) フッ素は水と反応して水素を生じ，塩素を水に溶かすと塩化水素と酸化力の強い次亜塩素酸が生成する。

(2) 臭素は常温で赤褐色の液体，ヨウ素は常温で褐色の液体である。

(3) 臭素を塩化カリウム水溶液に加えると，塩素が生成する。

(4) ヨウ素はヨウ化カリウム水溶液やベンゼンに溶ける。

(5) ハロゲンの単体の酸化力は，原子番号が大きいほど弱くなる。

(6) 塩素を得るには，塩化ナトリウムに濃硫酸を加えて加熱する。

1	
(1)	
(2)	
(3)	
(4)	
(5)	
(6)	

重要 **2** ［塩素の製法］下の図は実験室で塩素を合成する装置である。これについて，あとの問いに答えなさい。

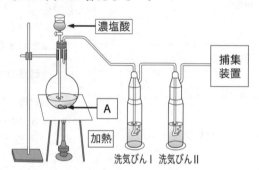

濃塩酸　捕集装置　A　加熱　洗気びんⅠ　洗気びんⅡ

(1) 丸底フラスコに入れる物質**A**の化学式を示し，そのはたらきを次の**ア**～**エ**から１つ選び，記号で答えなさい。

　ア 乾燥剤　　**イ** 還元剤　　**ウ** 酸化剤　　**エ** 触媒

記述 (2) 洗気びんⅠ，Ⅱに入れる液体の名称と，そのはたらきをそれぞれ答えなさい。

記述 (3) 塩素の捕集方法を答えなさい。また，検出に次の試薬を用いたとき，どのような変化を生じるか。それぞれ簡潔に説明しなさい。

　① 湿ったヨウ化カリウムデンプン紙　② 湿った青色リトマス紙

2		
(1)		
(2)	Ⅰ 液体	
	はたらき	
	Ⅱ 液体	
	はたらき	
(3)	方法	
	①	
	②	

3 ［ハロゲン化合物の性質］次の(1)～(5)について，下線部が正しければ○，誤っていれば正しい記述に直しなさい。

(1) ハロゲン化水素の中で最も<u>強い酸</u>はフッ化水素である。

(2) ハロゲン化水素はいずれも<u>有色・刺激臭</u>の気体である。

(3) ハロゲン化水素の中で最も沸点が低いのは<u>フッ化水素</u>である。

(4) フッ化銀（Ⅰ）を除くハロゲン化銀は水に難溶で，<u>感光性</u>を示す。

(5) フッ化水素酸は<u>褐色</u>のガラスビンに入れて保存する。

3	
(1)	
(2)	
(3)	
(4)	
(5)	

重要 **4** [酸素] 次のオゾン O_3 や酸素 O_2 の記述について，下線部が正しければ○，誤っていれば正しい記述に直しなさい。

(1) 常温・常圧では酸素は①無色無臭，オゾンは②淡青色特異臭の気体で，互いに③同位体の関係にある。酸化力は④酸素の方が強い。

(2) オゾンは酸素に①紫外線を照射すると得られ，オゾンに紫外線を照射すると②酸素に戻る。

(3) オゾンは①酸性を示すので，湿った②塩化コバルト紙を青色にする。

(4) 酸素は①塩素酸カリウムや過酸化水素水に②酸化剤として酸化マンガン(Ⅳ)を反応させると得られる。

4		
(1)	①	
	②	
	③	
	④	
(2)	①	
	②	
(3)	①	
	②	
(4)	①	
	②	

5 [硫黄化合物の性質] 次の硫化水素，二酸化硫黄の記述について，下線部が正しければ○，誤っていれば正しい記述に直しなさい。

(1) 常温・常圧において，硫化水素は腐卵臭，二酸化硫黄は①特異臭をもつが，いずれも②無色の気体である。

(2) いずれも多くの物質に対して還元剤としてはたらくが，硫化水素は酸化剤としてはたらくこともある。

(3) ①二酸化硫黄は有毒で温泉地帯，火山ガスに多く含まれ，銀の装飾品を②黒変させる。

(4) 水に溶けると硫化水素は①弱酸性，二酸化硫黄は②強酸性を示す。

(5) 両者の水溶液を混合すると，①硫黄を生じて②白く濁る。

5		
(1)	①	
	②	
(2)		
(3)	①	
	②	
(4)	①	
	②	
(5)	①	
	②	

6 [接触法] 硫酸は，硫黄や黄鉄鉱から次のように3段階の反応を経て合成される。これについて，あとの問いに答えなさい。ただし，数値は有効数字3桁で答えること。H＝1.0，O＝16，S＝32

段階① 段階② 段階③
S や $FeS_2 \longrightarrow [\quad A \quad] \longrightarrow [\quad B \quad] \longrightarrow H_2SO_4$

(1) A，Bにあてはまる化学式を答えよ。また，この製法の中でS原子の酸化数が変化しない段階を上の①～③から選び，記号で答えよ。

(2) この製法で用いられる触媒を次のア～エから選び，記号で答えよ。また，触媒を必要とする段階を上の①～③から選び，記号で答えよ。

ア Pt　イ Fe_3O_4　ウ V_2O_5　エ MnO_2

(3) 80 kg の硫黄から得られる98%濃硫酸の質量〔kg〕を求めよ。

Hints
二酸化硫黄は酸化剤にも還元剤にもなる化合物である。

6		
(1)	A	
	B	
	記号	
(2)	・	
(3)		

11 第3章 無機物質

15 族元素，14 族元素，気体のまとめ

STEP 1 基本問題

解答⊖ 別冊32ページ

[重要] **1** ［窒素とアンモニア］窒素とアンモニアにあてはまる記述を，次の**ア**～**ク**からすべて選び，記号で答えなさい。

ア 無色の気体である。 **イ** 刺激臭をもつ。
ウ 地球上の大気の約8割を占める。 **エ** 水に溶けにくい。
オ 塩化水素と反応し白煙を生じる。 **カ** 上方置換で捕集する。
キ 不活性ガスとして利用される。 **ク** 肥料の原料となる。

窒素（　　　　　　　　　　）アンモニア（　　　　　　　　　　）

2 ［窒素酸化物］次の表の①～⑪を埋めて，表を完成させなさい。

	二酸化窒素	一酸化窒素
分子式	（①　　　　　　　　）	（②　　　　　　　　）
色	（③　　　　　　　　）	（④　　　　　　　　）
水との反応	（⑤　　　　　　）を生じ（⑥　　　　　　）性を示す。	溶け（⑦　　　　　　）
捕集方法	（⑧　　　　　　　　）	（⑨　　　　　　　　）
その他	（⑩　　　　　）性酸化物である。	空気に触れると速やかに（⑪　　　　　）される。

3 ［リン］次のリンに関する記述の空欄にあてはまる語句，物質名を答え，(2)・(4)・(5)については化学反応式も書きなさい。

(1) リンの単体には化学式（①　　　　　）で表される淡黄色の黄リンと暗赤色の（②　　　　　）リンがある。

(2) 黄リンは空気中で（③　　　　　　　　）し，白煙を生じる。
　反応式（④　　　　　　　　　　　　　　　　　）

(3) 十酸化四リンは（⑤　　　　　　）性をもち乾燥剤として用いられる。

(4) 十酸化四リンは温水に溶けて（⑥　　　　　　　　　）を生じる。
　反応式（⑦　　　　　　　　　　　　　　　）

(5) リン酸カルシウムは水に溶けないので硫酸と作用させることによって水溶性の（⑧　　　　　　）として利用できるようにする。
　反応式（⑨　　　　　　　　　　　　　　　）

Guide

[確認] **窒素の製法**

工業的には液体空気の分留で得る。空気を周囲の10倍以上に圧縮し，周囲との熱のやり取りがない状態で短時間に膨張させると温度が下がり，凝縮する。約70 K（−200 ℃）前後まで冷却して得た液体空気を少しずつ加温していくと，先に窒素（沸点77 K（−196 ℃））が蒸発し，そのあと酸素（沸点90 K（−183 ℃））が蒸発する。

実験室では，亜硝酸ナトリウムと塩化アンモニウムの混合水溶液の加熱，つまり亜硝酸アンモニウム水溶液の熱分解で得られる。

$$NH_4NO_2 \longrightarrow N_2 + 2H_2O$$

[参考] **肥料**

植物の生長を促すために土壌に混合される物質。化学的なものは化学肥料とよばれる。特に次の3つは肥料の三要素とよばれる。

▶窒素（葉に効く）
　アンモニウム塩，硝酸塩
▶リン（花や実に効く）
　リン酸塩，リン酸水素塩
▶カリウム（根に効く）
　カリウム塩

重要 **4** ［炭素の単体］次の炭素の同素体(1)〜(4)の名称を答えなさい。

(1)　　　　　　　(2)　　　　　　　(3)　　　　　　　(4)

(1)(　　　　　　　　　　)　　(2)(　　　　　　　　　　)

(3)(　　　　　　　　　　)　　(4)(　　　　　　　　　　)

5 ［炭素酸化物］次の表の①〜⑬を埋めて，表を完成させなさい。

	二酸化炭素	一酸化炭素
分子式	(①　　　　　)	(②　　　　　)
色・におい	(③　　　　　)	(④　　　　　)
水との反応	(⑤　　　　)を生じ (⑥　　　　)性を示す。	溶け(⑦　　　　　)
毒性	(⑧　　　)毒	(⑨　　　)毒
捕集方法	(⑩　　　　　)	(⑪　　　　　)
その他	(⑫　　　　　)を 白く濁らせる。	鉄の精錬などで(⑬　　　)剤 として利用される。

重要 **6** ［気体のまとめ］次の気体の製法(1)〜(4)について，発生する気体の化学式を答え，その反応の種類を以下の**ア**〜**ウ**から，捕集方法を**A**〜**C**から選び，記号で答えなさい。

(1) 塩化ナトリウムに濃硫酸を加え，加熱する。

　　気体(　　　　　)　反応の種類(　　)　捕集方法(　　　　)

(2) 塩化アンモニウムに水酸化カルシウムを加え，加熱する。

　　気体(　　　　　)　反応の種類(　　)　捕集方法(　　　　)

(3) 塩素酸カリウムに酸化マンガン(Ⅳ)を加え，加熱する。

　　気体(　　　　　)　反応の種類(　　)　捕集方法(　　　　)

(4) 濃塩酸に酸化マンガン(Ⅳ)を加え，加熱する。

　　気体(　　　　　)　反応の種類(　　)　捕集方法(　　　　)

ア 酸化還元反応　　**イ** 酸や塩基の強弱を利用した反応

ウ 酸や塩基の揮発性，不揮発性を利用した反応

A 上方置換　　**B** 下方置換　　**C** 水上置換

確認 無定形炭素

　炭素の単体の中には **4** の(1)〜(4)のようにはっきりとした結晶構造をもたないものが存在する。その例として，すす，活性炭などがある。活性炭は下に示すように多孔質の物質で，表面積が大きく，この孔に他の物質を閉じ込めることができるので，脱臭剤，浄水器などに用いられる。

マイクロ孔　メソ孔　活性炭粒子　マクロ孔

参考 自己酸化還元反応

　これまでに学習した酸化還元の多くは酸化剤と還元剤が別の物質であった。

Mn^{4+}がe^-を引き抜く

$\underset{+4}{MnO_2} + \underset{-1}{4HCl}$

$\longrightarrow \underset{+2}{MnCl_2} + 2H_2O + \underset{0}{Cl_2}$

MnO_2：自身は還元されている　⇒酸化剤

HCl　：自身は酸化されている　⇒還元剤

　しかし，酸化剤と還元剤が同一の物質である酸化還元反応も存在する。このような反応を自己酸化還元反応という。

$\underset{+5-2}{2KClO_3} \rightarrow \underset{-1}{2KCl} + \underset{0}{3O_2}$

$\underset{-1}{2H_2O_2} \rightarrow \underset{-2}{2H_2O} + \underset{0}{O_2}$

$\underset{-3 \ +3}{NH_4NO_2} \rightarrow 2H_2O + \underset{0}{N_2}$

1 ［アンモニアと硝酸］工業的に硝酸は窒素からアンモニアを経て，次のような多段階反応で合成される。これについてあとの問いに答えなさい。

$$\underset{}{N_2} \xrightarrow{\text{段階A}} NH_3 \xrightarrow{\text{段階B}} NO \xrightarrow{\text{段階C}} NO_2 \xrightarrow{\text{段階D}} HNO_3$$

(1) それぞれの段階を化学反応式で表せ。

(2) 段階 B 〜 D を 1 つの反応式で表せ。

(3) 段階 A と段階 B 〜 D の工業的名称をそれぞれ答えよ。

(4) 触媒を必要とする段階を 2 つ選び，A 〜 D の記号で答えよ。また，用いた触媒を次の中から選び，ア〜エの記号で答えよ。

　　ア Pt　　イ Fe_3O_4　　ウ V_2O_5　　エ MnO_2

(5) 次のア〜オのうち，濃硝酸で溶かすことができない金属をすべて選び，記号で答えよ。

　　ア 銅　　イ 白金　　ウ 鉄　　エ アルミニウム　　オ 鉛

(6) 次の①〜④の記述について，下線部が正しければ○，誤っていれば正しい記述に直しなさい。

　　① アンモニアは硫酸と作用させて<u>肥料</u>として用いられる。

　　② 二酸化窒素は<u>赤褐色</u>の気体であり，下方置換で集める。

　　③ 硝酸は<u>亜硝酸ナトリウム</u>と濃硫酸から得ることもできる。

　　④ 窒素酸化物の多くは<u>大気汚染</u>や酸性雨の原因となる。

(7) 1000 mol のアンモニアを完全に硝酸に変換した。次の問いに答えよ。H = 1.0，N = 14，O = 16

　　① 必要とした空気の 0 ℃，$1.013×10^5$ Pa における体積〔L〕を求めよ。ただし，空気は体積比で窒素:酸素 = 4:1 の混合気体であるとする。

　　② 得られた質量パーセント濃度 63% の硝酸の質量〔kg〕を求めよ。

1

(1)	A
	B
	C
	D
(2)	
(3)	A
	B 〜 D
(4)	段階　　　触媒
	段階　　　触媒
(5)	
(6)	①
	②
	③
	④
(7)	①
	②

重要 **2** ［炭素の同素体］次のダイヤモンド，フラーレン C_{60}，黒鉛に関する(1)〜(5)の記述について，下線部が正しければ○，誤っていれば正しい記述に直しなさい。

(1) 融点はダイヤモンドが最も高く，<u>黒鉛</u>が最も低い。

(2) <u>ダイヤモンド</u>は無色透明で極めて硬く，研磨剤に用いられる。

(3) <u>フラーレン</u>のみが電気をよく通し，乾電池の電極に用いられる。

(4) <u>黒鉛</u>は球状分子であり，他は無数の原子からなる巨大分子である。

(5) 密度はダイヤモンドが最も大きく，<u>フラーレン</u>が最も小さい。

2

(1)	
(2)	
(3)	
(4)	
(5)	

3 [ケイ素の単体，化合物] 次の(1)～(6)の記述について，下線部が正しければ○，誤っていれば正しい記述に直しなさい。

(1) ケイ素の単体は炭素の黒鉛と同じ構造の結晶をとる。

(2) 高純度のケイ素は燃料電池や半導体の材料となる。

(3) 二酸化ケイ素をフッ化水素酸に溶かすと水ガラスとなる。

(4) 二酸化ケイ素は両性酸化物であるため，水酸化ナトリウムとともに加熱すると反応して溶ける。

(5) 水ガラスに塩酸を加えて乾燥させるとシリカゲルとなる。

(6) シリカゲルは①青色の固体で②乾燥剤として用いられる。

3

(1)	
(2)	
(3)	
(4)	
(5)	
(6)	①
	②

[重要] **4** [気体の製法と捕集方法] 次の(1)～(3)の気体を発生する化学反応式を答え，気体の発生装置をア～エから選び，記号で答えなさい。

(1) 亜硝酸アンモニウム水溶液から窒素を発生させる。

(2) 塩化ナトリウムと濃硫酸から塩化水素を発生させる。

(3) 炭酸水素ナトリウムから二酸化炭素を発生させる。

ア　　　　　イ　　　　　ウ　　　　　エ

4

(1)	
(2)	
(3)	

[重要] **5** [気体の製法と乾燥剤，不純物の除去] 次のア～エのうち正しいものを選び，記号で答えなさい。

ア　塩化アンモニウムと水酸化カルシウムをよく混合して加熱し，発生する気体を十酸化四リンで乾燥する。

イ　石灰石に塩酸を作用させ，発生する気体をソーダ石灰で乾燥する。

ウ　硫化鉄(Ⅱ)に塩酸を作用させ，発生する気体を水酸化ナトリウム水溶液の入った洗気びんで洗浄する。

エ　亜鉛に希硫酸を作用させ，濃硫酸で乾燥する。

5

Hints

酸性の乾燥剤，中性の乾燥剤，塩基性の乾燥剤があることに注意！

[記述] **6** [気体の検出] 次の試薬や試験紙で検出できる気体をア～オから選び，記号で答えなさい。また，検出時の変化を説明しなさい。

(1) ヨウ化カリウムデンプン紙

(2) 濃塩酸

(3) 硫化水素水

ア NH₃　　イ CO₂　　ウ Cl₂　　エ SO₂　　オ H₂

6

(1)	記号
	変化
(2)	記号
	変化
(3)	記号
	変化

第1章

第2章

第3章

第4章

第5章

12 典型元素

STEP 1 基本問題

解答⊖ 別冊34ページ

重要 **1** ［アルカリ金属］次の文章の空欄にあてはまる語句や数式を答えなさい。

周期表1族のうち，水素を除く元素をまとめて（①　　　　）金属元素という。（①　）金属元素の原子はすべて価電子数が（②　　　）であり，（③　　　）価の（④　　　）イオンになりやすい。また，イオン化傾向が（⑤　　　）く，極めて（⑥　　　）されやすく，大気中の酸素や水分でも速やかに（⑥　）されてしまう。

例（⑦　　）Na +（⑧　　）O_2 ⟶（⑨　　　　　　　）

　　（⑩　　）Na +（⑪　　）H_2O ⟶（⑫　　　　　　）

この性質のために，アルカリ金属は（⑬　　　）中に保管する。

金属ではあるが，ナイフで切れるほど（⑭　　　　　　）く，融点が他の金属に比べて極めて（⑮　　　）い。

2 ［カルシウムの反応系統図］次の図はカルシウムの反応系統図である。これについて，あとの問いに答えなさい。

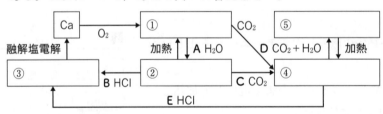

(1) ①～⑤に組成式を入れよ。

(2) A～Eの反応の反応式を答えよ。

A（　　　　　　　　　　　　　　　　　　　）

B（　　　　　　　　　　　　　　　　　　　）

C（　　　　　　　　　　　　　　　　　　　）

D（　　　　　　　　　　　　　　　　　　　）

E（　　　　　　　　　　　　　　　　　　　）

(3) 次の記述に関係の深い反応をA～Eから選び，記号で答えよ。

① 二酸化炭素の実験室的製法である。　　　（　　　）

② 二酸化炭素の検出方法である。　　　　　（　　　）

③ 鍾乳洞の形成の反応である。　　　　　　（　　　）

Guide

用語 潮解

固体が空気中の水分を大量に吸って，ついには水溶液になる現象をいう。この現象を起こす性質を**潮解性**という。潮解性物質として，次の物質がある。

● 水酸化ナトリウム

● 十酸化四リン

● 2族の塩化物

また，気体の乾燥剤に深くかかわることも押さえておきたい。

用語 風解

水和物が大気中に水和物の一部，またはすべてを放出する現象。風解性物質として，次の物質がある。

● 炭酸ナトリウム十水和物

● 硫酸銅（Ⅱ）五水和物

確認 カルシウムにかかわりのある物質

▶**生石灰**…CaO 固体。水を吸収すると発熱する。

▶**消石灰**…$Ca(OH)_2$ 固体。

▶**石灰水**…$Ca(OH)_2$ 水溶液。

▶**石灰石**…$CaCO_3$ を主成分とする岩石。

▶**ソーダ石灰**…CaO とNaOH の混合物。

他にセッコウなど。

重要 **3** ［炎色反応］炎色反応について，次の表を完成させなさい。

金属元素	リチウム	ナトリウム	カリウム
色	①	②	③
金属元素	カルシウム	ストロンチウム	バリウム
色	④	⑤	⑥

4 ［1族と2族元素］次の(1)，(2)について，答えなさい。

(1) ナトリウムにはあてはまるが，カルシウムにはあてはまらないものを□からすべて選び，記号で答えよ。

( )

(2) カルシウムにはあてはまるが，マグネシウムにはあてはまらないものを□からすべて選び，記号で答えよ。

( )

ア 炎色反応を示す。 **イ** 単体は冷水と反応する。
ウ 酸化物は冷水と反応する。 **エ** 炭酸塩は水に難溶である。
オ 硫酸塩は水に難溶である。 **カ** 水酸化物は強塩基性である。
キ 塩化物は水に難溶である。 **ク** 水酸化物は潮解性をもつ。
ケ 水溶液から精製した炭酸塩が風解性をもつ。

---

5 ［アルミニウム］次の図はアルミニウムの反応系統図である。これについて，あとの問いに答えなさい。

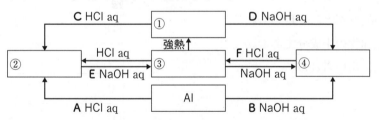

(1) ①，③に組成式，②，④にイオンの化学式を入れよ。

(2) 図のA～Dの化学反応式，E，Fのイオン反応式を示せ。

A ( )
B ( )
C ( )
D ( )
E ( )
F ( )

確認 **アルミニウムにかかわりのある物質**

▶**ボーキサイト**…Al_2O_3 の水和物を多く含む，アルミニウムの原料となる鉱石の混合物。不純物を除去してアルミナとする。

▶**アルミナ**…Al_2O_3 の結晶。アルミニウムの原料，研磨剤などに用いられる。

▶**ルビー，サファイア**…Al_2O_3 に微量の金属元素が混入して，美しく発色した宝石。レーザーにも利用。

▶**アルマイト**…アルミニウムを酸性水溶液中で電気分解することにより，表面に人工的に酸化物の膜を形成して，耐食性をもたせたもの。日本で発明された。調理器具に利用。

▶**ジュラルミン**…アルミニウムに銅，マグネシウム，マンガンを混合してできる合金。ドイツで発明。

重要 **1** ［アンモニアソーダ法］次の図はアンモニアソーダ法を模式的に表したものである。これについて，あとの問いに答えなさい。

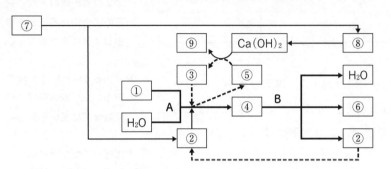

(1) ①～⑨にあてはまる物質の化学式を答えよ。また，**A**，**B**にあてはまる化学反応式を答えよ。

(2) 5.3 kg の炭酸ナトリウムを得るには，何 kg の塩化ナトリウムが必要か。有効数字 2 桁で求めよ。$Na_2CO_3 = 106$，$NaCl = 58.5$

2 ［2 族元素の化合物の利用］次の記述にあてはまる 2 族元素の化合物の化学式を答えなさい。

(1) 生石灰とよばれ，食品の加熱などに用いられる。

(2) 粉末は消石灰とよばれ，水に溶かすと石灰水とよばれる。

(3) セッコウとよばれ，彫刻などに用いられる。

(4) 石灰岩，卵の殻などの主成分である。

(5) 実験室では中性の気体の乾燥剤として用いられる。

(6) にがりとよばれる食品添加物の主成分である。

(7) 水に難溶でX線の造影剤に用いられる。

3 ［カルシウムの化合物］自然界に存在する硫酸カルシウム二水和物を加熱すると白色の粉末状の焼きセッコウになることが知られている。硫酸カルシウム二水和物 2.00 g を加熱したところ，140 ℃以上で一定の質量になり，焼きセッコウが得られた。この過程で，硫酸カルシウム二水和物から失われた水（水蒸気）の質量を有効数字 3 桁で答えよ。ただし，硫酸カルシウム二水和物はすべて反応したものとし，逆反応は考えないものとする。$H_2O = 18.0$，$CaSO_4 \cdot 2H_2O = 172$

［広島大－改］

1		
(1)	①	
	②	
	③	
	④	
	⑤	
	⑥	
	⑦	
	⑧	
	⑨	
	A	
	B	
(2)		

2	
(1)	
(2)	
(3)	
(4)	
(5)	
(6)	
(7)	

3

4 ［アルミニウム］次のアルミニウムに関する(1)～(6)の記述について，正しければ○，誤っていれば×で答えなさい。

(1) 単体は常温の水と反応して H_2 を発生する。

(2) 単体は濃水酸化ナトリウム水溶液に溶ける。

(3) 単体は濃硝酸に溶ける。

(4) 酸化物は希塩酸にも水酸化ナトリウム水溶液にも溶ける。

(5) 水酸化物はアンモニア水に錯イオンをつくって溶ける。

(6) アルミニウムの単体は酸化物を融解塩電解することで得る。

4	
(1)	
(2)	
(3)	
(4)	
(5)	
(6)	

5 ［ミョウバン水溶液］次の**ア**～**オ**のうち，ミョウバン $AlK(SO_4)_2$ 水溶液についてあてはまるものをすべて選びなさい。

ア 炎色反応を示さない。

イ 水溶液は弱酸性を示す。

ウ 塩化バリウム水溶液を滴下すると，白色沈殿を生じる。

エ アンモニア水溶液を加えると白色沈殿を生じ，過剰に加えていくとその白色沈殿が溶ける。

オ 丁寧に再結晶させると正八面体の固体が得られる。

5	

Hints

ミョウバン水溶液は，Al^{3+}，K^+，SO_4^{2-} の混合溶液と考える。

6 ［両性金属の化合物の利用］次の記述にあてはまる両性金属を利用した材料，物質の名称を答えなさい。

(1) アルミニウムの表面に人工的に酸化物の被膜をつけた材料。

(2) アルミニウムに銅やマグネシウムを加えた軽くて丈夫な合金。

(3) 鉛蓄電池の正極に用いられる物質。

6	
(1)	
(2)	
(3)	

7 ［塩の決定］次の(1)～(4)の記述に該当する塩を**ア**～**ク**から選び，記号で答えなさい。

(1) 加熱すると石灰水を白く濁らせる気体を発生する。水溶液は黄色の炎色反応を示す。

(2) 水に溶け，中性の水溶液になる。塩化バリウム水溶液を加えると白色沈殿を生じる。

(3) 水に溶けにくい物質であるが，塩酸には気体を発生して溶ける。

(4) 水に溶け，酸性を示す。水酸化ナトリウム水溶液を過剰に加えると沈殿を生じたのち溶ける。

ア $Al(OH)_3$ 　　**イ** $AlCl_3$ 　　**ウ** $CaCO_3$ 　　**エ** $CaCl_2$

オ $CaSO_4$ 　　**カ** Na_2CO_3 　　**キ** $NaHCO_3$ 　　**ク** Na_2SO_4

7	
(1)	
(2)	
(3)	
(4)	

Hints

水に溶けにくいのは，
● 両性金属の水酸化物
● Ca^{2+}，Ba^{2+} の硫酸塩と炭酸塩

13 遷移元素，無機物質と人間生活

STEP ① 基本問題

解答⊕ 別冊35ページ

重要 **1** ［遷移元素の特徴］次の文章の空欄にあてはまる語句を答えなさい。

遷移元素は（①　　　　）族〜（②　　　　）族に属し，すべて
（③　　　　）元素である。単体の融点が比較的（④　　　）く，密度
が（⑤　　　）い。化合物となる際に何種類かの（⑥　　　　　）
をとる。イオンや化合物には（⑦　　　）色のものが多い。

重要 **2** ［反応系統図］次の図の①〜⑭には組成式やイオンの化学式，A，
Bには物質の色を示し，a〜fには適当な反応式を書きなさい。

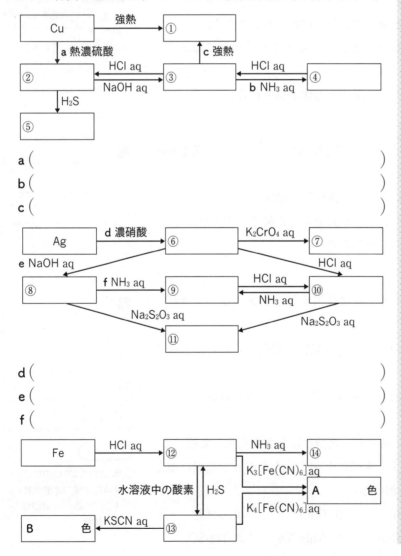

a（　　　　　　　　　　　　　　　　　　　　　　）
b（　　　　　　　　　　　　　　　　　　　　　　）
c（　　　　　　　　　　　　　　　　　　　　　　）

d（　　　　　　　　　　　　　　　　　　　　　　）
e（　　　　　　　　　　　　　　　　　　　　　　）
f（　　　　　　　　　　　　　　　　　　　　　　）

Guide

確認 **密度と重金属**

密度が $4 \sim 5\,g/cm^3$ を超える金属を重金属といい，それより小さいものを軽金属という。軽金属のほうが少なく，以下の原子だけである。

典型元素
- アルカリ金属
- アルカリ土類金属
（いずれも第6周期まで）
- $_{13}Al(2.7\,g/cm^3)$

遷移元素
- $_{21}Sc(2.99\,g/cm^3)$

参考 **銅，銀，金の性質**

▶**熱伝導性**

$Ag > Cu > Au(>Al)$

CuやAlは調理器具に用いられることが多い。

▶**電気伝導性**

$Ag > Cu > Au(>Al)$

Cuは送電線に用いられることが多い。Auはさびにくいので接点などをめっきで保護するときに用いられることが多い。

▶**延性と展性**
- 延性：$Au > Ag > Pt > Fe > Ni > Cu$
- 展性：$Au > Ag > Cu$

Auは金箔のように薄くのばすことが容易である。

3 ［鉄の製法］次の文章の空欄にあてはまる語句，化学式を答えなさい。

赤鉄鉱 Fe_2O_3 や磁鉄鉱 Fe_3O_4 などの鉄鉱石を（①　　　　　）や（②　　　　　）とともに溶鉱炉内で加熱し，（①）から生じる（③　　　　　）によって

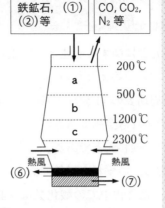

鉄鉱石，（①）（②）等 　 $CO, CO_2,$ N_2 等

$$Fe_2O_3 \xrightarrow{\text{a内}} （④\qquad）$$

$$\xrightarrow{\text{b内}} （⑤\qquad） \xrightarrow{\text{c内}} Fe$$

というように還元する。一方で，鉄鉱石に含まれる不純物などは（②）とともに（⑥　　　　　）となり，得られた（⑦　　　　　）を覆うことで（⑦）の酸化を防ぐ。（⑦）は不純物として炭素を4％ほど含むため，硬く，もろい。これを融解させた状態で転炉に移し，（⑧　　　　　）を吹き込むと炭素が減り，もろさがなくなる。こうして得られる鉄を（⑨　　　）とよぶ。

4 ［亜鉛］次の文章の空欄に適語を入れなさい。

亜鉛は酸や強塩基と反応する（①　　　　　）金属であり，塩酸や水酸化ナトリウム水溶液を加えると（②　　　　　）が発生する。亜鉛イオンをふくむ水溶液に少量の塩基を加えると（③　　　）色の（④　　　　　）が生じる。（④）はアンモニア水や水酸化ナトリウム水溶液に可溶で，それぞれ（⑤　　　）色の（⑥　　　　　）イオンと（⑦　　　）色の（⑧　　　　　）イオンを生じて溶ける。

5 ［クロム，マンガン］次の文章の空欄に適語を入れなさい。

クロムに鉄を加えてつくられる合金は（①　　　　　　）とよばれ広く用いられている。クロム酸カリウムの水溶液は（②　　　　　）イオンに由来する（③　　　）色を示す。また，Pb^{2+}，Ag^+，Ba^{2+} イオンと反応してそれぞれ（④　　　）色，（⑤　　　）色，（⑥　　　）色の沈殿を生じる。クロム酸塩の水溶液を（⑦　　　）性にすると，クロム酸イオンが二クロム酸イオンに変化し（⑧　　　）色を示す。

酸化マンガン（IV）は酸素を得る際の（⑨　　　　　）や塩素を得る際の（⑩　　　　），乾電池の（⑪　　　　　）などとして用いられる。

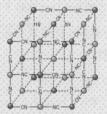

重要 **1** ［遷移元素の性質］遷移元素に関する記述として正しいものを，次のア〜オから1つ選び，記号で答えなさい。

ア　すべての遷移元素は，周期表の11族〜17族のいずれかに属する。

イ　遷移元素の単体は，いずれも金属である。

ウ　鉄，鉛，銅は，いずれも遷移元素である。

エ　遷移元素を含む化合物は，いずれも無色である。

オ　いずれの遷移元素も，化合物中での酸化数は +4 以上にはならない。

重要 **2** ［錯イオンの名称と形状］次の(1)〜(6)について，得られる錯イオンの名称と化学式を答えなさい。また，錯イオンの形状を**ア〜エ**から選びなさい。

(1) Fe^{3+} と CN^-　　(2) Ag^+ と NH_3　　(3) Al^{3+} と OH^-

(4) Cu^{2+} と NH_3　　(5) Zn^{2+} と NH_3　　(6) Fe^{2+} と CN^-

ア 　イ 　ウ 　エ

● 金属イオン　○ 配位子

3 ［銅と銀の性質］次の文章を読んで，あとの問いに答えなさい。

銅(Ⅱ)イオンを含む青色の水溶液に，水酸化ナトリウム水溶液を加えると，　A　色の沈殿を生じる。この沈殿を加熱すると　B　色の物質に変化し，また，多量のアンモニア水を加えると，　C　色の溶液になる。また，銅の単体に濃硝酸を加えると　D　色の気体を発生しながら溶ける。<u>銅の単体を湿った空気中に放置すると青緑色のさびを生じる。</u>

銀を希硝酸に加えると　E　色の溶液となる。これに塩酸を加えると，　F　色の沈殿を生じ，アンモニア水を過剰に加えると，　G　色の溶液となる。また，E色の溶液の状態で，臭化カリウム水溶液を加えると　H　色の沈殿を生じるが，これはチオ硫酸ナトリウム水溶液に溶け，　I　色の溶液となる。F色の沈殿もH色の沈殿も日光にさらすと，　J　色の固体に変化する。

(1) A〜J の色を答え，その色を示す物質の化学式を答えよ（E，G，Iについては，銀を含む物質を答えよ）。

(2) 下線部について，生じる銅のさびの名称を答えよ。

1

2

(1)

(2)

(3)

(4)

(5)

(6)

3

(1)

A	・
B	・
C	・
D	・
E	・
F	・
G	・
H	・
I	・
J	・

(2)

4 [鉄の性質] 次の文章を読んで，あとの問いに答えなさい。

　鉄はイオン化傾向が比較的大きくさびやすいが，濃硝酸には　A　となって反応しない。また，さびから鉄を守る方法として，その表面に他の金属を析出させるめっき法がある。a鉄の表面に亜鉛をめっきしたものが　B　であり，スズをめっきしたものが　C　である。

　b塩化鉄(Ⅱ)の水溶液は　D　色であるが，塩素を通すと　E　色に変わる。また，cヘキサシアニド鉄(Ⅲ)酸塩を加えると，　F　色の沈殿が生じる。少し塩基性にした状態で硫化水素を通じると，　G　色の沈殿が生じ，強い塩基性にすると　H　色の沈殿を生じる。

(1) A〜Hにあてはまる語句を答えよ。

記述 (2) 下線部(a)について，　B　がさびにくいしくみを説明せよ。

(3) 下線部(b)で起こる変化を化学反応式で書け。

(4) 下線部(c)で生じた沈殿と似た色の沈殿を塩化鉄(Ⅲ)の水溶液から生じさせることのできる試薬を1つ，化学式で答えよ。〔島根大−改〕

5 [合金] 次の合金の成分を□から選び，元素記号で答えなさい。また，合金の特徴をア〜キから選びなさい。

(1) ジュラルミン(4つ)　　(2) ニクロム(3つ)　　(3) 黄銅(2つ)

(4) ステンレス鋼(3つ)　　(5) 形状記憶合金(2つ)

(6) 無鉛はんだ(2つ)　　(7) 青銅(2つ)

> Al, Cr, Cu, Fe, Mg, Mn, Ni, Sn, Ti, Zn

ア 変形しても加熱(冷却)によって元の形状に戻る。

イ 石器時代の次に道具の主役となった。　　ウ 電気抵抗が大きい。

エ 黄色味を帯び，仏具などに利用。　　オ 軽量で強度が大きい。

カ 融点が低い。　　キ さびにくく，台所用品に利用。

6 [セラミックス] ケイ素を主成分とする無機材料(1)〜(6)について，あてはまるものをア〜カから選び，記号で答えなさい。

(1) ソーダ石灰ガラス　　(2) ホウケイ酸ガラス　　(3) 鉛ガラス

(4) 石英ガラス　　　　　(5) 陶磁器　　　　　　　(6) セメント

ア 光の屈折率が大きく，X線遮蔽材としても利用。

イ 生石灰と粘土を強熱したのち，粉砕して得られる建築材料。

ウ 耐熱・耐薬品性に優れ，安価。実験用ガラス器具に用いる。

エ 良質の粘土を1100℃を超える高温で焼成(焼結)させたもの。

オ 耐熱・耐薬品性に優れ，光ファイバーとしても利用。

カ 炭酸ナトリウムを含み，高強度。窓ガラスや食器に利用。

4

(1)	A	
	B	
	C	
	D	
	E	
	F	
	G	
	H	
(2)		
(3)		
(4)		

5

(1)	・
(2)	・
(3)	・
(4)	・
(5)	・
(6)	・
(7)	・

6

(1)		(2)	
(3)		(4)	
(5)		(6)	

14 金属イオンの反応

STEP ① 基本問題

解答⊕ 別冊36ページ

重要 1 ［塩化物イオンと金属イオンの反応］次の(1), (2)の文章の空欄にあてはまる語句やイオン反応式を答えなさい。

(1) 硝酸鉛(Ⅱ)水溶液に希塩酸を加えると（①　　　）色沈殿を生じる。

　　反応式（②　　　　　　　　　　　　　　　　）

　　この沈殿は（③　　　）に溶ける。

(2) 硝酸銀(Ⅰ)水溶液に希塩酸を加えると（①　　　）色沈殿を生じる。

　　反応式（②　　　　　　　　　　　　　　　　）

　　この沈殿は光を照射すると（③　　　）色に変化する。

重要 2 ［水酸化物イオンと金属イオンの反応］下の金属イオンを(1), (2), (3)に分類して，表の一番左の列に書き込み，残りの部分を完成しなさい。ただし，金属イオンを繰り返し用いてもよい。

$$Al^{3+}, \ Ag^+, \ Cu^{2+}, \ Fe^{2+}, \ Zn^{2+}$$

(1) 水酸化ナトリウム水溶液を少量加えると沈殿を生じ，過剰に加えるとその沈殿が溶けるもの。

金属イオン	沈殿(色)	溶けた後のイオン(色)
①	②	③
④	⑤	⑥

(2) 水酸化ナトリウム水溶液を加えると沈殿を生じ，アンモニア水を過剰に加えるとその沈殿が溶けるもの。

金属イオン	沈殿(色)	溶けた後のイオン(色)
①	②	③
④	⑤	⑥
⑦	⑧	⑨

(3) 水酸化ナトリウム水溶液を加えると沈殿を生じ，その沈殿がアンモニア水や水酸化ナトリウムを過剰に加えても溶けないもの。

金属イオン	沈殿(色)
①	②

Guide

確認 金属イオンの反応

金属を沈殿のしやすさで分類すると，次のようになる。（反応イオン，沈殿物，沈殿物の色の順で示す。）

《第一属》

Ag^+

▶ハロゲン化物イオンで沈殿

　$Cl^- \Rightarrow AgCl \downarrow$ ［白］

　$Br^- \Rightarrow AgBr \downarrow$ ［淡黄］

　$I^- \Rightarrow AgI \downarrow$ ［黄］

▶水酸化物イオンで沈殿

　$OH^- \Rightarrow Ag_2O \downarrow$［(暗)褐］

　※ $AgOH$ ではない

　※ NH_3 水に溶解

▶硫化物イオンで沈殿

　$S^{2-} \Rightarrow Ag_2S \downarrow$ ［黒］

　※酸性でも沈殿

▶クロム酸イオンで沈殿

　$CrO_4^{2-} \Rightarrow Ag_2CrO_4 \downarrow$［暗赤］

Pb^{2+}

▶塩化物イオンで沈殿

　$Cl^- \Rightarrow PbCl_2 \downarrow$ ［白］

　※熱水に溶ける

▶水酸化物イオンで沈殿

　$OH^- \Rightarrow Pb(OH)_2 \downarrow$［白］

　※強塩基に溶解（両性）

▶硫化物イオンで沈殿

　$S^{2-} \Rightarrow PbS \downarrow$ ［黒］

　※酸性でも沈殿

▶クロム酸イオンで沈殿

　$CrO_4^{2-} \Rightarrow PbCrO_4 \downarrow$［黄］

重要 **3** ［硫化物イオンと金属イオンの反応］次の文章や表の空欄にあてはまる語句を答えなさい。

(①)い ← 金属単体のイオン化傾向 → (②)い												
Li⁺	K⁺	Ca²⁺	Na⁺	Mg²⁺	Al³⁺	Zn²⁺	Fe²⁺	Ni²⁺	Sn²⁺	Pb²⁺	Cu²⁺	Hg²⁺	Ag⁺
A							B			C		

金属イオンの中には硫化物イオンによって沈殿を生じるものと生じないものがあり、また、硫化物の沈殿を生じるものであっても、金属イオンの水溶液の pH によっては生じないことがある。

表の **A** の金属イオンは硫化物の沈殿を(③   )。**B** の金属イオンは溶液が(④   )性のときのみ沈殿を生じる。また、**C** の金属イオンは(④)性のときだけでなく(⑤   )性のときであっても硫化物の沈殿を生じる。

表に挙げられている金属の硫化物の多くは(⑥   )色であるが、ZnS は(⑦   )色を示す。

4 ［その他の陰イオンと金属イオンの反応］次の(1)〜(3)の空欄にあてはまる語句を答えなさい。

(1) (①   )イオンは水溶液中で Ba^{2+}, Ca^{2+}, Pb^{2+} と反応して、いずれも(②   )色の沈殿を生じる。このうち、Pb^{2+} との反応で生じる塩が水に難溶であることは鉛蓄電池でも利用されている。

(2) (③   )イオンは水溶液中で Ba^{2+}, Ca^{2+} と反応して、いずれも(④   )色の沈殿を生じる。これらは、いずれも塩酸には(⑤   )を発生しながら溶ける。

(3) (⑥   )イオンは水溶液中で Fe^{3+} と反応し、血赤色の溶液となる。

5 ［金属イオンの分離］図に示す金属イオンの分離操作で、沈殿ア〜ウの化学式と色を答えなさい。

	化学式	色
ア	①	②
イ	③	④
ウ	⑤	⑥

Ag^+, Cu^{2+}, Zn^{2+} を含む混合水溶液
　希塩酸を加える
沈殿ア　ろ液A
　硫化水素を通じる
沈殿イ　ろ液B
　アンモニア水で塩基性にしたのち硫化水素を通じる
沈殿ウ　ろ液C

《第二属》
Cu^{2+}
▶水酸化物イオンで沈殿
　OH^- ⇒ $Cu(OH)_2$↓［青白］
　※ NH_3 水に溶解
▶硫化物イオンで沈殿
　S^{2-} ⇒ CuS↓　　［黒］
　※酸性でも沈殿

《第三属》
Fe^{2+}
▶水酸化物イオンで沈殿
　OH^-⇒ $Fe(OH)_2$↓［緑白］
▶硫化物イオンで沈殿
　S^{2-} → FeS↓　　［黒］
　※中性〜塩基性でのみ沈殿
Fe^{3+}
▶水酸化物イオンで沈殿
　OH^- ⇒水酸化鉄(III)など↓
　　　　　　　　　［赤褐］
▶硫化物イオンで還元
　※沈殿せず Fe^{2+} に変化
Al^{3+}
▶水酸化物イオンで沈殿
　OH^- ⇒ $Al(OH)_3$↓［白］
　※強塩基に溶解(両性)
▶硫化物イオンで沈殿
　S^{2-} ⇒ $Al(OH)_3$↓　［白］
　※硫化物ではない

《第四属》
Zn^{2+}
▶水酸化物イオンで沈殿
　OH^- ⇒ $Zn(OH)_2$↓［白］
　※強塩基に溶解
　※ NH_3 水に溶解
▶硫化物イオンで沈殿
　S^{2-} ⇒ ZnS↓　　［白］
　※中性〜塩基性でのみ沈殿
　※黒色でない

《第五属》と《第六属》は別冊 p.37 を参照のこと。

77

重要 **1** ［金属イオンの反応①］ 次の(1)〜(7)について，沈殿を生じる金属イオンを（　）の中から2つ選び，生じる沈殿の化学式とその色を答えなさい。

(1) 希塩酸を加える。（Al^{3+}, Ag^+, Fe^{3+}, Pb^{2+}）

(2) 希硫酸を加える。（Al^{3+}, Ca^{2+}, Pb^{2+}, Zn^{2+}）

(3) 水酸化ナトリウム水溶液を過剰に加える。
　　　　　　　　　　　　　　（Ag^+, Fe^{2+}, Pb^{2+}, Zn^{2+}）

(4) 酸性の水溶液で硫化水素を通じる。（Ag^+, Cu^{2+}, Fe^{2+}, Zn^{2+}）

(5) 塩基性の水溶液で硫化水素を通じる。（Ca^{2+}, Na^+, Fe^{2+}, Zn^{2+}）

(6) 過剰量のアンモニア水を加える。（Al^{3+}, Ag^+, Cu^{2+}, Fe^{2+}）

(7) 炭酸アンモニウム水溶液を加える。（Ba^{2+}, Ca^{2+}, Na^+, K^+）

重要 **2** ［金属イオンの反応②］〔**A**〕で挙げた3種類のイオンを含む水溶液から，下線のイオンのみを沈殿させる処理を〔**B**〕から選び，記号で答えなさい。また，生じる沈殿の化学式と色を答えなさい。

〔**A**〕 (1) $\underline{Cu^{2+}}$, Fe^{3+}, Zn^{2+} 　　(2) $\underline{Ba^{2+}}$, Cu^{2+}, Na^+

　　　 (3) Al^{3+}, $\underline{Fe^{2+}}$, Zn^{2+} 　　(4) $\underline{Ag^+}$, Cu^{2+}, Zn^{2+}

　　　 (5) $\underline{Pb^{2+}}$, Cu^{2+}, Ag^+ 　　(6) Ba^{2+}, Mg^{2+}, $\underline{Zn^{2+}}$

〔**B**〕 **ア** アンモニア水を過剰に加える。

　　　 イ 水酸化ナトリウム水溶液を過剰に加える。

　　　 ウ 希塩酸を加える。

　　　 エ 希硫酸を加える。

　　　 オ 希塩酸で酸性にした後，硫化水素を通じる。

　　　 カ 弱塩基性にした後，硫化水素を通じる。

3 ［陰イオンの識別］ (1)〜(3)にあてはまるのは**ア**〜**オ**のどの塩の水溶液か。記号で答えなさい。

ア KBr 　　**イ** Na_2CO_3 　　**ウ** K_2CrO_4 　　**エ** NaCl

オ Na_2SO_4

(1) 塩化カルシウム水溶液を加えると白色沈殿を生じた。この沈殿は希塩酸を加えることで溶解した。

(2) 硝酸銀（Ⅰ）水溶液を加えると淡黄色沈殿を生じた。この沈殿は日光にさらすと紫色を経て黒色に変化した。

(3) 塩化鉛（Ⅱ）水溶液を加えると黄色沈殿を生じた。

1

(1)	・
	・
(2)	・
	・
(3)	・
	・
(4)	・
	・
(5)	・
	・
(6)	・
	・
(7)	・
	・

2

(1)	記号
	・
(2)	記号
	・
(3)	記号
	・
(4)	記号
	・
(5)	記号
	・
(6)	記号
	・

3

(1)	
(2)	
(3)	

4 ［金属イオンの識別］次の記述にあてはまる溶液を**ア**～**カ**のうちから1つ選び，記号で答えなさい。また，　a　～　m　にあてはまる語句を答えなさい。

(1) ヘキサシアニド鉄(Ⅱ)酸カリウム水溶液を加えると　a　色沈殿を生じ，チオシアン酸カリウム水溶液を加えた場合は　b　色溶液になる。

(2) 塩酸を加えると　c　色沈殿を生じ，アンモニア水を加えていくと　d　色沈殿を生じたのち，その沈殿が溶解する。また，クロム酸カリウム水溶液を加えると，　e　色沈殿を生じる。

(3) 水酸化ナトリウム水溶液を加えていくと　f　色沈殿を生じたのち，溶解するが，アンモニア水溶液でも同じ現象がみられる。一方で，弱塩基性下で硫化水素を通じると　g　色沈殿を生じる。

(4) この水溶液は青色である。アンモニア水を過剰に加えていくと，　h　色沈殿を生じたのち，沈殿が溶解して　i　色溶液となる。

(5) この水溶液は　j　色の炎色反応を示し，希硫酸を加えると　k　色沈殿を生じる。また，クロム酸カリウム水溶液を加えると　l　色沈殿を生じる。

(6) この水溶液の金属イオンは他の試薬と反応して沈殿を生じることがないが，　m　色の炎色反応によって確認することができる。

ア 硝酸銀水溶液	**イ** 塩化鉄(Ⅲ)水溶液
ウ 塩化ナトリウム水溶液	**エ** 硫酸銅(Ⅱ)水溶液
オ 硫酸亜鉛水溶液	**カ** 塩化バリウム水溶液

5 ［金属イオンの分離］次の文章を読み，あとの問いに答えなさい。

Ag^+, Al^{3+}, Cu^{2+}, Fe^{3+} を含む水溶液について，塩酸を加えたところ，沈殿**A**が生じたので，これをろ過して回収した。このときのろ液に硫化水素を通じて飽和させたところ，沈殿**B**が生じたので，これをろ過して回収した。このときの①ろ液を煮沸したのち，一度冷却し，②濃硝酸を数滴加えてかくはんした。これに水酸化ナトリウム水溶液を過剰に加えると，沈殿**C**が生じたので，これをろ過して回収した。このときのろ液に，塩酸を加えていくと沈殿**D**が生じた。

(1) 沈殿**A**～**D**の名称と色を答えよ。

記述 (2) 下線部①について，この操作を行う理由を答えよ。

記述 (3) 下線部②について，この操作を行う理由とこの操作によるろ液の色の変化を答えよ。

4

(1)		(2)	
(3)		(4)	
(5)		(6)	
a			
b			
c			
d			
e			
f			
g			
h			
i			
j			
k			
l			
m			

5

	A	・
(1)	B	・
	C	・
	D	・
(2)		
(3)理由		

変化	色→　　色

STEP **3** チャレンジ例題 **3**

解答 ➔ 別冊38ページ

1 例題チェック ［物質の保存・試薬の調製］

　化学実験に関する次の記述について，適当でないものをすべて選び，記号で答えなさい。

ア 金属ナトリウムを石油(灯油)中に保管する。　　**イ** 黄リンを石油(灯油)中に保管する。

ウ 過酸化水素水は冷蔵庫などに保管する。　**エ** フッ化水素酸を褐色のガラス瓶に保管する。

オ 臭素を密閉したガラス瓶(アンプル瓶)に保管する。

解法 物質の性質を理解した上で，適切な取り扱いをしなければ危険である。

ア ナトリウムは空気中の［①　　　　　］と反応すると酸化物になり，［②　　　　　］と反応すると水酸化

物になる。また，［②］との反応では発火することもある。したがって，石油(灯油)中に保管する。同

じように［③　　　　　］元素の単体はすべて灯油中に保管する。

イ 黄リンは空気中の［④　　　　　］に触れると発火し，［⑤(物質名)　　　　　　　　　］へと変

化するが，水に対しては安定である。したがって，［⑥　　　　］中に保管する。

ウ 過酸化水素は非常に不安定な物質で［⑦(反応式)　　　　　　　　　　］と反応し，発生し

た気体［⑧(物質名)　　　　］により，保存容器内の圧力が高まってしまい，容器が破裂することがあ

る。［⑦］の反応を極力抑えるために，［⑨　　　　　　　］して保存される。

エ フッ化水素酸はガラスの主成分である［⑩　　　　　　　　］を溶解する。

　反応式は［⑪　　　　　　　　　　　　　　　　　　　　　　　　　　　　　　］

したがって，［⑫　　　　　　　　　］でできた容器に入れて保管する。

オ 臭素は常温・常圧では［⑬　　　　］体であるが，［⑭　　　　］性が大きく，［⑮　　　　］体になりやすい。

したがって，密閉して保管する必要がある。同じハロゲンである［⑯　　　　　］も，常温・常圧では固

体であるが［⑰　　　　　］して，［⑮］体になりやすいので，密閉して保管する。

したがって，適当でないものは［⑱　　　　　　　　　］。

2 類題 ［物質の保存と取り扱い方］次の物質(1)〜(6)について，健康上
あるいは事故防止の観点からその保管方法および取り扱い方法につ
いて，一般に注意すべきことを下の**ア**〜**サ**からすべて選び，記号で
答えなさい。

(1) アンモニア水　　　(2) ナトリウム　　　(3) 黄リン

(4) 濃硝酸　　　　(5) さらし粉　　　(6) 酸化カルシウム

ア 水中に保管する。　　**イ** 褐色のガラス容器に密栓して保管する。

ウ 灯油中に保管する。　　**エ** 使用直前に発生させる。

オ プラスチック容器に密栓して保管する。　　**カ** 換気に注意する。

キ 火気に近づけない。　　**ク** 水との接触を避ける。

ケ 還元性物質との接触を避ける。　　**コ** 酸との接触を避ける。

サ ピンセットで取り扱う。

[和歌山医科大－改]

2

(1)
(2)
(3)
(4)
(5)
(6)

3 〈例題チェック〉［ケイ素化合物］

　ソーダ石灰ガラスは，**図1**のような SiO_4 四面体が $Si-O-Si$ 結合 **図1** で連結し，その立体構造中に Na^+ や Ca^{2+} が入りこんだ不規則な構造をしている。不規則な構造であっても，陽イオンと陰イオンの電荷は全体でつり合っていなければならない。陽イオンとして Na^+ のみを含むガラスにおける電荷のつり合いについて考えるとき，次の問いに答えなさい。

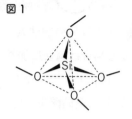

(1) **図2**のように，SiO_4 四面体が無限に一列に連結した鎖状構造をとる場合，ガラスの組成式を記せ。

(2) **図3**のように，SiO_4 四面体が幅二列で長さが無限に連結した構造をとる場合，ガラスの組成式を記せ。

[広島大-改]

図2

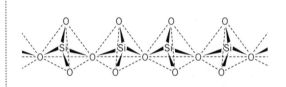

図3

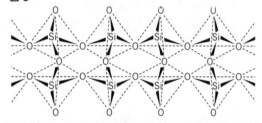

解法 (1) **図2**の構造をとる場合，$Si-O-Si$ 結合の O 原子は 2 つのケイ素原子に共有されている。$Si-O$ 結合の O 原子も合わせると，Si 原子 1 個あたりの酸素原子数は［①　　　　　］個である。Si 原子の酸化数は［②　　　　］，O 原子の酸化数は［③　　　　］であるから，**図2**に示された鎖状構造は［④　　　　　　　］のようなイオンの化学式で書くことができ，電荷のつり合いを考えると Si 原子 1 個あたり Na^+ イオンが［⑤　　　　　］個必要になる。よって，ガラスの組成式は［⑥　　　　　　　　　］。

(2) **図3**の場合，Si 原子 1 個あたりの O 原子数は整数にならず［⑦　　　　　］個となり，**図3**の組成は［⑧　　　　　　　　］のようなイオンの化学式で書くことができ，Si 原子 1 個あたり Na^+ イオンが［⑨　　　　　］個必要になる。よって，ガラスの組成式は［⑩　　　　　　　　　］。

　なお，SiO_4 四面体の構造を保ったまま，四面体どうしをつなぐ $Si-O-Si$ 結合の数が増加すると，Si 原子 1 個あたりの Na^+ の数が［⑪　　　　　　　］する。すべての酸素が $Si-O-Si$ 結合をつくると，陽イオンを含まず SiO_2 だけからできるガラスとなり，これを［⑫　　　　　　　　　］ガラスという。

4 ［類題］［ケイ素化合物］天然には SiO_2 の Si の一部が Al に置き換わり，Na^+ が含まれたアルミノケイ酸塩が存在する。

記述 (1) Na^+ が含まれている理由を電気的な観点から説明せよ。

(2) SiO_2 に含まれる Si のうち粒子数比で 25% が Al に置き換わったアルミノケイ酸塩の一種である曹長石の組成を $xNa_2O \cdot yAl_2O_3 \cdot zSiO_2$ と表すとき，x，y，z の値を求めよ。

4

(1)		
(2)	$x =$	
	$y =$	
	$z =$	

STEP 3 チャレンジ問題 3

解答→別冊39ページ

1 次の気体の製法A～Gについて，あとの問いに答えなさい。ただし，Gを除いて加熱が必要な場合は適切に加熱するものとする。

A 塩化アンモニウムと水酸化カルシウムを反応させる。

B 銀に濃硝酸を反応させる。　　C 銅に濃硫酸を反応させる。

D 塩素酸カリウムと酸化マンガン(Ⅳ)を反応させる。

E 塩酸と酸化マンガン(Ⅳ)を反応させる。　　F 硫化鉄(Ⅱ)に希硫酸を反応させる。

G 炭酸水素ナトリウムを強熱する。

(1) A～Fで得られた気体のうち，次の記述①～⑤にあてはまるものをすべて選び，A～Fの記号で答えよ。

① 水に溶けて塩基性を示す。　② 有色である。　③ 水上置換で捕集する。

④ 乾燥剤として塩化カルシウムを用いることができない。

⑤ 発生させるときに加熱を必要としない。

①(　　　) ②(　　　) ③(　　　)
④(　　　) ⑤(　　　)

(2) A～Gで得られた気体について，次の操作でどのような変化が見られるかを簡単に説明し，そのときの反応を反応式で表せ。

① Aに濃塩酸をつけたガラス棒を近づける。

② Eに湿らせたヨウ化カリウムデンプン紙を近づける。

③ Cを水に溶かし，さらにFを通じる。　　④ Gを石灰水に通じる。

①(　　　)
②(　　　)
③(　　　)
④(　　　)

(3) 各製法A～Gの下線部の物質をそれぞれ次の物質に変えた場合，同じ気体が得られないものをすべて選び，A～Gの記号で答えよ。　(　　　)

A 水酸化ナトリウム　B 鉄　C 銀　D 過酸化水素　E さらし粉
F 希塩酸　G 炭酸ナトリウム

難問 **2** 次の文を読み，あとの問いに答えなさい。

コバルト(Ⅲ)イオン，アンモニア分子，塩化物イオンからなる3種類の錯塩A，B，Cがあり，各々の色はA：黄色，B：赤紫色，C：緑色であった。また，これらの組成式は$CoCl_3(NH_3)_n$のように書ける。ここでnは4，5，6のいずれかである。各錯塩ではアンモニア分子がコバルト(Ⅲ)イオンと配位結合している。また，塩化物イオンにはコバルト(Ⅲ)イオンに配位結合しているものと，錯イオンとイオン結合しているものがあり，後者は水溶液中で電離する。

(1) A～Cの錯塩を各々 0.1 mol 含む水溶液に十分な量の銀イオンを加えて反応させると，**A** からは 0.3 mol，**B** からは 0.2 mol，**C** からは 0.1 mol の塩化銀が生成した。A～Cに含まれる錯イオンの組み合わせとして最も適切なものを選び，記号で答えよ。（　　　）

	A	B	C
ア	$[Co(NH_3)_6]^{3+}$	$[Co(NH_3)_5Cl]^{2+}$	$[Co(NH_3)_4Cl_2]^+$
イ	$[Co(NH_3)_6]^{3+}$	$[Co(NH_3)_4Cl_2]^+$	$[Co(NH_3)_5Cl]^{2+}$
ウ	$[Co(NH_3)_5Cl]^{2+}$	$[Co(NH_3)_6]^{3+}$	$[Co(NH_3)_4Cl_2]^+$
エ	$[Co(NH_3)_5Cl]^{2+}$	$[Co(NH_3)_4Cl_2]^+$	$[Co(NH_3)_6]^{3+}$
オ	$[Co(NH_3)_4Cl_2]^+$	$[Co(NH_3)_6]^{3+}$	$[Co(NH_3)_5Cl]^{2+}$
カ	$[Co(NH_3)_4Cl_2]^+$	$[Co(NH_3)_5Cl]^{2+}$	$[Co(NH_3)_6]^{3+}$

(2) $[Co(NH_3)_4Cl_2]^+$ を含む錯塩は，2種類の色をもつものが存在する。これらの間では，錯イオン中で塩化物イオンが配位結合している位置が異なっている。この錯イオンの形として，**図1**のa～cのようなものを考えるとき，2個の塩化物イオンが結合する位置の相違によって2種類の構造だけが考えられるものはどれか。そのすべてを過不足なく含むものを選び，記号で答えよ。（　　　）

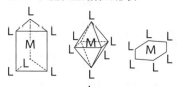

図1　六配位型錯体の形状

a　　　　b　　　　c
正三角柱　正八面体　平面正六角形
M：中心金属イオン, L：配位子

ア a　　**イ** b　　**ウ** c　　**エ** aとb
オ aとc　　**カ** bとc　　**キ** a，b，cすべて

(3) 多くの錯塩では可視光のうち特定の波長の光を吸収して，吸収されなかった残りの光の色が見える。この色は，吸収された色の補色である。様々な色の補色はおおよそ**図2**の直線で結んだ色の対どうしになるものとする。すなわち，例えば黄緑色に対応する光の吸収がある錯塩は紫色に見える。このとき，錯塩A～Cが吸収する光の色として最も適切なものを選び，それぞれ記号で答えよ。

図2　補色

ア 青紫　　**イ** 赤紫　　**ウ** 黄　　**エ** 緑　　　A（　　　）　B（　　　）　C（　　　）

(4) 異なる色の光は，異なるエネルギーをもつ。また，光の色とエネルギーの対応は**図3**のような関係にある。(3)のような錯塩の配位子が変化することによる色の変化を考慮すると，配位子としてのアンモニア分子を塩化物イオンに置き換えることは，錯塩が吸収する光のエネルギーをどのように変化させると考えられるか。最も適切なものを選び，記号で答えよ。

図3　光のエネルギーと色の関係

光のエネルギー
低 ←――――――――→ 高

赤	黄	緑	青	紫
赤紫	橙	黄緑	青緑	青紫

ア 高くする　　**イ** 低くする　　**ウ** 変化させない

（　　　）

［東京理科大－改］

有機化合物の分類，異性体，元素分析

STEP ① 基本問題

解答⊙ 別冊40ページ

重要 **1** ［有機化合物の性質］次の有機化合物の記述について，正しいものをすべて選び，記号で答えなさい。　　　（　　　　）

ア 水に不溶のものが多い。　イ 沸点・融点が高いものが多い。

ウ 分子からなる物質がほとんどである。

エ 構成元素の種類は少なく，化合物の数も少ない。

オ 可燃性の物質が多い。　　カ 電解質が多い。

重要 **2** ［物質の分類］次の物質の中から，有機化合物をすべて選びなさい。

ア CH_3OH　イ $NaHCO_3$　ウ CO　エ $K_3[Fe(CN)_6]$

オ CH_3COOH　カ $CaCO_3$　キ CO_2　ク CH_4　（　　　　）

3 ［元素分析］未知の試料について，次の手順(1)～(5)で確認できる元素を元素記号で，下線の要因となる物質を化学式で答えなさい。

(1) 試料を水酸化ナトリウムとともに加熱し，生じた気体に濃塩酸をつけたガラス棒を近づけると<u>白煙</u>を生じた。

(2) 試料を燃焼し，生じた液体を硫酸銅（Ⅱ）無水物に付けると<u>青色</u>に変色した。

(3) 試料を燃焼し，生じた気体を石灰水に通すと<u>白濁</u>した。

(4) 試料を水酸化ナトリウムとともに加熱し，冷却したのち水溶液に酢酸鉛（Ⅱ）を加えると<u>黒い沈殿</u>を生じた。

(5) 試料を赤熱した銅線につけてバーナーで熱すると，<u>青緑色の炎色反応</u>を呈した。

(1)（　　　・　　　）　(2)（　　　・　　　）

(3)（　　　・　　　）　(4)（　　　・　　　）

(5)（　　　・　　　）

重要 **4** ［元素分析］炭素，水素，酸素からなる有機化合物 6.0 mg を完全燃焼させると，二酸化炭素 8.8 mg と水 3.6 mg が生じた。

$H = 1.0$，$C = 12$，$O = 16$

(1) 化合物 6.0 mg に含まれる炭素と水素の質量〔mg〕を求めよ。

炭素（　　　　）　水素（　　　　）

(2) この有機化合物の組成式を求めよ。　（　　　　）

Guide

確認 **有機化合物の性質**

(1) 炭素を中心とした化合物である。

C, H, O, N, S, P, ハロゲンからなる化合物。例外は下の「物質の分類」の項を参照。

(2) 燃えやすい。

完全燃焼して二酸化炭素と水とその他を生じる。

(3) 分子である。

多くは炭素と水素からなり，極性をもたないため，水に不溶である。

一方で，酸素や窒素，ハロゲンなどを含むと極性を生じ，水に溶けるものも存在する。その中で電離できるものは酸性や塩基性を示すものだけに限られている。

注意 **物質の分類**

炭素を含む化合物のうち，次の物質は有機化合物としない。

(1) 酸化物

CO, CO_2

(2) 炭酸とその塩

H_2CO_3, $NaHCO_3$, Na_2CO_3 など

(3) シアン化水素やシアン化物イオンを含む物質

HCN,

$[Fe(CN)_6]^{3-}$ など

5 ［官能基による分類］次の表を完成させなさい。また，(1)〜(4)にあてはまる化合物を表の**ア**〜**コ**からすべて選び，記号で答えなさい。

物質の例	官能基名	一般名
ア CH_3OH	①	②
イ ⬡—OH	③	④
ウ CH_3OCH_3	⑤	⑥
エ CH_3CHO	⑦	⑧
オ CH_3COCH_3	⑨	⑩
カ ⬡—COOH	⑪	⑫
キ CH_3COOCH_3	⑬	⑭
ク ⬡—SO_3H	⑮	⑯
ケ ⬡—NO_2	⑰	⑱
コ ⬡—NH_2	⑲	⑳

(1) 塩基性を示す（　　　　） (2) 酸性を示す（　　　　　　　）

(3) 還元性を示す（　　　　） (4) 芳香族化合物（　　　　　　）

6 ［異性体］(1)〜(4)に該当する異性体の組み合わせを**ア**〜**カ**の中からすべて選び，記号で答えなさい。—は紙面上の二原子の結合を，◀は紙面上の原子から紙面の表側にある原子との結合を，◀‖は紙面上の原子から紙面の裏側にある原子との結合をそれぞれ表している。

(1) 構造異性体（　　　　　　　） (2) 立体異性体（　　　　　　）

(3) シス−トランス異性体（　　　　　　）

(4) 鏡像異性体（　　　　　）

ア
$HO-\overset{CH_3}{\underset{CH_3}{C}}-H$ と $H_3C-\overset{CH_3}{\underset{OH}{C}}-H$

イ
$HOOC-\overset{OH}{\underset{CH_3}{C}}-H$ と $HOOC-\overset{OH}{\underset{H}{C}}-CH_3$

ウ
$\begin{array}{c}H_2C-CH_2\\H_2C-CH_2\end{array}$ と $\underset{H}{\overset{H_3C}{C}}=\underset{CH_3}{\overset{H}{C}}$

エ
$H_3C-C\equiv C-CH_3$ と $\underset{H}{\overset{H_3C}{C}}=\underset{CH_3}{\overset{H}{C}}$

オ
$\underset{H_3C}{\overset{H}{C}}=\underset{CH_3}{\overset{H}{C}}$ と $\underset{H}{\overset{H_3C}{C}}=\underset{CH_3}{\overset{H}{C}}$

カ
$\underset{H_3C}{\overset{H_3C}{C}}=\underset{Cl}{\overset{Cl}{C}}$ と $\underset{Cl}{\overset{H_3C}{C}}=\underset{Cl}{\overset{CH_3}{C}}$

確認 有機化合物の構造

有機化合物は一分子内を次の2種類のパーツに分けることができる。

(1) 炭化水素基
　 CとHのみからなる部分

(2) 官能基
　 種々の性質を与える部分

例 $\underset{\text{炭化水素基}}{C_2H_5} - \underset{\text{官能基}}{OH}$

官能基によって，**5**のような特定のグループに分類される。

炭化水素基(炭化水素分子からH原子が取れた形の基)にも様々な種類があり，次は代表例である。

— CH_3 ⟶ メチル基

— CH_2-CH_3 ⟶ エチル基

— $CH_2-CH_2-CH_3$ ⟶ プロピル基

— $\underset{CH_3}{CH}-CH_3$ ⟶ イソプロピル基

⬡— ⟶ フェニル基

— $CH=CH_2$ ⟶ ビニル基

確認 異性体の種類

立体異性体はシス−トランス異性体や鏡像異性体などの異性体を総称したものである。

注意 構造式の書き方

単結合を表す線が縦になるとき，結合している原子がはっきりするように書く。

× $\underset{CH_3}{CH_3-CH-CH_3}$ |←何の原子の結合かわからない

○ $\underset{CH_3}{CH_3-CH-CH_3}$ |←きちんと炭素とつなぐ

重要 **1** ［有機化合物の性質］有機化合物の特徴として正しいものを選びなさい。

  ア 主に C, H, O からなり，N, S, P, ハロゲンなどは含まない。

  イ 無機物質に比べ構成元素の種類は少なく，化合物の種類は多い。

  ウ 多くは分子からなる物質であり，融点，沸点は比較的高い。

  エ アルコールや石油などの有機溶媒に溶けるものは少ない。

  オ 有機化合物を実験室で最初に合成したのはリービッヒである。

  カ C, H, O などがイオン結合してできた分子である。［東北学院大−改］

1

重要 **2** ［元素分析］右の元素分析に関する図を見て，次の問いに答えなさい。

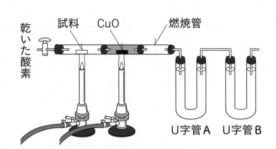

乾いた酸素　試料　CuO　燃焼管

U字管A　U字管B

記述 (1) 燃焼管内に CuO をおく理由を簡潔に説明せよ。

(2) U字管**A**と**B**に詰める物質の名称を答えよ。

(3) U字管**A**と**B**で吸収する物質の化学式を答えよ。

記述 (4) U字管**A**と**B**に詰める物質の順序を逆にしてはならない。その理由を簡潔に説明せよ。

2

(1)	
(2)	A
	B
(3)	A
	B
(4)	

重要 **3** ［燃焼反応の量的関係］次の問いに答えなさい。H＝1.0, C＝12, O＝16

(1) 炭素，水素，酸素からなる有機化合物の元素分析値は，炭素 64.6 %，水素 13.5 % であり，分子量は 80 以下であった。この化合物の組成式と分子式を求めよ。

(2) ある炭化水素を完全燃焼させたところ，二酸化炭素と水が同じ物質量だけ得られた。また，この物質を気化させ，密度を測定したところ，$0 \, ℃$，$1.0 \times 10^5 \, Pa$ で 2.5 g/L であった。この化合物の組成式と分子式を求めよ。

(3) 分子式 $C_8H_nO_2$ で示される有機化合物がある。この化合物 34 mg を完全燃焼させたところ，18 mg の水が生じた。この分子式中の水素原子の数 n の値を求めよ。

(4) 分子式が $C_nH_{2n+2}O$ である有機化合物 0.2 mol に酸素を通じて完全燃焼させた。このときに生成した水の物質量〔mol〕と消費された酸素の物質量〔mol〕を n を用いて表せ。

3

(1)	組成式
	分子式
(2)	組成式
	分子式
(3)	$n =$
(4)	水
	酸素

Hints

炭化水素の完全燃焼

$C_xH_y + \left(x + \dfrac{y}{4}\right)O_2$

$\rightarrow xCO_2 + \dfrac{y}{2} H_2O$

4 ［炭化水素の分類］次の**ア**～**ス**の炭化水素を(1)～(8)に分類しなさい。

ア $H_2C=CH_2$　**イ** H_3C-CH_3　　**ウ** $HC≡CH$　　　　**エ** $CH_3-CH=CH_2$

オ CH_4　　　**カ** $CH_3-CH_2-CH_3$　**キ** $CH_2=CH-CH=CH_2$　**ク** $CH≡C-CH_3$

ケ
$$
\begin{array}{c}
CH_2 \\
H_2C \quad CH_2 \\
H_2C \quad CH_2 \\
CH_2
\end{array}
$$

コ
（ベンゼン環に CH_3）

サ
$$
\begin{array}{c}
CH_2 \\
H_2C \quad CH \\
\quad \parallel \\
H_2C \quad CH \\
CH_2
\end{array}
$$

シ
$$
\begin{array}{c}
\quad\quad CH_3 \\
H_3C-CH-CH_3
\end{array}
$$

ス
$$
\begin{array}{c}
\quad\quad CH_3 \\
H_3C-C=CH_2
\end{array}
$$

(1) 直鎖アルカン　　(2) 枝分かれ状（分枝状）アルカン

(3) アルケン　　(4) アルキン　　(5) シクロアルカン

(6) シクロアルケン　(7) 芳香族炭化水素　(8) 脂環式炭化水素

5 ［有機化合物の分類］次の**A**～**K**についてあとの問いに答えなさい。

A ケトン　**B** フェノール類　**C** エーテル　**D** アルコール

E アルデヒド　**F** エステル　**G** スルホン酸

H ニトロ化合物　**I** アミン　**J** アミド　**K** カルボン酸

(1) **A**～**K**に含まれる官能基名を示し，該当する有機化合物を**ア**～
　ソからすべて選び，記号で答えよ。

ア
$$
\begin{array}{c}
\quad O \\
\quad \parallel \\
HO-C-CH_3
\end{array}
$$

イ
$$
\begin{array}{c}
\quad OH \\
\quad | \\
H_3C-CH_2
\end{array}
$$

ウ
$$
\begin{array}{c}
\quad O \\
\quad \parallel \\
H_3C-C-CH_3
\end{array}
$$

エ　$H_3C-O-CH_3$

オ
$$
\begin{array}{c}
H_3C-O-C-CH_3 \\
\parallel \\
O
\end{array}
$$

カ
$$
\begin{array}{c}
\quad O \\
\quad \parallel \\
H_3C-C-H
\end{array}
$$

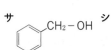

キ　H_3C-NH_2

ク　CH_4

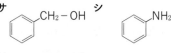

ケ（ベンゼン環に OH）　**コ**（ベンゼン環に NO_2）　**サ**（ベンゼン環に CH_2-OH）　**シ**（ベンゼン環に NH_2）

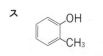

ス（ベンゼン環に OH と CH_3）

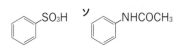

セ（ベンゼン環に SO_3H）　**ソ**（ベンゼン環に $NHCOCH_3$）

(2) 次の性質を示すものを**A**～**K**からすべて選び,記号で答えなさい。

　① 還元性をもつ。　　② 強酸性を示す。　　③ 弱酸性を示す。

　④ 中性で金属ナトリウムと反応する。　　⑤ 塩基性を示す。

　⑥ 炭酸水素ナトリウムと反応して二酸化炭素を発生する。

6 ［炭化水素基の名称］次の炭化水素基の名称を答えなさい。

(1) — CH_3　　　　(2) — CH_2-CH_3　　　(3)
$$
\begin{array}{c}
—HC-CH_3 \\
\quad\quad CH_3
\end{array}
$$

(4) — $CH_2-CH_2-CH_3$　　(5) （ベンゼン環）　　(6) — $CH=CH_2$

4
(1)
(2)
(3)
(4)
(5)
(6)
(7)
(8)

5

(1)	A	
	B	
	C	
	D	
	E	
	F	
	G	
	H	
	I	
	J	
	K	
(2)	①	
	②	
	③	
	④	
	⑤	
	⑥	

6
(1)
(2)
(3)
(4)
(5)
(6)

7 ［異性体の正誤］次の記述のうち，誤っているものをすべて選びなさい。

ア　鏡像異性体は互いに偏光(平面偏光)に対する性質が異なる。

イ　シス－トランス異性体は互いに融点・沸点が異なる。

ウ　構造異性体は互いに立体構造だけが異なる。

エ　立体異性体は互いに分子式だけが異なる。

8 ［異性体の判定］次の問いに答えなさい。

(1) 次の物質の中でシス－トランス異性体が存在するものをすべて記号で選べ。

ア　$CH_3-CH=CH_2$　　　イ　$CHCl=CHCl$

ウ　$CH_3-CH=CH-CH_3$　　　エ　$CH_3-CH=C(CH_3)_2$

オ　$CH_3-CH_2-CH=CH_2$　　　カ　$CH_3-CH=CCl_2$

(2) Rがメチル基のとき，シス－トランス異性体が存在するものを，次の有機化合物ア～エから1つ選べ。

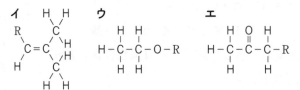

(3) 次の化合物①～③の中に，不斉炭素原子はそれぞれいくつあるか。

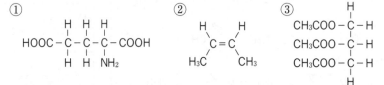

(4) 次の物質の中で鏡像異性体が存在するものをすべて記号で選べ。

ア　$CH_3-CH-CH_3$
　　　　　|
　　　　OH

イ　$CH_3-CH-CH_2-CH_3$
　　　　　　|
　　　　　OH

ウ　$CH_3-CH-COOH$
　　　　　|
　　　　OH

エ　CH_3-CH_2-COOH

オ　$CH_3-CH-CH_2-OH$
　　　　　|
　　　　OH

重要 **9** ［異性体の列挙］次の(1)～(4)の物質について，異性体の数を答え，( )に示された異性体の構造式を書きなさい。

(1) C_5H_{12}(枝分かれを1つもつ異性体)

(2) $C_3H_6Cl_2$(不斉炭素原子をもつ異性体)

(3) C_3H_8O(ヒドロキシ基を含まない異性体)

(4) C_4H_8(シス－トランス異性体をもたない直鎖化合物)

<table>
<tr><td>7</td><td></td></tr>
</table>

8	
(1)	
(2)	
(3)	①
	②
	③
(4)	

9		
(1)	異性体の数	
	構造式	
(2)	異性体の数	
	構造式	
(3)	異性体の数	
	構造式	
(4)	異性体の数	
	構造式	

10 ［元素分析と異性体］次の問いに答えなさい。H＝1.0，C＝12，O＝16

(1) ある有機化合物 A 22.0 mg を完全に燃焼させたところ，二酸化炭素 48.7 mg と水 26.4 mg を生じた。

　① A の組成式を求めよ。

　② A が官能基として 1 分子内にヒドロキシ基を 1 つだけもつとき，A の分子式を求めよ。

　③ A の異性体の数を記せ。また，その異性体の中で A とは異なる官能基をもつ物質の異性体の数を記せ。

(2) 分子量が 116 の C，H，O のみからなる有機化合物 B 46.4 mg を取って元素分析したところ，水 14.4 mg と二酸化炭素 70.4 mg が生成した。また，58 mg の B を完全に中和するのに必要な NaOH は 1.0×10^{-3} mol であった。

　① B の組成式と分子式を求めよ。

　② 1 分子の B に含まれるカルボキシ基の数を求めよ。

　③ B として考えられる異性体の数を記せ。

　④ B はシス－トランス異性体をもたないとするとき，B の構造式を記せ。

(3) C，H，O からなる分子量 90 の有機化合物 C 40.0 mg を完全燃焼させたところ，二酸化炭素 58.7 mg と水 24.3 mg を生じた。また，C には不斉炭素原子が存在し，水に溶かすと弱酸性を示した。

　① C の組成式と分子式を求めよ。

　記述 ② 下線部について，不斉炭素原子とはどのような炭素か説明せよ。

　③ C の構造式を答えよ。

(4) C，H，N，O からなる分子量 75 の有機化合物 D 151 mg を燃焼分解した。得られた気体のうち窒素酸化物は銅により還元し N_2 ガスに変換し，結果として水 89 mg，二酸化炭素 178 mg，窒素 28 mg を得た。また，D にはカルボキシ基が含まれている。N＝14

　① D の分子式を求めよ。

　② D に含まれるもう 1 つの官能基を答えよ。

　③ D の構造式を答えよ。

　④ D の異性体として，D とは異なる官能基をもつ中性物質が考えられる。この異性体の構造式を答えよ。ただし，異なる官能基の直結はないものとする。

10			
(1)	①		
	②		
	③		
(2)	①	組成式	
		分子式	
	②		
	③		
	④		
(3)	①	組成式	
		分子式	
	②		
	③		
(4)	①		
	②		
	③		
	④		

16 脂肪族炭化水素

第4章 有機化合物

STEP 1 基本問題

解答 ⊕ 別冊44ページ

重要 1 [代表的な炭化水素] 次の炭化水素を構造式で表しなさい。構造式は例にならって，C−H 結合を省略した構造式で示しなさい（カ，キ以外）。また，(1)〜(4)にあてはまるものをすべて選び，記号で答えなさい。

例　H₃C
　　　　＼
　　　　CH−CH₃
　　　／
　　H₃C

ア エタン

イ プロパン

ウ シクロヘキサン

エ エチレン

オ アセチレン

カ シス-2-ブテン

キ トランス-2-ブテン

(1) アルカン（　　　）　(2) アルケン（　　　　）

(3) アルキン（　　　）　(4) シクロアルカン（　　　）

重要 2 [分子の形状] (1)〜(3)の物質の形状を下のア〜エから1つ選び，記号で答えなさい。

(1) メタン（　　） (2) エチレン（　　） (3) アセチレン（　　）

ア 正方形　　イ 直線形　　ウ 平面形　　エ 正四面体形

重要 3 [メタン] 次の文章の空欄にあてはまる語句を答えたのち，あとの問いに答えなさい。

メタンは天然には（①　　　　　）に多く含まれる無色（②　　）臭の（③　　）体である。実験室では α（④　　　　　　　）に水酸化ナトリウムを加えて加熱すると得られる。β メタンは塩素を加えて紫外線を照射すると（⑤　　　　）反応を生じる。

(1) 下線部 α を化学反応式で示せ。

（　　　　　　　　　　　　　　　　　　　　　）

(2) 下線部 β について，以下の空欄にあてはまる物質の分子式を書け。

$CH_4 →$（　　　）→（　　　）→（　　　）→（　　　）

Guide

確認 👆 覚えておきたいアルカン

化合物名	分子式
メタン	CH_4
エタン	C_2H_6
プロパン	C_3H_8
ブタン	C_4H_{10}
ペンタン	C_5H_{12}
ヘキサン	C_6H_{14}

アルカンの一般式は C_nH_{2n+2} である。

参考 📖 分子の形状

電子間反発によって結合の角度は決まっている（原子価殻電子対反発則という）。一原子から4方向に結合が生じる場合，結合に含まれる電子どうしが互いに反発し合い，正四面体形になる。

例 反発する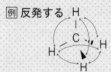

参考 📖 sp³混成軌道

炭素原子の電子は 1s 軌道に2個，2s 軌道に2個，2p 軌道に2個存在する。

メタンの炭素原子には 1s 軌道の他に，1つの 2s 軌道と3つの 2p 軌道からなる sp³ 混成軌道が存在している。

4 ［エチレンとアセチレン］次の文章の空欄にあてはまる語句を答えたのち，あとの問いに答えなさい。

　エチレンは分子式（①　　　　　）で表され，A（②　　　　　　　　）に濃硫酸を少量加え，（③　　　）℃程度に加熱して得られる気体である。一方，アセチレンは分子式（④　　　　　　）で表され，B水と（⑤　　　　　　　　）を反応させると得られる気体である。

　どちらの気体も酸化されやすく過マンガン酸カリウム水溶液の（⑥　　）色を脱色する。C（⑦　　　　）反応を起こしやすく，臭素水の（⑧　　　）色を脱色する。アンモニア性硝酸銀と反応して（⑨　　）色沈殿を生じるのは（⑩　　　　　　）だけである。

(1) 下線部A，Bを化学反応式で示せ。

　A（　　　　　　　　　　　　　　　　　　　　）

　B（　　　　　　　　　　　　　　　　　　　　）

(2) 下線部Cの反応の生成物の構造式と名称を答えなさい。

反応する物質	エチレン	アセチレン
水素（1分子）		
臭素（1分子）		
水		

5 ［付加重合］次の文章の空欄に適語や構造式を入れなさい。

　エチレンどうしで連続的な付加反応が進行すると，分子量が1万を超え，（①　　　　　　　）とよばれる物質になる。

（②　　　　　）─→（③　　　　　　　　　　　　　）

　このように分子量が1万を超える化合物を（④　　　　　）といい，このような反応を（⑤　　　　　）という。また，塩化ビニルの（⑤）は次のような反応式で表す。

（⑥　　　　　　　　　　　　　　　　　　　　　）

1 ［分子の形状］次の問いに答えなさい。

(1) すべての原子が同一平面上に固定されている物質を次の**ア**～**エ**から1つ選び，記号で答えよ。

  ア プロペン（プロピレン） **イ** プロピン（メチルアセチレン）

  ウ 塩化ビニル   **エ** トランス-2-ブテン

(2) すべての炭素原子が同一直線上に固定されている物質ではないものを次の**ア**～**エ**から1つ選び，記号で答えよ。

  ア アセチレン   **イ** プロピン（メチルアセチレン）

  ウ プロペン（プロピレン） **エ** エチレン

1	
(1)	(2)

重要 **2** ［炭化水素の性質］次の空欄にあてはまる語句を答えなさい。

(1) 炭素数が（ ① ）以上のアルカンには，構造異性体がある。

(2) エタン，エチレン，アセチレンのうち，炭素原子間の結合の長さが最も長いのは（ ② ）で，最も短いのは（ ③ ）である。

(3) アルカンの沸点は，分子量が増えるにつれて（ ④ ）くなる。

(4) アルケンは，二重結合を軸とした分子内の回転ができ（ ⑤ ）。

(5) アルキンには，シス－トランス異性体が存在（ ⑥ ）。

(6) 同じ炭素数のアルケンと（ ⑦ ）は，互いに構造異性体である。

(7) 同族体においては炭素数が1増えると分子量が（ ⑧ ）増える。

(8) C_nH_{2n-2}（$n≧2$）で表される鎖式炭化水素には，（ ⑨ ）結合が1つあり，脂環式炭化水素には（ ⑩ ）結合が1つある。

(9) 炭化水素を燃焼させたときに生じるすすの量は，炭素含有率が大きい炭化水素ほど（ ⑪ ）い。

2
①
②
③
④
⑤
⑥
⑦
⑧
⑨
⑩
⑪

重要 **3** ［炭化水素の反応］次の(1)～(9)にあてはまる物質の構造式を答えなさい。

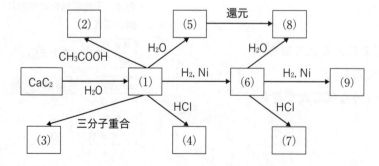

3
(1)
(2)
(3)
(4)
(5)
(6)
(7)
(8)
(9)

4 [炭化水素の構造決定] 次の記述に最も適当なものを選びなさい。

(1) 触媒存在下で水素を付加させたとき，不斉炭素原子をもつ炭化水素を生じる化合物

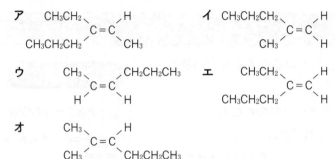

(2) 次の記述①・②が両方ともあてはまる化合物

① 水素1分子が付加した生成物には，シス−トランス異性体が存在する。

② 水素2分子が付加した生成物には，不斉炭素原子が存在する。

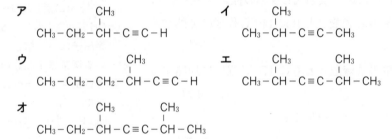

5 [計算問題] 次の問いに答えなさい。H = 1.0，C = 12，O = 16

(1) 炭素と水素のみからなる化合物 5.8 mg を完全燃焼させたところ，水 9.0 mg が生じた。このとき，0 ℃，1.0×10^5 Pa で何 mL の二酸化炭素が生成したか。

(2) 5.60 g のアルケン C_nH_{2n} に臭素を完全に反応させ，$C_nH_{2n}Br_2$ を 37.6 g 得た。このアルケンの炭素数 n はいくつか。Br = 80

(3) 次の条件 a ～ c を満たす炭化水素がある。この炭化水素 1.0 mol を完全燃焼させたとき，消費される酸素は何 mol か。

a 1つの環からなる脂環式炭化水素である。

b 二重結合を2つもち，残りはすべて単結合である。

c 水素原子の数は炭素原子の数より4個多い。

(4) 炭素数4の鎖式不飽和炭化水素を完全燃焼させたところ，二酸化炭素 88 mg と水 27 mg が生成した。この炭化水素 8.1 g に，触媒を用いて水素を付加させたところ，すべてが飽和炭化水素に変化した。このとき消費された水素分子の物質量は何 mol か。

4

(1)
(2)

Hints

(1)も(2)もすべての選択肢について，付加した後の構造式をかいてみる必要がある。

5

(1)
(2)
(3)
(4)

17 酸素を含む脂肪族化合物

STEP 1 基本問題

解答 → 別冊47ページ

1 ［代表的なアルコールとエーテル］次の記述の表す物質の物質名と示性式を答えなさい。

(1) 常圧では沸点34℃の液体で，引火性と麻酔性をもつ。

物質名(①　　　　　　　　) 示性式(②　　　　　　　　)

(2) 工業的にはリン酸を触媒としてエチレンに水を反応させて得る。

物質名(③　　　　　　　　) 示性式(④　　　　　　　　)

(3) 工業的には一酸化炭素と水素から得られるアルコール。

物質名(⑤　　　　　　　　) 示性式(⑥　　　　　　　　)

重要 2 ［エタノールの反応］次の反応の反応式と反応の種類を答えなさい。

(1) エタノールを触媒量の濃硫酸とともに140℃程度に加熱する。

反応式(　　　　　　　　　　　　　) 種類(　　　)

(2) エタノールを触媒量の濃硫酸とともに170℃程度に加熱する。

反応式(　　　　　　　　　　　　　) 種類(　　　)

(3) エタノールに金属ナトリウムを加える。

反応式(　　　　　　　　　　　　　) 種類(　　　)

(4) 酵母菌などのはたらきによってグルコースからエタノールを得る。

反応式(　　　　　　　　　　　　　) 種類(　　　)

〔反応の種類〕 **ア** 置換　**イ** 付加　**ウ** 酸化　**エ** 還元
オ アルコール発酵　**カ** 分子内脱水　**キ** 分子間脱水

3 ［代表的なアルデヒドとケトン］次の記述の空欄にあてはまる語句と，その記述の表す物質の物質名と示性式を答えなさい。

(1) 酢酸カルシウムを(①　　　　　　)して得られるケトン。

物質名(②　　　　　　　　) 示性式(③　　　　　　　　)

(2) 常温・常圧で(④　　　　)体であり，37%の水溶液が(⑤　　　　　　　)という防腐剤として使われるアルデヒド。

物質名(⑥　　　　　　　　) 示性式(⑦　　　　　　　　)

(3) (⑧　　　　　　　　)に水を付加して得られるアルデヒド。この物質は工業的に(⑨　　　　　　　　)を酸化して製造されている。

物質名(⑩　　　　　　　　) 示性式(⑪　　　　　　　　)

Guide

確認 👉 アルコールの分類

(1) 一分子中に含まれる OH 基の数で区別する。

例 メタノール $CH_3\underline{OH}$
　　　⇒一価アルコール

エチレングリコール

$CH_2-\underline{OH}$
|
$CH_2-\underline{OH}$
　　　⇒二価アルコール

(2) OH 基が結合している炭素原子(○)に結合している炭素原子(△)の数で区別する。一～三級まで。

例 $CH_3-\triangle CH_2-\bigcirc CH-OH$
　　　　　　　　|
　　　　　　　$\triangle CH_3$
　　　⇒二級アルコール

※メタノールは一級アルコール

(3) 炭素数が少ない
　　　⇒低級アルコール
炭素数が多い
　　　⇒高級アルコール

確認 👉 酸素を含む有機化合物の反応

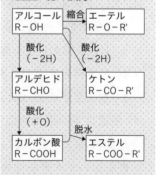

4 ［アルデヒド］アルデヒドの還元性を利用して検出する反応についてまとめた次の表を完成させなさい。

反応名	試薬	還元性をもつときの変化
銀鏡反応	（①　　　　　　　　）水溶液を加えて加温する。	反応容器の器壁に（②　　　）を析出する。
フェーリング反応	（③　　　　　　　　）液を加えて煮沸する。	（④　　　　　　　　）の（⑤　　　　）色沈殿を生じる。

重要 **5** ［ヨードホルム反応］次の物質の中でヨードホルム反応を示すものをすべて選び，記号で答えよ。

ア 2-プロパノール　　イ 1-プロパノール　　ウ ギ酸
エ 2-ブタノール　　オ アセトアルデヒド　　カ エタノール
キ アセトン　　ク ホルムアルデヒド　　ケ エチルメチルケトン

（　　　　　　　　　　　　　　　　　　　　）

6 ［カルボン酸と酸無水物］次の物質の構造式を書き，(1)～(5)にあてはまるものをア～キからすべて選び，記号で答えなさい。

例　　　　　　　　　ア ギ酸　　　　　　イ 酢酸
HO－CH₂－COOH　（　　　　　　）（　　　　　　）
ウ 無水酢酸　　　　エ フマル酸　　　　オ マレイン酸

（　　　　　）　　（　　　　　）　　（　　　　　）

カ アラニン　　　　キ 乳酸

（　　　　　）　　（　　　　　）

(1) ジ(二価)カルボン酸（　　　）　　(2) ヒドロキシ酸（　　　）
(3) アミノ酸　　　　　　（　　　）　　(4) 還元性をもつ（　　　）
(5) 加熱すると容易に脱水する（　　　）

7 ［エステルと加水分解］次のエステルの名称を答え，その加水分解から得られるカルボン酸とアルコールの名称を答えなさい。

(1) CH₃COOCH₃（　　　　　・　　　　　・　　　　　）
(2) HCOOC₂H₅（　　　　　・　　　　　・　　　　　）
(3) C₂H₅OCOCH₃（　　　　　・　　　　　・　　　　　）

確認 **各官能基の検出**

▶ヒドロキシ基（－OH）
　金属ナトリウムと反応して水素を発生（置換反応）
　※カルボキシ基も反応
▶ホルミル（アルデヒド）基（－CHO）
　A：アンモニア性硝酸銀水溶液を加えて加温すると，銀を析出（銀鏡反応・酸化還元反応）
　B：フェーリング液を加えて煮沸すると酸化銅（Ⅰ）Cu₂Oの赤色沈殿を生成（フェーリング反応・酸化還元反応）
　※いずれもアルデヒドの還元性を利用しており，反応によってアルデヒドはカルボン酸に変化する。
▶カルボキシ基（－COOH）
　炭酸ナトリウム水溶液，もしくは炭酸水素ナトリウム水溶液を加えると二酸化炭素を発生（弱酸の遊離）

参考 **ヨードホルム反応**

　水酸化ナトリウム水溶液とヨウ素を加えて加温すると特異臭をもつヨードホルム CHI₃ の黄色沈殿を生成する。次の構造をもつ物質が，ヨードホルム反応を示す。

$$H_3C-\overset{O}{\underset{\|}{C}}-\qquad H_3C-\overset{OH}{\underset{|}{CH}}-$$

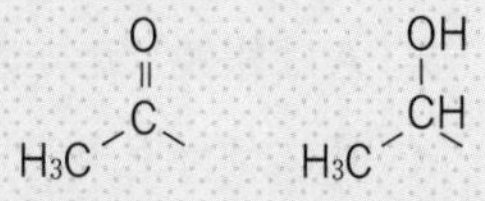

※ただし，エステルやカルボン酸は除く。

[重要] **1** ［アルコールの分類］次のア～カのアルコールのうち，(1)～(6)にあてはまるものをすべて選び，記号で答えなさい。

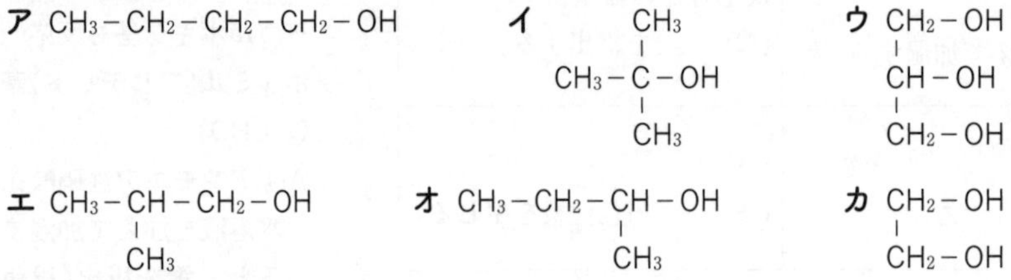

ア $CH_3-CH_2-CH_2-CH_2-OH$

イ
$$\begin{array}{c} CH_3 \\ | \\ CH_3-C-OH \\ | \\ CH_3 \end{array}$$

ウ
$$\begin{array}{c} CH_2-OH \\ | \\ CH-OH \\ | \\ CH_2-OH \end{array}$$

エ
$$\begin{array}{c} CH_3-CH-CH_2-OH \\ | \\ CH_3 \end{array}$$

オ
$$\begin{array}{c} CH_3-CH_2-CH-OH \\ | \\ CH_3 \end{array}$$

カ
$$\begin{array}{c} CH_2-OH \\ | \\ CH_2-OH \end{array}$$

(1) 一価の第一級アルコール　　(2) 一価の第二級アルコール

(3) 一価の第三級アルコール　　(4) 二価アルコール

(5) 三価アルコール　　　　　　(6) 鏡像異性体をもつアルコール

[重要] **2** ［アルコールとエーテルの識別］分子式 C_3H_8O で表される３つの化合物について次の問いに答えなさい。

(1) これら３つの化合物の物質名と構造式を答えよ。

(2) 次にあてはまる物質を物質名で答えよ。

　　① ナトリウムと反応しない。　② 酸化されにくい。

　　③ 酸化されてアルデヒドを経てカルボン酸になる。

　　④ 酸化されてケトンになる。　⑤ 沸点が最も低い。

　　⑥ 水にほとんど溶けない。

[重要] **3** ［アルデヒドとケトンの識別］分子式 C_3H_6O で表される化合物Ａ，Ｂ，Ｃについて，次の文章を読んで，あとの問いに答えなさい。

　　フェーリング液を加えて加熱するとＡのみ①赤色沈殿を生じ，Ｂ，Ｃでは生じなかった。ＡとＢは還元することができ，ナトリウムと反応して②気体を発生する化合物Ｄ，Ｅにそれぞれ変化した。Ｃは還元せずともナトリウムと反応して気体を発生し，その上，臭素水を脱色した。

(1) 下線部①，②の物質の化学式を答えよ。

(2) Ｂ，Ｄ，Ｅの物質名を答えよ。

(3) 次のア～オのうち正しいものをすべて選び，記号で答えよ。

　　ア Ａは銀鏡反応を示す。

　　イ Ｂはヨードホルム反応を示す。

　　ウ Ｃは環状化合物である。

　　エ Ｄは過マンガン酸カリウムで強く酸化すると酸性物質になる。

　　オ Ｅは炭酸水素ナトリウムと反応する。

1

(1)	
(2)	
(3)	
(4)	
(5)	
(6)	

2

(1)	

(2)	①
	②
	③
	④
	⑤
	⑥

3

(1)	①
	②
(2)	Ｂ
	Ｄ
	Ｅ
(3)	

4 ［不飽和ジカルボン酸］$C_4H_4O_4$ の分子式で示される $C=C$ 結合を含む二価カルボン酸 A, B はいずれも臭素を付加すると C になった。A, B を別々の試験管にいれて加熱したところ, A のほうが低い温度で融解した。次の問いに答えなさい。

(1) A, B の構造式と名称を答えよ。

記述 (2) A が融解した後も加熱を続けると, 試験管に変化が見られた。

① どのような変化が見られたのかを説明せよ。

② B ではこの変化が見られない。その理由を簡潔に説明せよ。

(3) C に不斉炭素原子はいくつ存在するか。

5 ［アルコールの脱水によるアルケンの生成］C, H, O からなる化合物 A は, 次の条件①～③をすべて満たす。化合物 A の構造式として最も適当なものを, あとのア～エから選び, 記号で答えなさい。

① 1 mol の A を燃焼させると, CO_2 5 mol と H_2O 5 mol が生じた。

② 1 mol の A を 1 mol の H_2 で還元すると, 生成物 B が得られた。

③ B の脱水反応によって 2 種類の不飽和炭化水素が生成した。そのうちの一方は, 炭素原子がすべて同じ平面にある構造であった。

ア CH₃－CH－CH－CH₃
       | |
      OH CH₃

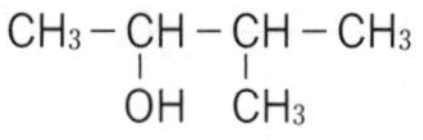

イ CH₃－C－CH－CH₃
      ‖ |
      O   CH₃

ウ CH₃－CH－CH₂－CH₂－CH₃
       |
      OH

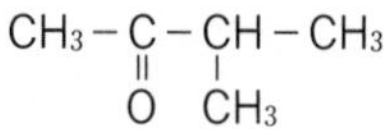

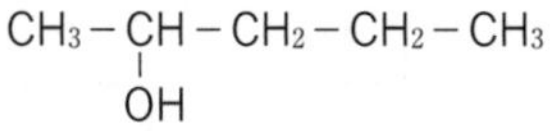

エ CH₃－C－CH₂－CH₂－CH₃
      ‖
      O

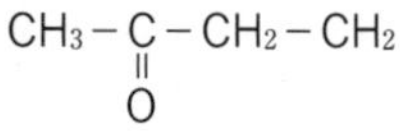

6 ［カルボン酸, エステルの識別と構造決定］分子式 $C_3H_6O_2$ で表される 3 つの化合物 A, B, C がある。①炭酸水素ナトリウム水溶液を加えると B は気体を発生し, A, C は発生しなかった。A を加水分解すると酸性物質 D と中性物質 E を生じ, ②E はヨードホルム反応を示した。C を加水分解すると酸性物質 F と中性物質 G を生じた。これらについて, 次の問いに答えなさい。

(1) 下線部①の反応式を記せ。有機化合物は示性式で示すものとする。

(2) 下線部②について, E の名称を答えよ。

(3) A, C の構造式を記せ。

(4) 次のア～オのうち誤っているものを選び, 記号で答えよ。

ア A は還元性を示す。

イ D は G を酸化しても得られる。

ウ E は有毒であり, 誤って飲むと失明する恐れがある。

エ F の純度の高いものは冬季に凝固する。

オ G は工業的には一酸化炭素と水素から合成されている。

4	
(1)	A
	B
(2)	①
	②
(3)	

5	

6	
(1)	
(2)	
(3)	A
	C
(4)	

重要 **7** ［有機化学実験の器具］(1)〜(4)の図中の反応物として，適切なものを**ア〜エ**から1つ選び，記号で答えなさい。また，実験によって生成する物質の名称と反応の種類の名称も合わせて答えなさい。

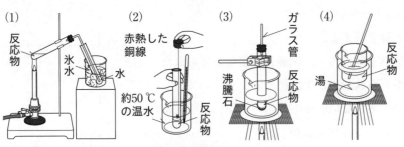

ア エタノールと酢酸と触媒量の濃硫酸

イ エタノールと硫酸酸性二クロム酸カリウム水溶液

ウ ヤシ油と水酸化ナトリウム水溶液

エ メタノール

重要 **8** ［有機化学反応の種類］次の(1)〜(5)の反応について，同じ種類の反応を**ア〜オ**から選び，記号で答えなさい。

(1) アセトアルデヒドから酢酸を得る。

(2) エタノールからヨードホルムを得る。

(3) メタンからクロロメタンや四塩化炭素などを得る。

(4) マレイン酸から無水マレイン酸を得る。

(5) エタノールからジエチルエーテルを得る。

ア アセトンにヨウ素と水酸化ナトリウム水溶液を加え，加温する。

イ エタノールに濃硫酸を加え，170℃程度に加熱する。

ウ 酢酸に十酸化四リンを加え，加熱する。

エ ギ酸にアンモニア性硝酸銀水溶液を加え，加温する。

オ エタノールにナトリウムを加える。

9 ［有機化合物の構造決定］A，B，Cはいずれも同じ組成をもつ分子量100未満のカルボン酸エステルであり，18.0 mgのAを完全燃焼させると水14.7 mg，二酸化炭素36.0 mgが得られた。それぞれを加水分解するとAからはLとS，BからはMとT，CからはMとUが得られた。なお，L，Mはカルボン酸，S，T，Uはアルコールである。Sを酸化するとLになり，Tを酸化しても酸性の物質は得られなかった。また，Mは還元性を示した。次の問いに答えなさい。

(1) Aの組成式ならびに分子式を求めよ。H＝1.0，C＝12，O＝16

(2) A〜Cの構造式を答えよ。

7

(1)	
(2)	
(3)	
(4)	

8

(1)	
(2)	
(3)	
(4)	
(5)	

9

	組成式	
(1)	分子式	
		A
(2)		B
		C

10 ［有機化合物の識別］次の 2 つの物質を識別するのに用いる試薬を**ア〜オ**から選び，記号で答えなさい。ただし，**ア〜オ**の重複は不可。

(1) メタノールとエタノール　(2) アセトンとアセトアルデヒド

(3) エタノールと酢酸　　　　(4) ジメチルエーテルとエタノール

ア 臭素水　　**イ** ナトリウム　　**ウ** アンモニア性硝酸銀水溶液

エ 炭酸水素ナトリウム水溶液　　**オ** ヨウ素と水酸化ナトリウム

10		
(1)		(2)
(3)		(4)

11 ［反応の量的関係］次の問いに答えなさい。$H = 1.0$，$C = 12$，$O = 16$

(1) 濃硫酸を触媒として，1-ブタノール 14.8 g をカルボン酸 $C_nH_{2n+1}COOH$ と完全に反応させたところ，エステル 31.6 g が生じた。カルボン酸の分子量を求めよ。

(2) 示性式 C_mH_nOH で表される一価の鎖式不飽和アルコール（三重結合を含まない）42 g を完全にナトリウムと反応させたところ，水素 0.25 mol が発生した。このアルコール 21 g に，触媒の存在下で水素を付加させたところ，すべてが飽和アルコールに変化した。このとき消費された水素は 0 ℃，1.0×10^5 Pa で何 L か。

11
(1)
(2)

Hints

化学反応式の量的関係は，有機化学の反応でも，**化学反応式の係数比＝物質量比**になることに着目！

12 ［油脂の計算］次の問いに答えなさい。$H = 1.0$，$C = 12$，$O = 16$

(1) 油脂 **X** 1.00 g を完全にけん化するためには 0.100 mol/L の水酸化ナトリウム水溶液が 37.5 mL 必要である。油脂 **X** の分子量を求めよ。

(2) リノール酸 $C_{17}H_{31}COOH$ のみからなる油脂 1.0 mol に付加する水素の 0 ℃，1.0×10^5 Pa での体積〔L〕を求めよ。

12
(1)
(2)

13 ［油脂，セッケン，合成洗剤］次の記述を読んで，下線部の内容が正しければ○，誤っていれば正しい記述に直しなさい。

(1) セッケン分子は親水性の部分と疎水性の部分の両方を含み，水中では①負に帯電した球状の②ミセルとして存在する。

(2) 水に不溶な油汚れなどをセッケン分子で取り囲み，小さな粒子として水中に分散させることを加水分解という。

(3) セッケンの原料となる油脂は，①高級脂肪酸と②エタノールが結びついたエステルである。

(4) セッケンは水中で①弱酸性を示し，合成洗剤は②中性を示す。

(5) 硬水中では軟水中に比べ，セッケンの洗浄効果が①低く，合成洗剤の洗浄効果は②さほど変わらない。

(6) 油脂には炭素間の二重結合をもつものが多く，酸素の影響で固体となる①硬化油はその一例であり，②ペンキなどに用いられている。

13		
(1)	①	
	②	
(2)		
(3)	①	
	②	
(4)	①	
	②	
(5)	①	
	②	
(6)	①	
	②	

18 芳香族化合物，生活と有機化合物

STEP 1 基本問題

解答→ 別冊50ページ

1 ［芳香族炭化水素の反応］次の反応の名称と生成物の構造式を選び，それぞれ記号で答えなさい。

(1) ベンゼンに濃硫酸を加えて加熱する。

(2) ベンゼンに濃硫酸と濃硝酸を加えて加熱する。

(3) ベンゼンに鉄を触媒として塩素を反応させる。

(4) ベンゼンにニッケルを触媒として水素を加えて反応させる。

(5) トルエンに過マンガン酸カリウムを加えて加熱する。

ア ニトロ化　　イ 付加　　ウ 塩素化　　エ スルホン化

オ 酸化　　カ 還元

A 　B 　C 　G

D 　E 　F

(1)(　・　) (2)(　・　) (3)(　・　)
(4)(　・　) (5)(　・　)

2 ［異性体］次のように得られる化合物の異性体の数を答えなさい。

(1) ベンゼンの水素原子2つを塩素原子で置換した化合物。(　　)

(2) トルエンの水素原子1つを塩素原子で置換した化合物。(　　)

3 ［フェノールの製法］次の図は，フェノールの製法の模式図である。これについて，あとの問いに答えなさい。

(1) 各図の( )に中間生成物の構造式を書き，図を完成させよ。

(2) アの製法名を答えよ。　　　　　　　(　　　　　　　　)

(3) Aの示性式を答えよ。　　　　　　　(　　　　　　　　)

Guide

確認 ベンゼン・アルカン・アルケンの反応

	置換	付加
ベンゼン	○	光
アルカン	光	×
アルケン	(○)	◎

◎，○は起こりやすい反応。
光は光照射が必要な反応。
×は起こりえない反応。

参考 置換体

置換基の数によって次のようなよび方をすることがある。

例

置換基1つ
＝一置換体

置換基2つ
＝二置換体

確認 ベンゼン環の構造異性体

二置換体には置換基の位置関係によって次のような3種類の異性体が存在し，化合物名に記号を付けて区別する。

隣り合っている
o-キシレン

1つとばし
m-キシレン

最も離れている
p-キシレン

4 ［酸の強弱・塩基の強弱］次の問いに答えなさい。

(1) ①〜④に示した酸を強い順に並べよ。

① フェノール　　② 塩酸　　③ 炭酸水　　④ 安息香酸

（　　　　　　　　　　　　　　　）

(2) ①，②に示した塩基を強い順に並べよ。

① アニリン　　② 水酸化ナトリウム水溶液　（　　　　　　　）

5 ［サリチル酸の酸性の強さ］サリチル酸のかかわる次の反応の化学反応式を書きなさい。

① サリチル酸と水酸化ナトリウム水溶液

（　　　　　　　　　　　　　　　　　　　　　　　　　　　）

② サリチル酸と炭酸水素ナトリウム水溶液

（　　　　　　　　　　　　　　　　　　　　　　　　　　　）

③ サリチル酸二ナトリウム水溶液に二酸化炭素を吹き込む。

（　　　　　　　　　　　　　　　　　　　　　　　　　　　）

④ サリチル酸二ナトリウム水溶液に希塩酸を加える。

（　　　　　　　　　　　　　　　　　　　　　　　　　　　）

6 ［窒素を含む芳香族化合物］次の問いに答えなさい。

(1) 次の記述で表されるニトロ化合物は何という化合物をニトロ化したものか。その名称を答えよ。

① ピクリン酸とよばれる強酸　　（　　　　　　　　）

② TNT とよばれる爆薬　　（　　　　　　　　）

(2) 次の記述のうち，①アニリン，②ニトロベンゼンに該当するものをすべて選び，それぞれ記号で答えよ。

ア 無色の液体　　**イ** 黄色の液体　　**ウ** 酸性を示す

エ 水に容易に溶ける　　**オ** 希塩酸に溶ける

①（　　　　　）②（　　　　　）

(3) アニリンと無水酢酸からアセトアニリドを合成する反応を化学反応式で表せ。

（　　　　　　　　　　　　　　　　　　　　　　　　　　　）

(4) (3)の化学反応式を用いて18.6 g のアニリンから得られるアセトアニリドの質量を整数で求めよ。原子量は，H＝1.0，C＝12，N＝14，O＝16 とする。　（　　　　　　　）

確認 水溶性

芳香族化合物はベンゼン環の疎水性により，水に溶けるものはまれである。しかし，中和反応によって塩の状態になると水に溶ける。

例 アニリンとその塩

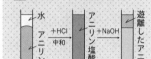

水に不溶　　溶解　　遊離したアニリン

確認 酸の強さに関係した反応

① 酸の強さ

強酸＞カルボン酸＞炭酸＞フェノール類※

② 酸の強さは H^+ を放出する強さと考える。

例1 カルボン酸と炭酸塩

$2RCOO\underset{強}{H} + Na_2CO_3$　押しつけ

$\longrightarrow 2RCOONa + \underset{H_2CO_3 \text{ が分解}}{H_2O + CO_2}$

例2 炭酸とフェノールの塩

$\underset{強}{H_2O + CO_2} + C_6H_5ONa$

$\underset{強}{H_2CO_3}$　押しつけ

$\longrightarrow NaHCO_3 + C_6H_5OH$

※フェノール類はベンゼン環に直結したヒドロキシ基をもつ化合物のことを指す。サリチル酸やクレゾールにも含まれる。

注意 フェノール類と HCO_3^- の酸の強さは同じであるため，例2 では Na_2CO_3 は生じない。

$H_2CO_3 + C_6H_5ONa$

1 回目は OK

$HCO_3^- + C_6H_5ONa$
×
弱いので不可

1 ［芳香族炭化水素］次の**ア～オ**のうち誤っているものをすべて選び，記号で答えなさい。

ア キシレンではすべての炭素原子が同一平面上に存在する。

イ ベンゼンを燃焼させると大量のすすが出るのは，ベンゼンが不完全燃焼しているからである。

ウ ベンゼン環の炭素原子間の共有結合の長さはすべて等しい。

エ ベンゼン環の炭素原子間の共有結合には不飽和結合も含まれるため，ベンゼンはエチレンと同様に付加反応をしやすい。

オ 芳香族化合物の多くが水に不溶なのは，ベンゼン環の極性が大きく，ベンゼン環どうしが強く引き合い，水をよせつけないためである。

2 ［フェノールとエタノールの性質の違い］次の**ア～コ**を，①フェノールのみにあてはまる性質，②エタノールのみにあてはまる性質，③共通した性質の3つに分類しなさい。

ア 金属ナトリウムと反応して，水素を発生する。

イ 常温・常圧では固体である。　**ウ** 水に溶けて弱酸性を示す。

エ 水酸化ナトリウム水溶液と中和反応し，塩をつくる。

オ 塩化鉄(III)水溶液と反応し，青紫色に呈色する。

カ 水に任意の割合で溶ける。　**キ** 刺激性が強く皮膚を冒す。

ク 酸化するとアルデヒドを経てカルボン酸になる。

ケ 無水酢酸によってエステル化する。　**コ** 臭素水で検出できる。

3 ［サリチル酸と誘導体］次の文章を読んで，あとの問いに答えなさい。

　フェノールに水酸化ナトリウム水溶液を反応させると，**A**が生じた。**A**を二酸化炭素の加圧下で加熱した後，希硫酸を加えると主生成物として**B**が得られた。①**B**の粉末をメタノールに溶かし，濃硫酸を加えて加熱すると，**C**が生成した。また，②**B**の粉末に無水酢酸と少量の濃硫酸を加えて反応させると，**D**となった。**C**と**D**は医薬品としての効能があり，**C**は（ a ），**D**は（ b ）として広く用いられている。

(1) 化合物**A～D**の構造式を答えよ。

(2) 下線部①・②の変化を化学反応式で示せ。

(3) a・bにあてはまる語句を答えよ。

(4) 化合物**B～D**のうち，塩化鉄(III)水溶液によって呈色しないものをすべて選べ。

1

2
① ② ③

Hints

塩化鉄(III)の呈色反応 フェノール類に塩化鉄(III)を加えると青紫色を示す。

3
(1) A B C D
(2) ① ②
(3) a b
(4)

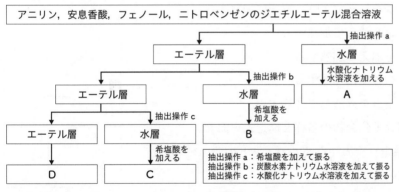

4 ［ニトロ化合物と還元］次の図を見て，あとの問いに答えなさい。

$$\text{（ベンゼン）} \xrightarrow{\text{①HNO}_3, \text{H}_2\text{SO}_4} \text{A} \xrightarrow{\text{②Sn, HCl ③NaOH}} \text{B} \xrightarrow{\text{④HCl, NaNO}_2} \text{C}$$

(1) **A**，**B**，**C** の構造式を記せ。

(2) ①〜④の反応の種類を次から選んで答えよ。

　　ア 酸化　　**イ** 還元　　**ウ** ニトロ化　　**エ** スルホン化
　　オ ジアゾ化　　**カ** カップリング反応　　**キ** 弱塩基の遊離

記述 (3) 物質 **B** について，以下の手順でどのような変化が生じるか答えよ。

　　ア 希塩酸を加える。　　**イ** さらし粉水溶液を滴下する。

　　ウ 硫酸酸性二クロム酸カリウム水溶液を加えて加熱する。

記述 (4) ④の実験をうまく行うための条件を答えよ。また，その条件を満たさなかった場合に生じる反応の反応式を答えよ。

(5) **C** の水溶液にフェノールのナトリウム塩を加えた際に起きる反応の化学反応式を答え，得られた有機化合物の名称と色を答えよ。

5 ［有機化合物の分離・確認］分液ろうとを用いた下の図のような操作で，図にある混合溶液の中から，それぞれの成分の抽出分離を行った。あとの問いに答えなさい。

```
┌──────────────────────────────────────────────────┐
│ アニリン，安息香酸，フェノール，ニトロベンゼンのジエチルエーテル混合溶液 │
└──────────────────────────────────────────────────┘
                                    │抽出操作 a
        ┌───────────────────────────┴──────────┐
    ┌─────────┐                          ┌─────────┐
    │ エーテル層 │                          │  水層   │
    └─────────┘                          │水酸化ナトリウム│
        │抽出操作 b                        │水溶液を加える│
  ┌─────┴─────┐                         │    A    │
┌─────────┐ ┌─────────┐                 └─────────┘
│ エーテル層 │ │  水層   │
└─────────┘ │希塩酸を │
    │抽出操作 c │加える   │
┌───┴───┐    │    B    │
┌─────┐┌─────┐
│エーテル層││ 水層  │
└─────┘└─────┘
   │     │希塩酸を
   │     │加える
┌─────┐┌─────┐
│  D  ││  C  │
└─────┘└─────┘
```

抽出操作 a：希塩酸を加えて振る
抽出操作 b：炭酸水素ナトリウム水溶液を加えて振る
抽出操作 c：水酸化ナトリウム水溶液を加えて振る

(1) 各抽出操作で，ジエチルエーテル溶液は上層，下層のどちらか。

記述 (2) 抽出操作 **b** の段階で，化合物 **C** が水層に移動しない理由を記せ。

(3) **A**〜**D** に含まれる有機化合物の名称を記せ。

(4) 混合溶液に次の物質が入っていた場合，**A**〜**D** のどこに含まれるか。記号で答えよ。ただし，エステルの分解は生じないものとする。

　　① ベンジルアルコール　　② サリチル酸

　　③ サリチル酸メチル

記述 (5) 混合溶液が，ジエチルエーテル溶液ではなく，エタノール溶液の場合，上記のような抽出分離操作は不可能である。その理由を記せ。

4

(1)	A		
	B		
	C		

(2)	①		②	
	③		④	

(3)	ア
	イ
	ウ

(4)	

(5)	

5

(1)	
(2)	

(3)	A
	B
	C
	D

(4)	①		②	
	③			

(5)	

6 ［芳香族化合物の構造決定］C_7H_8O で表される芳香族化合物 A，B，C がある。それぞれにナトリウムを加えると，A，B のみが反応した。また，A～C のそれぞれに塩化鉄（Ⅲ）水溶液を加えると，B のみ反応した。これについて，次の問いに答えなさい。

(1) A，C の構造式を記せ。

(2) 次の記述のうち，誤っているものをすべて選び，記号で答えよ。

　　ア　A を弱く酸化すると，銀鏡反応を示す化合物が得られる。

　　イ　B として考えられる構造異性体は 3 種類ある。

　　ウ　水酸化ナトリウム水溶液と反応するのは C である。

　　エ　緑色の BTB 水溶液を変色させるのは B のみである。

　　オ　沸点，融点が最も低いのは C である。

7 ［芳香族化合物の構造決定］C_8H_{10} で表される芳香族炭化水素 A，B，C，D がある。これらを過マンガン酸カリウム水溶液で酸化すると，それぞれ E，F，G，H が得られた。このとき，H のみ E～G とは異なる分子式で表される化合物であった。①E は加熱すると I に変化した。②F はエチレングリコールとともに高分子化合物の材料として用いられている。これについて，次の問いに答えなさい。

(1) A～I（G は除く）の化合物名を答えよ。

(2) 下線部①と同じ種類の反応を次の中から 1 つ選べ。

　　ア　エタノールに濃硫酸を加えて 140 ℃程度に加熱する。

　　イ　酢酸に十酸化四リンを加えて加熱する。

　　ウ　ベンゼンに濃硫酸を加えて加熱する。

　　エ　マレイン酸を 140 ℃程度に加熱する。

　　オ　酢酸カルシウムを空気を遮断して加熱する。

(3) 下線部②で生じる高分子化合物の名称と構造式を記せ。

8 ［芳香族化合物の構造決定］次の文を読んで，あとの問いに答えなさい。$H = 1.0$，$C = 12$，$N = 14$，$O = 16$

　　2 つの置換基が，互いにパラ位にある，C，H，N，O よりなる芳香族化合物 A があり，その元素分析値は C 61.35 %，H 5.08 %，N 10.28 % であり，分子量は 200 以下であった。A にスズと塩酸を作用させると，B になった。B の希塩酸水溶液に氷冷下，亜硝酸ナトリウムを加え，ナトリウムフェノキシド水溶液を加えたところ，橙赤色の化合物 C が得られた。

(1) A の分子式を答えよ。

(2) A～C の構造式を記せ。

(3) A の異性体のうち，下線部の条件を満たすものの構造式を答えよ。

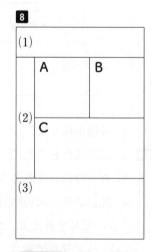

Hints

N を含む化合物の構造決定は p.89 **10** (4)を参照のこと。

9 ［芳香族化合物の反応の量的関係］次の問いに答えなさい。H = 1.0,
C = 12, N = 14, O = 16, Cl = 35.5, Br = 80

(1) 分子量 94 の芳香族化合物は，塩化鉄（Ⅲ）水溶液を加えると紫色
の呈色反応を示す。この化合物に十分な量の臭素水を加えると置
換反応が起こった。得られた化合物の分子量を整数で求めよ。

(2) ある芳香族化合物 A を酸化したところ，カルボン酸 B が得られた。
カルボン酸 B 1.00 g を中和するのに，1.00 mol/L の水酸化ナトリ
ウム水溶液が 12.0 mL 必要であった。化合物 A の構造式として最
も適当なものを，次のア〜オから 1 つ選べ。

9

(1)

(2)

(3)

> **Hints**
>
> 収率〔%〕
> $= \dfrac{\text{実際に得られた量}}{\text{理論的に得られる量}} \times 100$
> このときの量は，質量で
> も物質量でもよい。

ア　CH₃　　　イ　CH₃　　　ウ　CH₃

　　　　　　　　　　　　　　Cl　　　　　　　NO₂

エ　CH₂CH₃　　オ　CH₃

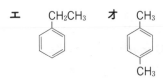

　　　　　　　　　　　CH₃

(3) ベンゼンをニトロ化し，ニトロベンゼンを得た。さらにスズと
塩酸で還元してアニリンを得た。ニトロ化反応と還元反応の収率
はそれぞれ，80 % と 70 % であった。ベンゼン 39 g から得られる
アニリンは何 g か。整数で答えよ。

10 ［アゾ染料の合成］次の文章を読んで，あとの問いに答えなさい。
　芳香族化合物は医薬品や染料などの身近なところで使われている。
アニリンを濃硫酸と反応させると，p-位の H 原子がスルホ基で置
換されたスルファニル酸が得られた。そして，スルファニル酸を炭
酸ナトリウム水溶液に加えて加熱し，0〜5℃に冷却したものを用
意した。これに塩酸，亜硝酸ナトリウムを反応させた後で，N,N-
ジメチルアニリンを反応させると，中和滴
定の指示薬に用いられるメチルオレンジが
得られた。

H₃C
　　N-〈ベンゼン環〉
H₃C
N, N-ジメチルアニリン

10

(1)

(2)

(3)

(1) アニリンと濃硫酸からスルファニル酸が生じるときの化学反応
式を書け。

記述 (2) スルファニル酸を，炭酸ナトリウム水溶液に加えてから加熱す
べき理由を簡潔に述べよ。

(3) メチルオレンジの構造式をかけ。

［お茶の水女子大－改］

STEP **3** チャレンジ例題 **4**

解答⊖ 別冊55ページ

1 〈例題チェック〉［有機化学反応の化学反応式］

(1) 2-プロパノール C_3H_8O を酸化する反応の反応式において，$\boxed{A}$～$\boxed{E}$ には係数，【①】には分子式を答えよ。$\boxed{A} C_3H_8O + \boxed{B} Cr_2O_7{}^{2-} + \boxed{C} H^+ \longrightarrow \boxed{A} 【①】 + \boxed{D} Cr^{3+} + \boxed{E} H_2O$

(2) (1)の【①】にヨウ素と水酸化ナトリウム水溶液を加えて加熱すると黄色沈殿を生じる。この反応の名称と反応式を答えよ。

[秋田大，弘前大]

解法 (1) ［①   ］反応なので，電子 e^- を用いたイオン反応式を書くことから始めるとよい。

酸化剤は $Cr_2O_7{}^{2-}$ で，

$$Cr_2O_7{}^{2-} + ［②　］H^+ + ［③　］e^- \longrightarrow ［④　］Cr^{3+} + ［⑤　］H_2O \qquad (Ⅰ)$$

還元剤は 2-プロパノール C_3H_8O で，酸化されて［⑥   ］になるので，

$$C_3H_8O \Rightarrow ［⑦   ］$$

覚えておくべきルールは，

> **a** 両辺の酸素原子 O の数は両辺のうちで足りないほうに水 H_2O を追加して合わせる。
>
> **b** 両辺の水素原子 H の数は両辺のうちで足りないほうに H^+ を追加して合わせる。
>
> ※硫酸酸性でない場合は便宜上　$H_2O \longrightarrow H^+ + OH^-$ によって生じた H^+ と考える。
>
> **c** 両辺の電荷は e^- を加えることで調整する。

である。これにより，

$$C_3H_8O \longrightarrow ［⑦　］ + ［⑧　］H^+ + ［⑨　］e^- \qquad (Ⅱ)$$

が得られる。（Ⅰ）式＋（Ⅱ）式×［⑩　　］によって e^- を消去すると，次のイオン反応式が得られる。

［⑪   ］

(2)［⑫   ］反応である。［⑫］反応で有機物は炭素数が［⑬　］つ少ない

［⑭   ］の塩になる。これを踏まえて，各物質の係数を $a, b, c, \cdots$ とすると，

$$aCH_3COCH_3 + bI_2 + cNaOH \longrightarrow d［⑮   ］ + eCHI_3 + fNaI + gH_2O$$

各係数を求めると $a = d = e = ［⑯　］$，$b = f = g = ［⑰　］$，$c = ［⑱　］$ となる。

2 〔類題〕［有機化学反応の化学反応式］次の問いに答えなさい。

(1) ニトロベンゼン $C_6H_5NO_2$ を還元する反応の反応式において，$\boxed{A}$～$\boxed{E}$ には係数，【①】には組成式を答えよ。

$$\boxed{A} C_6H_5NO_2 + \boxed{B} Sn + \boxed{C} HCl \longrightarrow \boxed{A} 【①】 + \boxed{D} SnCl_4 + \boxed{E} H_2O$$

(2) o-キシレン $o\text{-}C_6H_4(CH_3)_2$ を中性の過マンガン酸カリウム水溶液で酸化する反応の反応式において，$\boxed{F}$～$\boxed{I}$ には係数，【②】には組成式を答えよ。

$$o\text{-}C_6H_4(CH_3)_2 + \boxed{F} KMnO_4$$
$$\longrightarrow 【②】 + \boxed{G} MnO_2 + \boxed{H} KOH + \boxed{I} H_2O$$

[関西学院大・千葉大]

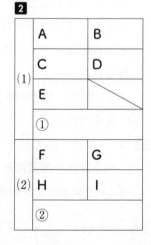

2		
(1)	A	B
	C	D
	E	
	①	
(2)	F	G
	H	I
	②	

3 ◀例題チェック▶［アルケンの酸化開裂］

アルケンを硫酸酸性の過マンガン酸カリウム（KMnO₄）で酸化すると，二重結合が開裂して下式のようにカルボニル化合物（C＝O を含む化合物）が生成する。

$$\underset{R_2}{\overset{R_1}{\diagup}}C=C\underset{R_4}{\overset{R_3}{\diagdown}} \xrightarrow[\text{H}_2\text{SO}_4]{\text{KMnO}_4} \underset{R_2}{\overset{R_1}{\diagup}}C=O+O=C\underset{R_4}{\overset{R_3}{\diagdown}}$$

アルケン分子中の R_1，R_2（または R_3，R_4）がともにアルキル基であればケトンを，R_1，R_2（または R_3，R_4）のうち，一方が H であればアルデヒドを生成するが，アルデヒドは直ちに酸化されて ☐1☐ になる。また，分子中の R_1 および R_2（または R_3 および R_4）がともに H であれば，生成した ☐2☐ はさらに酸化されており ☐1☐ に属する ☐3☐ となり，☐4☐ を経て二酸化炭素と水になる。

いま，C_5H_{10} で表されるアルケン**A**を過マンガン酸カリウムの硫酸酸性溶液で酸化すると，☐2☐ とケトンが生成した。

(1) ☐1☐ ～ ☐4☐ にあてはまる語句を答えよ。

(2) **A**の構造異性体のうち，過マンガン酸カリウムの硫酸酸性溶液で酸化すると，カルボン酸と二酸化炭素が生成するものはいくつあるか。

(3) **A**の構造式をかけ。

［摂南大－改］

解法 (1) ☐1☐ について，アルデヒドを酸化して得られるのは［①　　　　　　　　　　］である。☐2☐ ～ ☐4☐ について，次のようにまとめることができる。

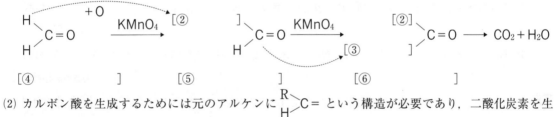

［④　　　　　　　］　　［⑤　　　　　　　］　　［⑥　　　　　　　］

(2) カルボン酸を生成するためには元のアルケンに $\underset{H}{\overset{R}{\diagup}}C=$ という構造が必要であり，二酸化炭素を生成するためには［⑦　　　　　　　］という構造が必要であるから，元のアルケンは［⑧　　　　　　　　　　］という構造を含む。C_5H_{10} でこの条件を満たすのは［⑨　　　］種類。

(3) カルボン酸を生成するために必要な構造は(2)で示した $\underset{H}{\overset{R}{\diagup}}C=$ であり，ケトンを生成するために必要な構造は［⑩　　　　　　　］であるから，元のアルケンは［⑪　　　　　　　　　　　　　］である。

4 ［類題］［アルケンの酸化開裂］**3**の酸化開裂反応をオゾンで行うと，炭素－炭素二重結合が切断されてアルデヒドまたはケトンが得られ，カルボン酸は得られない。

分子式が C_5H_{10} のアルケン**A**をオゾン分解したところ，ヨードホルム反応を示すアルデヒドとケトンを生じた。また，**A**の異性体であるアルケン**B**をオゾン分解したところ，ヨードホルム反応を示さないアルデヒドとケトンを生じた。**A**，**B**の構造式を答えよ。

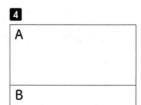

1 [C_4H_8O の異性体] 分子式 C_4H_8O をもつ化合物の異性体 **A〜E** に関するあとの問いに答えなさい。ただし，**A〜E** は下に示した構造式をもつことがわかっている。

$$CH_2 = CHCH_2CH_2OH \qquad CH_2 = \overset{\overset{\displaystyle CH_3}{|}}{C}CH_2OH \qquad CH_2 = CH\overset{\overset{\displaystyle OH}{|}}{C}HCH_3 \qquad CH_2 = CHCH_2OCH_3 \qquad CH_3CH_2CH_2CHO$$

$$\qquad \mathbf{A} \qquad\qquad\qquad \mathbf{B} \qquad\qquad\qquad\qquad \mathbf{C} \qquad\qquad\qquad\qquad \mathbf{D} \qquad\qquad\qquad \mathbf{E}$$

(1) **A〜E** の中で鏡像異性体が存在するものはどれか。記号で答えよ。　　　　　　（　　　　）

(2) **A〜E** をそれぞれ硫酸とともに加熱した。このとき分子式 C_4H_6 をもつ化合物 **F** を生成するものはどれか。すべて選び，記号で答えよ。また，**F** の構造式を記せ。

記号（　　　　　）　構造式（　　　　　　　　　　　）

(3) 次式に示すように化合物 **D** は臭化アリルとナトリウムメトキシドから生成する。この反応は一般に何反応というか。該当するものをあとの**ア〜オ**から選べ。　　　　（　　　　）

$$CH_2 = CHCH_2Br + CH_3ONa \longrightarrow D + NaBr$$

ア 付加反応　　**イ** 加水分解反応　　**ウ** 置換反応　　**エ** 脱離反応　　**オ** 縮合反応

(4) **D** は，(3)で用いた化合物以外の臭化物 **G** とナトリウム塩 **H** から作ることができる。**G** と **H** の構造式を記せ。　　　　　**G**（　　　　　　　　　　）　**H**（　　　　　　　　）

(5) 右に示すように，**E** は **A** から2段階で合成することができる。①，②に該当するものを次の化合物**ア〜ク**から選び，記号で答えよ。

$$A \xrightarrow[\text{Pt}]{①} I \xrightarrow[\text{硫酸}]{②} E$$

①（　　　）②（　　　　）

ア Br_2　　**イ** O_2　　**ウ** H_2　　**エ** N_2　　**オ** H_2O　　**カ** $K_2Cr_2O_7$　　**キ** H_2O_2　　**ク** H_2S

[お茶の水女子大－改]

2 分子式 $C_5H_{12}O$ で表される化合物について(1)〜(6)の問いに答えよ。ただし，鏡像異性体を区別して考える必要はない。

(1) この分子式で表される化合物は，官能基の種類から複数の化合物群に分類できる。該当する化合物群の一般名をすべて答えよ。

（　　　　　　　　　　　　　　　　　　　　　　　　　　　　　　）

(2) この分子式で表される化合物を，硫酸酸性の二クロム酸カリウム水溶液と反応させたところ，いくつかの化合物から生成物が得られた。この生成物は還元性を示さず，水に溶かしても酸性を示さなかった。得られた生成物をすべて構造式でかけ。

（　　　　　　　　　　　　　　　　　　　　　　　　　　　　　　）

(3) この分子式で表される化合物のうち，不斉炭素原子に官能基が直接結合していないものを構造式でかけ。　　　　　　　　（　　　　　　　　　　　　　　　　　）

(4) この分子式で表される化合物で，単体のナトリウムと反応しない化合物があった。その中で，炭素鎖に枝分かれのない化合物をすべて構造式でかけ。

( )

(5) この分子式で表される化合物を，水酸化ナトリウム水溶液中でヨウ素と反応させると，黄色沈殿を生成するものがあった。該当する化合物をすべて構造式でかけ。

( )

(6) この分子式で表される化合物で，沸点が最も高いと考えられるものを構造式でかけ。

( )

［東京農工大－改］

3 次の文章を読み，あとの問いに答えなさい。

　<u>4種類の有機化合物</u>を同じ物質量ずつ含む混合物をNaOH水溶液を用いて完全に加水分解すると次の実験操作により，5種類の芳香族化合物A～Eのみが得られた。

　加水分解終了後，反応溶液にエーテルを加え，水層①と有機層①に分離した。水層①に塩酸を加えて酸性とし，エーテルを加え，水層②と有機層②に分離した。有機層②からA，B，Cが3：1：1の物質量の比で得られた。有機層②にNaHCO₃水溶液を加えると，A，Bは水層③に移動したが，Cは有機層にとどまった。一方，有機層①に塩酸を加え，水層④と有機層④に分離した。水層④をNaOH水溶液でアルカリ性にすることによりDが得られ，また，有機層④からはE（分子式C₇H₈O）が得られた。Dの塩酸塩を亜硝酸ナトリウムと反応させ，加温するとCが得られた。

　なお，DとEの物質量の比は1：1であり，AとEの物質量の比は3：2であった。

(1) Cはクメンを酸素で酸化して得られるクメンヒドロペルオキシドを酸で処理して得られる化合物の1つと一致した。Cの名称を記せ。　　（　　　　　）

(2) 230℃に加熱するとBは脱水して化合物F（分子式C₈H₄O₃）を生成したが，Aは変化しなかった。BおよびFの構造式を示せ。

B( )　F( )

(3) Eは酸化すると化合物G（分子式C₇H₆O）となり，さらに酸化すると化合物H（分子式C₇H₆O₂）を生成したが，HはAと同一の化合物であった。E，GおよびHの構造式を示せ。

E( )　G( )　H( )

(4) 下線部の4種類の有機化合物を構造式で示せ。

( )

［大阪大－改］

109

19 合成高分子化合物

解答⊙ 別冊58ページ

STEP 1 基本問題

重要 **1** ［高分子化合物の分類］次の文章の空欄に適語を入れなさい。

分子量が1万を超える化合物を(① ＿＿＿＿＿＿＿＿)といい，炭素を主成分とするものを(② ＿＿＿＿＿＿＿＿)，ケイ素，リン，酸素などを主成分とするものを(③ ＿＿＿＿＿＿＿＿)という。また，天然に存在するものを(④ ＿＿＿＿＿＿＿＿)といい，石油から得られる小さな分子を結合して得られるものを(⑤ ＿＿＿＿＿＿＿＿)という。

重要 **2** ［合成高分子化合物］次の高分子化合物(1)〜(8)の名称を答え，主な原料を**ア〜サ**からすべて選び記号で答えなさい。また，その原料から合成するときの反応を**シ〜ソ**から選び，記号で答えなさい。

(1) $\{CO-(CH_2)_4-CO-NH-(CH_2)_6-NH\}_n$

(2) $\left\{CH_2-\underset{\underset{CN}{|}}{CH}\right\}_n$

(3) $\{NH-(CH_2)_5-CO\}_n$

(4) $\left\{\underset{O}{\overset{||}{C}}-\text{〈benzene〉}-\underset{O}{\overset{||}{C}}-O-CH_2-CH_2-O\right\}_n$

(5) $\left\{CH_2-\underset{\underset{OCOCH_3}{|}}{CH}\right\}_n$

(6) $\cdots-CH_2-\underset{\underset{OH}{|}}{CH}-CH_2-\underset{\underset{O-CH_2-O}{|}}{CH}-CH_2-CH-\cdots$

(7) 〈フェノール樹脂構造〉

(8) 〈シリコーン樹脂構造〉

〔原料〕 **ア** ヘキサメチレンジアミン **イ** フェノール
ウ アジピン酸 **エ** エチレングリコール **オ** 酢酸ビニル
カ ジクロロジメチルシラン **キ** テレフタル酸
ク ビニルアルコール **ケ** ホルムアルデヒド
コ アクリロニトリル **サ** ε−カプロラクタム

〔反応〕**シ** 付加重合 **ス** 縮合重合 **セ** 開環重合 **ソ** 付加縮合

(1)(・ ・) (2)(・ ・)
(3)(・ ・) (4)(・ ・)
(5)(・ ・) (6)(・ ・)
(7)(・ ・) (8)(・ ・)

Guide

確認 **重合反応の種類**

▶**付加重合**…不飽和結合をもつ分子が付加をくり返す反応。

〈図：単量体 単量体 単量体 単量体 → 重合体〉

▶**縮合重合**…官能基を2つ以上含む分子が縮合をくり返す反応。アミド結合，エステル結合，グリコシド結合などを生じる。

〈図：単量体 単量体 単量体 単量体 → 重合体 縮合で除かれる小さな分子〉

▶**開環重合**…環状分子が結合を切断し鎖状分子となった上でくり返し結合する反応。

〈図：単量体 単量体 単量体 → 重合体〉

▶**付加縮合**…付加と縮合を交互にくり返す反応。

〈図：OH +HCHO → OH CH₂OH（付加）〉
〈図：OH CH₂OH + OH → OH CH₂ OH（縮合）〉

3 ［樹脂の分類］次の文章を読んで，あとの問いに答えなさい。

　加熱すると軟らかくなり，冷えると硬くなる性質をもつ合成樹脂を（①　　　　　　　　）樹脂といい，特定の溶媒に溶けやすいなどの性質をもつ。一方，溶媒に溶解せず，耐熱性に優れ，場合によっては加熱によって硬くなる性質をもつものもある。このような樹脂を（②　　　　　　　　）樹脂という。

(1) 文章の空欄を埋めよ。

(2) 次の物質を(1)の①，②に分類し，番号で答えよ。

　　a　ポリエチレンテレフタラート（　　　　）
　　b　アクリル樹脂（　　　）　c　フェノール樹脂（　　　　）
　　d　尿素樹脂（　　　）　e　ポリ酢酸ビニル（　　　　）
　　f　ナイロン 66（　　　）

(3) (2)の物質 a 〜 f の中から次の記述にあてはまるものを選び，記号で答えよ。

　　ア　耐熱性に優れ，ボタンや電気器具に用いられる。（　　　　）
　　イ　世界で初めて工業化された合成樹脂である。　（　　　　）

4 ［天然ゴム］次の文章の空欄に適語，分子式を入れなさい。

　ゴムノキの樹液である（①　　　　　　）に適当な（②　　　）を加えて凝固させたのち，乾燥させると，（③　　　　　　）が得られる。（ ③ ）は，分子式（④　　　　　）で示される（⑤　　　　　　　）が重合した構造をもっており，（⑥　　　　　　）結合を含んでいる。

　（ ③ ）は，（⑦　　　　　　）を加えて処理すると，分子鎖間に（⑧　　　　　　）構造を生じ，適当な弾性をもつようになる。この処理を（⑨　　　　　　）とよび，このようにして得られた弾性の強いゴムを（⑩　　　　　　），弾性がなくなるまで（ ⑦ ）を加え，樹脂状になったものを（⑪　　　　　　）という。

5 ［高分子化合物を表す数値］次の文章の空欄にあてはまる語句を答えたのち，あとの問いに答えなさい。H＝1.0，C＝12，N＝14，O＝16

　高分子化合物 1 分子を構成するくり返し単位の数を（①　　　　　　）という。

(1) 分子量 7.2×10^4 のポリ酢酸ビニルの（ ① ）を求めよ。
　　　　　　　　　　　　　　　　　　　（　　　　　　）

(2) 分子量 4.8×10^4 のナイロン 66 を 1 mol つくるのにアジピン酸何 mol が使われたか。またこのナイロン 3.0 g 中にアミド結合は何 mol あるか。　　　　　　　　（　　　・　　　）

第1章　第2章　第3章　第4章　第5章

参考　**繊維と樹脂**

　繊維と樹脂はその形状の違いを示す言葉である。
▶繊維…細長く柔軟で衣料の材料に用いられる。
▶樹脂…樹木から分泌される粘性の高い液体やそれが固化した塊状の物質（天然樹脂）とそれを模倣してつくられた人工の塊状物質（合成樹脂）の総称。
　熱硬化性樹脂は立体構造により，繊維とすることはできないが，熱可塑性樹脂は製法を変えれば，繊維状にすることができる。

参考　**高分子化合物の研究開発の歴史**

1897	フレンメリー，ウルバンが銅アンモニアレーヨンを開発。
1907	ベークランドがフェノール樹脂（世界初の本格的な合成樹脂）を開発。
1930	カロザースがクロロプレンゴム（世界初の本格的な合成ゴム）を開発。
1935	カロザースがナイロン 66（世界初の本格的な合成繊維）を開発。
1939	桜田一郎がビニロン（日本初の合成繊維）を開発。

　樹脂のように塊状の物体と違い，繊維は細さゆえに強度を保つのが難しい。当然，合成繊維が開発されたのは合成樹脂のあとである。

解答 ⊙ 別冊58ページ

1 ［合成繊維の生成と量的関係］次の**a**〜**d**からは様々な繊維を得ることができる。H = 1.0，C = 12，N = 14，O = 16，Cl = 35.5

a テレフタル酸とエチレングリコール　**b** ε－カプロラクタム

c ヘキサメチレンジアミンとアジピン酸

d アクリロニトリルと塩化ビニル

(1) **a**〜**c**から得られる高分子化合物の名称を答えよ。

(2) **a**〜**d**から得られる合成繊維のうち，次の①，②に分類されるものを選び，記号で答えよ。

① ポリアミド系合成繊維　　② ポリエステル系合成繊維

(3) **a**から得られたある合成繊維1.61 gを適当な溶媒に溶かし0.20 Lとしたのち，27 ℃で浸透圧を測定すると4.15×10^2 Paであった。この合成繊維の平均重合度を整数で求めよ。また，この1.61 gの合成繊維を完全に加水分解するのに必要な水の質量〔g〕を有効数字2桁で求めよ。$R = 8.3 \times 10^3$ Pa·L/(mol·K)

(4) **d**から得られたある合成繊維の組成を調べたところ，炭素と塩素の質量比が156：71であった。この合成繊維中のアクリロニトリル単位と塩化ビニル単位の個数比を最も単純な整数比で示せ。

2 ［ビニロン］次の文章を読んで，あとの問いに答えなさい。

X 酢酸と**A**を反応させると，**B**が生成する。この**B**を付加重合させると**C**が生成する。Y **C**を水酸化ナトリウム水溶液と反応させると**D**が生成する。Z **D**をホルムアルデヒド水溶液で処理すると，一部のヒドロキシ基が反応して架橋構造を形成し，合成繊維**E**ができる。

(1) **A**〜**E**の名称を答えよ。また，**A**〜**D**については構造式も答えよ。

(2) 次の記述にあてはまるものを**A**〜**E**から選び，記号で答えよ。

① 水のりなどに用いられる。

② 木工用ボンドとして利用される。

③ 適度な吸水性をもち，ロープなどに用いられる。

(3) 反応**X**〜**Z**の名称を答えよ。

記述 (4) **C**に対応する単量体は**B**である。**D**に対応する単量体の構造式を答えよ。また，この単量体から**D**を直接合成することができない理由を簡潔に答えよ。

(5) 反応**Z**により，炭素数が200個の**D**のヒドロキシ基の40%が反応して**E**となったとき，この**E**の分子量を整数で答えよ。

1

(1)	a	
	b	
	c	
(2)	①	
	②	
(3)		
(4)		

2

(1)	A		
	B		
	C		
	D		
	E		
(2)	①	②	③
(3)	X		
	Y		
	Z		
(4)	構造式		
	理由		
(5)			

3 ［高分子化合物の性質］次の文章を読み，あとの問いに答えなさい。

代表的な合成繊維であるポリエチレンには製法の違いにより，軟らかく比較的透明度が高い低密度ポリエチレン(LDPE)と，硬く透明度が低い高密度ポリエチレン(HDPE)がある。無触媒で高温・高圧で付加重合させて得られるのは ☐A☐ ポリエチレンであり，触媒を用いて，常温・常圧に近い条件下で付加重合させて得られるのは ☐B☐ ポリエチレンである。

高分子化合物には，分子が規則正しく配列した ☐C☐ 部分と不規則に配列した ☐D☐ 部分が混在したものや， ☐D☐ 部分のみのものがある。高分子化合物は明確な ☐E☐ を示さず，加熱により， ☐F☐ とよばれる温度で軟らかくなり始め，次第に流動性を増していくものが多い。

(1) 空欄 ☐A☐ ～ ☐F☐ にあてはまる適切な語句を答えよ。

記述 (2) LDPE より HDPE のほうが硬い理由を説明せよ。　　　　［群馬大一改］

3		
(1)	A	
	B	
	C	
	D	
	E	
	F	
(2)		

4 ［ゴム］次の物質の構造式を見て，あとの問いに答えなさい。

a $CH_2 = CH - CH = CH_2$ 　　　　b $CH_2 = CCl - CH = CH_2$

c $CH_2 = C(CH_3) - CH = CH_2$ 　　d $CH_2 = CHC_6H_5$

e $CH_3 - Si(OH)_2 - CH_3$

(1) 生ゴムについて答えよ。

　① 生ゴムに含まれる高分子化合物の単量体の構造式として正しいものを，上の a ～ e から選び，記号で答えよ。

記述 ② 生ゴムに含まれる高分子化合物の構造式を［　　　］$_n$ の形でかき，立体構造の特徴について簡単に説明せよ。

　③ 生ゴムのもととなるラテックスに臭素水を加えたときに観察される変化と，その変化に伴って生じる反応の名称を答えよ。

(2) 次の合成ゴムの原料となる単量体を上の a ～ e からすべて選び，記号で答えよ。また，そのゴムの特徴としてあてはまるものをあとの ア～オ から選び，記号で答えよ。

　① クロロプレンゴム　　　② スチレン－ブタジエンゴム

　③ シリコーンゴム　　　　④ イソプレンゴム

　ア 耐摩耗性に優れ，タイヤや密閉容器の O リングに用いられる。

　イ 電気伝導性に優れ，タッチパネルなどに用いられる。

　ウ 加硫しなくても，高い耐老化性をもつ。

　エ 難燃性があり，ベルトコンベヤーなどに用いられる。

　オ 高強度で，タイヤや防振ゴムに用いられる。

4			
(1)	①		
	②	構造式	
		特徴	
	③	変化	
		反応	
(2)	①		
	②		
	③		
	④		

第5章 高分子化合物

20 糖類・アミノ酸とタンパク質

STEP 1 基本問題　　　　　　　解答 ⊕ 別冊59ページ

重要 1 ［糖類の分類］次の**ア〜ク**を **a** 単糖類，**b** 二糖類，**c** 多糖類に分類し，(1)〜(4)にあてはまるものをすべて選び，記号で答えなさい。

ア ガラクトース　　**イ** グルコース　　**ウ** スクロース

エ セルロース　　　**オ** デンプン　　　**カ** フルクトース

キ マルトース　　　**ク** ラクトース

a（　　　　　　　）b（　　　　　　　）c（　　　　　　　）

(1) フェーリング液を加え，赤色沈殿を生じる。（　　　　　　　）

(2) 転化糖に含まれる。（　　　　　　　）

(3) ヨウ素液で呈色する。（　　　　　　　）

(4) 真の溶液にもコロイド溶液にもならない。（　　　　　　　）

重要 2 ［グルコース］次の文章の空欄にあてはまる語句を答えなさい。

単糖類の代表的な物質であるグルコースは図に示されるような構造をしており，多数の（①　　　　）基を含むため，水に可溶である。水中では図とは異なり，鎖状構造に変化するため（②　　　　）基を含み，（③　　　　）性を示す。

図に示されたグルコースは図の（④　　　　）番の炭素に結合している OH 基の配置から（⑤　　　　）-グルコースとよばれ，縮合重合すると（⑥　　　　）になるが，これとは別に縮合重合によって（⑦　　　　）になる立体異性体も存在する。

重要 3 ［二糖類］次の**ア〜ウ**の物質について，あとの問いに答えなさい。

(1) それぞれの名称を記せ。

ア（　　　　　　　）**イ**（　　　　　　　）**ウ**（　　　　　　　）

(2) 次の①〜③にあてはまるものを記号で答えよ。

① デンプンから得られる。（　　　　　　　）

② 還元性を示さない。（　　　　　　　）

③ インベルターゼで分解される。（　　　　　　　）

Guide

確認 糖の様々な分類

(1) **単糖，二糖，多糖**

▶ **単糖**…それ以上加水分解することができない糖

▶ **二糖**…2 つの単糖が脱水縮合し，グリコシド結合を形成して生じる糖

▶ **多糖**…単糖の重合体

(2) **五炭糖，六炭糖**

一分子中に含まれる炭素の数による分類

▶ **五炭糖**…リボース，デオキシリボース など

▶ **六炭糖**…グルコース，フルクトース など

(3) **アルドース，ケトース**

鎖状構造において分子内に含まれる官能基による分類

▶ **アルドース**…鎖状構造でホルミル(アルデヒド)基が含まれる糖(グルコース など)

▶ **ケトース**…鎖状構造でカルボニル基が含まれる糖(フルクトース など)

(4) **還元糖，非還元糖**

水溶液中で還元性を示すかどうかの分類

重要 **4** ［多糖類］次の文章の空欄に適語をそれぞれ入れなさい。

米やジャガイモなどに含まれる多糖は(① 　　　　　)とよば
れ，(② 　　　　　)が縮合重合してできている。(①)
は直鎖状の(③ 　　　　　)と枝分かれを多数もつ(④ 　
　　　　)の2種類に分類できる。デンプンにヨウ素液をた
らすと通常は(⑤ 　　　　)色を示す。これを(⑥ 　　　
　　　)反応という。

(⑦ 　　　　　)を縮合してできるものは植物の細胞壁
などを構成する多糖であり，(⑧ 　　　　　)とよばれる。

5 ［アミノ酸］次の文章の空欄に適語をそれぞれ入れなさい。

アミノ基を分子内にもつカルボン酸をアミノ酸といい，中でも
同一の炭素原子に両方の官能基が結合しているものを(①
　　　　　)という。(② 　　　　　)を除いた(①)にはすべて(③
　　　　　)が存在し，(④ 　　　　　)異性体が存在する。

(①)の代表物質であるアラニンは水溶液中ではpHによって
イオンの状態が変化し，pH＝2.0では主に(⑤ 　　　　)イオンとし
て，pH＝6.0では主に(⑥ 　　　　)イオンとして，pH＝10.0付近で
は主に(⑦ 　　　)イオンとして存在する。溶液中の(①)の電荷
のバランスがとれているときのpHを(⑧ 　　　　　)という。

6 ［タンパク質］次の文章の空欄に適語をそれぞれ入れなさい。

アミノ酸の(① 　　　　　)基と(② 　　　　　)基が脱水
縮合してできた物質を(③ 　　　　　)といい，生じた結合を
(③)結合という。また，(③)は(③)結合の数により分類され，
3つのアミノ酸からなる(③)であれば，(④ 　　　　　)
という。

タンパク質はアミノ酸が(③)結合によって重合してできたも
ので，分子内や分子間に水素原子を介した(⑤ 　　　　)結合，
硫黄原子を介した(⑥ 　　　　)結合，イオンによる(⑦
　　　)力などによって，きわめて複雑な形状を保っている。

タンパク質には生体の組織になるものだけではなく，生体内の
反応を速めるはたらきをもつものも存在する。このようなタンパ
ク質を(⑧ 　　　　)という。(⑧)は条件の整った環境でしか
はたらくことはできない。それはタンパク質が(⑨ 　　　)や
(⑩ 　　　　)によって分子の形状を変化させてしまう(⑪
　　　　)が起きるためである。

参考 **糖の環化の概要**

C＝O結合に対するヒド
ロキシ基の付加反応である。

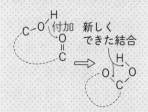

この反応は高校化学では
初出であるが，ヘミアセ
タール化といい，有機化
学一般では重要な反応の1
つである。生じた構造をヘ
ミアセタール構造という。

参考 **天然高分子化合物の
水溶性と水素結合**

タンパク質の一部やデン
プン(アミロース)は水(温
水)に可溶である。これら
は分子内のアミド結合やヒ
ドロキシ基と溶媒の水との
間で生じる水素結合によっ
て水和している。また，い
ずれも分子量や分子の粒子
径が大きいため，コロイド
溶液となり，種々のコロイ
ド溶液の性質(チンダル現
象，ブラウン運動，塩析な
ど)を示す。

一方，タンパク質の一部
やセルロースが水に溶けな
いのはタンパク質どうし，
またはセルロースどうしが
強く水素結合を形成してお
り，水分子との間に水素結
合を形成しないためである。

このように天然高分子化
合物の水溶性や吸湿性は水
素結合に着目することが重
要である。

1 [単糖類と二糖類] スクロースはショ糖とよばれ，調味料として広く用いられている二糖である。これについて，次の問いに答えなさい。

(1) ショ糖を加水分解すると構成単糖の混合物になる。①この混合物の名称と，②加水分解によって切断された結合の名称を答えよ。

(2) (1)の構成単糖のうちの1つは水溶液中で次に示すような平衡状態をとる。(B)にあてはまる構造式を答え，その中で還元性を示す部分を四角で囲んで示せ。

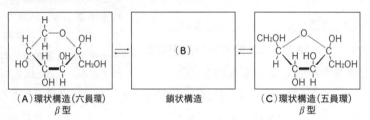

(A)環状構造(六員環)	鎖状構造	(C)環状構造(五員環)
β型		β型

2 [デンプンとセルロース] 次の文章を読み，あとの問いに答えなさい。

デンプンは植物の貯蔵多糖類で分子式 **A** で表される。ヒトはデンプンを段階的に加水分解し，多糖類の **B** ，二糖類の **C** を経て，最終的に **D** として，吸収する。過剰になった **D** は重合によって **E** に変えて，貯蔵される。

一方，セルロースは **F** が直鎖状に縮合しており，デンプンとは違った構造を形成する。セルロースに酢酸と無水酢酸および少量の濃硫酸の混合物を作用させるとトリアセチルセルロースが得られ，これを部分的に加水分解することで **G** 繊維がつくられている。このように既存の繊維を改質して得られる繊維を **H** という。また，セルロースなどの天然繊維を適当な溶媒中に溶かし，繊維状に成型しなおして得られる繊維を **I** という。

(1) 文章中のA〜Iにあてはまる語句，または分子式を答えよ。

記述 (2) 次の①〜③を分子の構造から簡潔に説明せよ。

① デンプンは温水に溶けて，コロイド溶液となる。

② セルロースは水にも有機溶媒にも溶けにくい。

③ アセチルセルロースは有機溶媒に可溶である。

(3) 次の記述が正しければ○，誤っていれば×と答えよ。

① セルロースを完全に加水分解して得られる水溶液には α − グルコースは存在しない。

② 温度が高いとヨウ素デンプン反応は起きない。

解答欄

1

	①	
(1)	②	
(2)		

2

	A
	B
	C
	D
(1)	E
	F
	G
	H
	I

	①
(2)	②
	③

(3)	①		②	

3 ［糖類の同定］5つの糖類 A～E がある。これらは，スクロース，マルトース，セルロース，グルコース，トレハロースのいずれかである。また，トレハロースについては，図に示したグルコース 2 分子が縮合して生じる物質である。これらについて，次の①～④がわかっている。

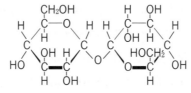

① A だけ水に溶けにくく，その他は水に溶けやすい。

② B～E の中で，銀鏡反応を示すのは B，C のみである。

③ 1%水溶液の凝固点降下度は C～E が同じ，B は異なる。

④ C～E を加水分解すると，D の生成物に他の分解生成物には見られない単糖が見られる。

(1) A～E の物質名を答えよ。

記述 (2) ②で D，E が銀鏡反応を示さない理由を説明せよ。

(3) ③の下線部について，B の凝固点は高いのか，低いのか答えよ。

(4) ④の下線部について，この単糖の名称を記せ。　　　　［名古屋市大－改］

4 ［アミノ酸とペプチド］次の文章を読み，あとの問いに答えなさい。

ペプチドは R－CH(NH$_2$)COOH で示される〔　A　〕の$_a$〔　B　〕基と〔　C　〕基の間で，$_b$〔　D　〕結合により重合したものである。n 分子の〔A〕から 1 分子のポリペプチドが生成する場合，〔　E　〕分子の水が脱水される。

タンパク質はポリペプチドを基本とする高分子化合物であり，$_c$複雑な構造を形成し，それに起因した性質をもつ。そのため，$_d$加熱処理や pH 変化などで，その性質や状態に変化を受けることが多い。

(1) 〔　A　〕～〔　E　〕にあてはまる語句を答えよ。

(2) 下線部 a について，グリシンに次の物質を作用させた場合に生じる物質の構造式を答えよ。

　① メタノールと濃硫酸　　② 無水酢酸

(3) 下線部 b について，グリシン 2 分子とアラニン 1 分子から得られるペプチドの①構造異性体の数，②立体異性体も区別した異性体全体の数をそれぞれ答えよ。

(4) 下線部 c の複雑な構造の形成に携わる結合を 3 つ答えよ。また，複雑な構造の一例として二次構造の例を 2 つ挙げよ。

(5) 下線部 d について，この現象を何というか答えよ。また，「加熱」，「pH の変化」以外でこの現象を引き起こす要因を 2 つ答えよ。

3

(1)	A
	B
	C
	D
	E
(2)	
(3)	
(4)	

4

(1)	A
	B
	C
	D
	E
(2)	①
	②
(3)	①　　　②
(4)	結合
	二次構造の例
(5)	現象
	要因

5 [アミノ酸の等電点の算出] グリシンは，水溶液中で3種類のイオンとして存在しており，次のような電離平衡が成り立っている。

$$X \rightleftharpoons Y + H^+ \quad (平衡定数\ K_1 = 4.0 \times 10^{-3}\ mol/L) \quad \cdots\cdots①$$

$$Y \rightleftharpoons Z + H^+ \quad (平衡定数\ K_2 = 2.5 \times 10^{-10}\ mol/L) \quad \cdots\cdots②$$

(1) イオンX，Y，Zの構造式をかけ。

(2) グリシンの等電点を有効数字2桁で求めよ。

6 [ペプチドの呈色反応] ペプチドにはいくつかの呈色反応がある。

① ニンヒドリン水溶液を加える。

② 水酸化ナトリウム水溶液を加え，硫酸銅(Ⅱ)水溶液を加える。

③ 濃硝酸を加えたのち，アンモニア水で塩基性にする。

④ 濃水酸化ナトリウム水溶液を加えて加熱し，酢酸鉛(Ⅱ)水溶液を加える。

(1) ①～③の反応の名称を答えよ。

記述 (2) ①～④で反応が起こった場合に見られる変化を記せ。

記述 (3) ②～④の呈色反応は，特定の条件を満たすペプチドの場合に起こる。各反応が起こる条件をそれぞれ簡潔に説明せよ。

7 [酵素のまとめ] 次の文章を読んで，あとの問いに答えなさい。

　酵素は主にタンパク質からできている触媒である。一般的な触媒とは異なり，右図のように a 最もよくはたらく pH が決まっており，b 特定の物質や c 特定の反応にしか作用しない。また，d 酵素を用いた反応の温度依存性は無機触媒の反応とは大きく異なる。

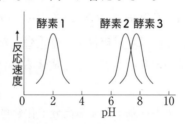

(1) 下線部 a について，次の問いに答えよ。

　① このような pH のことを何というか。

　② ヒトの胃ではたらく酵素の名称と基質の名称を答えよ。

　③ 図の酵素1～3のうち，②の酵素を示すのはどれか。

(2) 下線部 b，c の酵素の性質を何というか。

(3) 下線部 d について，次の問いに答えよ。

　① 解答欄の座標に酵素（——）と無機触媒（……）のグラフの概形を記せ。

記述 　② このような違いが起こる理由を酵素の性質から説明せよ。

記述 　③ 温度を大きく上げたのち，元に戻した場合，酵素のはたらきはどのようになるか。簡潔に説明せよ。

5

(1)	X
	Y
	Z
(2)	

6

(1)	①
	②
	③
(2)	①
	②
	③
	④
(3)	②
	③
	④

7

(1)	①
	② 酵素
	基質
	③
(2)	b
	c
(3)	① 反応速度／温度
	②
	③

8 ［酵素の種類］次の表のA〜Lにあてはまる物質名を答えて，表を完成させなさい。

酵素名	基質名	生成物名
A	デンプン	マルトース
マルターゼ	B	C
チマーゼ	D	E, F
G（スクラーゼ）	スクロース	H, I
リパーゼ	J	K, L

9 ［糖類，タンパク質に関する計算問題］次の問いに答えなさい。H = 1.0，C = 12，N = 14，O = 16，Cu = 64

(1) デンプン342 g を①アミラーゼでマルトースに加水分解したとき，何 g のマルトースが得られるか。また，②完全に加水分解し，アルコール発酵したとき，何 g のエタノールが得られるか。反応は完全に起こるものとし，それぞれ整数で求めよ。

(2) スクロース，マルトース，ラクトースの混合物Aを完全に加水分解したところ，グルコース：フルクトース：ガラクトースの割合は 10：2：3 となった。Aの中のラクトースの割合〔%〕を整数で求めよ。

(3) フェーリング反応は次の反応式で示される。

$$R-CHO + 2Cu^{2+} + 5OH^- \longrightarrow R-COO^- + \boxed{X} + 3H_2O$$

スクロース 3.6 g を完全に加水分解して得られた単糖類に，フェーリング液を十分に加えて熱すると，何 g のXが生じるか。

(4) セルロース $3.60×10^{-4}$ mol を完全にアセチル化すると 25.2 g のトリアセチルセルロースが得られた。元のセルロース1分子の平均重合度を整数で求めよ。

(5) セルロースのヒドロキシ基の一部をアセチル化してアセテートを合成した。90 g のセルロースから132 g のアセテートが得られた。このとき，ヒドロキシ基の何%がアセチル化されたか。有効数字2桁で記せ。なお，セルロースの分子量は十分に大きいものとする。

(6) 分子量が 670 の鎖状のヘキサペプチドを完全に加水分解したときに得られるアミノ酸の総重量は元のヘキサペプチドの何%か。整数で答えよ。

(7) ある食品 2.00 g に含まれる窒素をすべてアンモニアとして発生させ，その量を求めたところ，0.0272 g であった。タンパク質の窒素含有率を13.0%とすると，この食品に含まれるタンパク質は何%か。小数第1位まで求めよ。

8

A	
B	
C	
D	
E	
F	
G	
H	
I	
J	
K	
L	

9

(1)	①
	②
(2)	
(3)	
(4)	
(5)	
(6)	
(7)	

21 生活と高分子化合物

解答→ 別冊64ページ

1 ［機能性高分子化合物］次の空欄にあてはまる語句を答えなさい。

(1) 合成高分子化合物に新たな置換基を導入することで特殊な機能を示す高分子化合物を（　　　　　　　）という。

(2) 電気伝導性を示す高分子化合物を（　　　　　　　）という。

(3) 酵素や微生物の作用で分解される高分子化合物を（　　　　　　　）という。

(4) 水を吸収・保持できる高分子化合物を（　　　　　　　）という。

(5) 紫外線や可視光を照射すると物理的・化学的性質が変化する高分子化合物を（　　　　　　　）という。

重要 **2** ［イオン交換樹脂］次の文章の空欄に適語をそれぞれ入れなさい。

イオン交換樹脂は主に（①　　　　　　　）と（②　　　　　　　）の共重合体を母体として（　①　）のベンゼン環の水素原子を酸性，または塩基性の置換基と置換することによって得られる。たとえば，（　①　）と（　②　）が物質量比2:1の共重合体に酸性の置換基であるスルホ基を導入した樹脂は重合度を n として，③のような構造式を用いて表される。この樹脂（③　　　　　　　　　　）に塩化ナトリウム水溶液を通すと，水溶液中の（④　　　　　　　）が樹脂に吸着されると同時に（⑤　　　　　　　）が水溶液中に放出され，（⑥　　　　　　　）性の溶液が得られる。つまり，この樹脂は（⑦　　　　　　　）イオン交換樹脂である。得られた溶液は引き続き（⑧　　　　　　　）イオン交換樹脂に通して，（⑨　　　　　　　）を水酸化物イオンに交換することで純粋な水となる。このようにして得られた水を（⑩　　　　　　　）水とよぶ。

Guide

 機能性高分子の例

▶**導電性高分子**…ポリアセチレン，ポリアニリン

▶**生分解性高分子**…ポリ乳酸

▶**吸水性高分子**…ポリアクリル酸ナトリウム

▶**感光性高分子**…ポリケイ皮酸ビニル

用語 **陽イオン交換樹脂**

スルホ基（$-SO_3H$），カルボキシ基（$-COOH$），フェノール性ヒドロキシ基（$-OH$）などの酸性の官能基をもつ合成樹脂。

用語 **陰イオン交換樹脂**

$-N^+(CH_3)_3OH^-$ などの塩基性の官能基をもつ合成樹脂。

 核酸

生物の細胞には，核酸とよばれる高分子化合物が存在する。核酸には，デオキシリボ核酸（DNA）と，リボ核酸（RNA）の2種類が存在する。

重要 **3** ［生分解性プラスチック］次の文章の空欄にあてはまる語句または化学反応式を答えなさい。

ポリ乳酸は乳酸を（①　　　　　）重合して生じる高分子化合物であり，その重合反応は構造式を用いて次のように記される。

$$\left(②　　　　　　　　　　　　　　　　　　　　　　　　\right)$$

乳酸どうしをつなぐ結合が（③　　　　　）結合であり，これが（④　　　　　）されることによって（⑤　　　　　）を生じたのち，最終的には微生物によって（⑥　　　）と（⑦　　　　　）まで分解される。

重要 **4** ［様々な機能性高分子化合物］次の(1)～(5)の高分子材料を形成する単量体として適切なものを，**ア**～**オ**から選び記号で答えなさい。また，その用途については，**カ**～**コ**から選びなさい。

(1) 導電性高分子化合物　　(2) 生分解性プラスチック
(3) 高吸水性ポリマー　　(4) 有機ガラス　　(5) 接着剤

ア $CH_3CH(OH)COOH$　**イ** $CH_2=CHCOONa$
ウ $CH_2=CHOCOCH_3$　**エ** $CH_2=C(CH_3)COOCH_3$　**オ** $CH\equiv CH$

カ 紙おむつ　　**キ** 手術用糸・食器類　　**ク** 木工用ボンド
ケ 電池・コンデンサー　　**コ** 窓・メガネ・レンズ

(1)(　　　・　　　)　　(2)(　　　・　　　)
(3)(　　　・　　　)　　(4)(　　　・　　　)
(5)(　　　・　　　)

5 ［高分子化合物の再利用］次の(1)～(3)に適する合成高分子化合物の再利用方法の名称を答え，その問題点を**ア**～**ウ**から１つ選びなさい。

(1) 化学反応によって分解し，低分子化合物としてから種々の材料の原料に利用する。　　　（　　　・　　　）

(2) 回収した高分子化合物を燃焼させ，熱エネルギーとして利用する。　　　　　　　　　（　　　・　　　）

(3) 物理的に破砕し，加熱により軟化させ，成形して素材を化学処理することなく利用する。（　　　・　　　）

ア 熱硬化性樹脂のような三次元構造をもつ物質では利用しづらい。

イ 塩素原子の入った物質からダイオキシンなどの有害物質が生じる。

ウ コンビナートのような大規模施設で行われ，輸送コストがかかる。

参考 📖 **ポリ乳酸の製造**

実際には乳酸の重合度を高めるために，環状の二量体（下図）にしてからSn^{2+}触媒によって開環重合することによって合成されている。

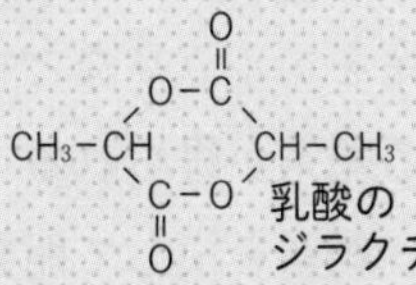

$$CH_3-CH \overset{\displaystyle O}{\underset{\displaystyle O}{\overset{O-C}{\underset{C-O}{}}}} CH-CH_3$$

乳酸のジラクチド

参考 📖 **合成高分子化合物の設計**

高分子化合物に様々な物質を共重合させることで様々な性質を付加させることができる。たとえば，アクリロニトリルを主成分としてアクリル繊維をつくる場合，

(1)塩化ビニルを加えると，難燃性が付加される。

(2)アクリル酸エステルを加えると，高染色性が付加される。これは，エステル結合が染料分子との間に水素結合やその他の引力を生じるためである。

また，ベンゼン環を主鎖に含む化合物は，$-CH_2-$でできた鎖のように折れ曲がることがなく，分子鎖が規則正しく並びやすいため，硬い繊維が得られる。

例 アラミド繊維

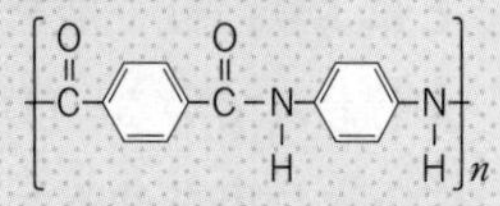

アラミド繊維（軟化点350℃）

防弾チョッキや消防服などに使用される。

1 ［様々な繊維］次の文章を読んで，あとの問いに答えなさい。

　繊維は天然繊維と A 繊維に大別される。

　天然繊維は綿や麻などの B 繊維や，絹や羊毛などの C 繊維に分けられる。綿の主成分は D であり，希酸で加水分解すると，繊維素とよばれる E が得られる。絹はカイコのまゆから得た糸をアルカリなどで処理し， F を取り除くと G だけからなる絹糸が得られる。羊毛の主成分のタンパク質は H とよばれる。絹糸を模して開発された繊維の1つがヘキサメチレンジアミンとアジピン酸から得られる I で，分子内に大量の J 結合を含んでいる。アクリロニトリルを重合して得られる繊維は K 繊維といい， L に似た肌触りが特徴である。これを焼成して得られる繊維は M 繊維とよばれ，極めて強じんである。

(1) 空欄 A ～ M にあてはまる語句を答えよ。

記述 (2) I が丈夫である理由を分子構造から説明せよ。

(3) K 繊維はアクリロニトリルだけでなくほかの物質とともに重合することで，特性をもつ。このような重合の名称を答えよ。また，塩化ビニルと重合した際に得る特性を答えよ。

2 ［生分解性プラスチック］次の文章を読み，あとの問いに答えなさい。

　生分解性ポリマーとして，水溶性が高く，様々な置換基を導入するための官能基を有するポリリンゴ酸が注目されている。ただし，リンゴ酸の縮合における環状化合物の生成，ポリリンゴ酸の末端に関しては考慮しないものとする。H = 1.0，C = 12，N = 14，O = 16

(1) 右のくり返し単位をもつ平均分子量 60000 の直鎖状のポリリンゴ酸がある。このポリリンゴ酸の重合度を求め，有効数字2桁で示せ。

$$\left[\begin{array}{c} HO-C=O \\ | \\ CH_2 \quad O \\ | \quad || \\ O-CH-C \end{array}\right]$$

(2) (1)のポリリンゴ酸 60.0 g を完全に分解し，二酸化炭素と水を得た。それぞれ何 g ずつ得られるか，有効数字2桁で求めよ。

(3) ポリリンゴ酸のカルボキシ基に様々なアミノ酸を反応させることにより，分子量を大きくすると同時に生体適合性を上げる試みが行われている。(1)のポリリンゴ酸のカルボキシ基の一部をアラニンと反応させると，平均分子量 80000 の高分子化合物が得られた。ポリリンゴ酸中のカルボキシ基のうち，何%がアラニンと反応したか，有効数字2桁で答えよ。ただし，アラニンどうしの縮合は起こらなかったとする。

［名古屋工業大－改］

1

(1)	A	
	B	
	C	
	D	
	E	
	F	
	G	
	H	
	I	
	J	
	K	
	L	
	M	
(2)		
(3)	名称	
	特性	

2

(1)	
(2)	CO_2
	H_2O
(3)	

3 [イオン交換樹脂] 次の文章を読み，あとの問いに答えなさい。

A スルホ基−SO_3H を有する陽イオン交換樹脂のカラムに硫酸銅 (Ⅱ)・n 水和物 0.1518 g を溶かした水溶液を通し，B 陽イオンをすべて吸着させた。樹脂を純水で十分に洗い，流出液をすべて集め，0.20 mol/L の水酸化ナトリウム水溶液で中和滴定したところ，中和するのに 5.0 mL 必要であった。

記述 (1) 下線部 A について，陽イオン交換樹脂をカラム（筒状容器）に詰めて使用する理由を簡単に説明せよ。

(2) 下線部 B について，陽イオン交換樹脂を $R-SO_3H$ として，硫酸銅 (Ⅱ) 水溶液との反応を化学反応式で示せ。

(3) 水和水の数 n の値を求めよ。$H = 1.0$, $O = 16.0$, $S = 32.1$, $Cu = 63.5$

記述 (4) 本問の陽イオン交換樹脂を再生する手順を簡単に説明せよ。

[金沢大−改]

3	
(1)	
(2)	
(3)	
(4)	

4 [感光性高分子] 次の文章を読んで，あとの問いに答えなさい。

感光性高分子のひとつであるポリケイ皮酸ビニルは，ポリ酢酸ビニルのけん化で得られる高分子化合物 X とケイ皮酸塩化物から得られる。$H = 1.0$, $C = 12$, $O = 16$

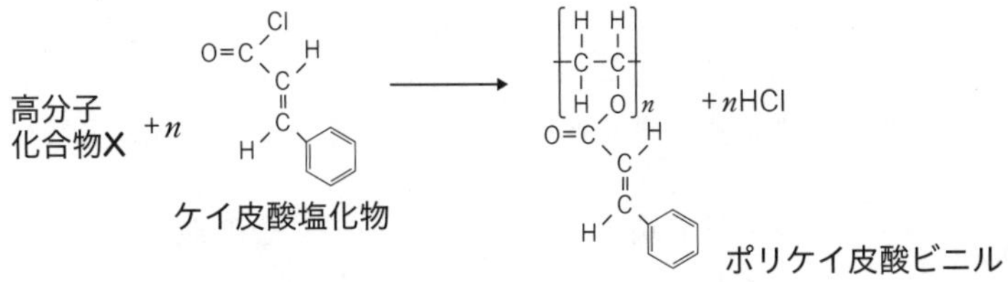

高分子
化合物X $+n$ 　　　　→　　　　　 $+n$HCl

ケイ皮酸塩化物　　　　　　　　　　　ポリケイ皮酸ビニル

(1) 高分子化合物 X の名称を答えよ。

(2) ポリケイ皮酸ビニルの繰り返し単位の式量を，整数で求めよ。

(3) 上記の化学反応式には，高分子化合物 X のすべての官能基がケイ皮酸塩化物と反応したときのポリケイ皮酸ビニルの構造が示されているが，実際に得られた高分子化合物には化合物 X の一部の官能基が反応せずに残っていた。ここでは，出発物質として平均分子量 2.2×10^4 の高分子化合物 X を用い，その官能基の 80% がケイ皮酸塩化物と反応していたとすると，得られた高分子化合物の平均分子量を有効数字 2 桁で求めよ。ただし，平均分子量とは，高分子化合物に含まれるすべての分子の分子量の和を分子数で割ったものである。

[北海道大−改]

4	
(1)	
(2)	
(3)	

STEP **3** チャレンジ例題 **5**

解答⊙ 別冊65ページ

1 〈例題チェック〉 ［アミロペクチンのメチル化］

　図のように，グルコースのすべてのヒドロキシ基(–OH)をメチル化してメトキシ基(–OCH$_3$)にすると化合物 **X** が得られる。アミロペクチンをメチル化してグリコシド結合に関与しないすべてのヒドロキシ基をメトキシ基に置換した後，完全に加水分解すると数種類の部分的にメチル化されたグルコースが得られる。十分な重合度と多数の枝分かれを有するアミロペクチンを使ってこの反応を行ったところ，3つの主生成物が得られた。主生成物として適切なものを，次の**ア～ク**から3つ選び，記号で答えなさい。

解法 実際にメチル化されたアミロペクチンの構造式を書くと，左下図のようになり，加水分解生成物は右下のようにまとめられる。

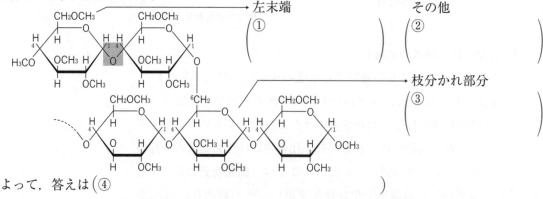

よって，答えは ④

2 ［類題］［アミロペクチンのメチル化］分子量 $3.24×10^5$ であるアミロペクチン 1.62 g のすべての OH 基をメチル化してから加水分解すると，3種類の物質が分子量の大きいほうから順に $5.0×10^{-4}$ mol，$9.0×10^{-3}$ mol，$5.0×10^{-4}$ mol 得られた。このアミロペクチン 1 分子中に含まれる枝分かれの数を求めよ。H = 1.0，C = 12，O = 16

2

3 〈例題チェック〉 [酵素反応の速度論]

分解酵素 E が基質 S にはたらくとき，酵素基質複合体 ES を生じる。ここで正反応を①，逆反応を②とする。次に分解反応によって基質 S は生成物 P となり，酵素 E は再生される。この反応を③とする。反応③は不可逆反応である。これらをまとめると次のようになる。

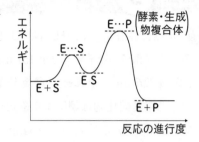

$$E + S \underset{k_2}{\overset{k_1}{\rightleftharpoons}} ES \xrightarrow{k_3} E + P$$

(1) 多くの酵素反応の反応中のエネルギーの遷移は図に示すようになっている。これを説明する次の記述の[　]にあてはまる語句，記号を答えよ。ただし，[e]～[h]は与えられた語句から選ぶこととする。

　この分解反応全体は[a]熱反応であるが，反応①は[b]熱反応である。また，反応①，③のうち，活性化エネルギーが大きいのは[c]であるから，[c]のほうが反応速度は[d]い。これは，[c]が[e：水素，共有]結合を[f：切断，形成]する反応であるのに対し，もう一方の反応は[g：水素，共有]結合などを[h：切断，形成]する反応で変化する結合の種類に差があるためである。

(2) 最初に加えた酵素 E の濃度を c [mol/L]，反応進行中の各物質の濃度をそれぞれ[ES]，[E]，[S]とおく。反応①，②の平衡の平衡定数 K を，[ES]，c，[S]を用いて表せ。ただし，$k_1 \gg k_3$ とする。

解法 (1) a ～ c については図より判断する。活性化エネルギーの大きいほうが反応速度が[①　　]い。酵素と基質の結合は分子間の位置や角度を固定する，いわば仮止めのためのものである。よって，

a[②　　]，b[③　　]，c[④　　]，d[⑤　　]，e[⑥　　]，f[⑦　　]，
g[⑧　　]，h[⑨　　]がそれぞれあてはまる。

(2) E + S ⇌ ES について，$K = \dfrac{(⑩\qquad)}{(⑪\qquad)}$ …（Ⅰ）

また，[ES]+(⑫　　)＝c であるから，これを利用して（Ⅰ）式から[E]を消去すると，

$K = \dfrac{(⑬\qquad)}{(⑭\qquad)}$ が得られる。

4 [類題] [酵素反応の速度論] **3** の反応について，反応③の速度 v_3 は $v_3 = k_3[ES]$ で表される。また，[S]を高めると[ES]が増加するので，v_3 は[S]にも依存する。

(1) **3**(2)も参考にしながら，v_3 を k_3，K，c，[S]を用いて表せ。

(2) $c = 0.30$ mmol/L，$K = 0.10$ mmol/L，$k_3 = 5.0$ s^{-1} として v_3 の最大値 v_{max} を有効数字2桁で求めよ。

[九州大－改]

4
(1)
(2)

1 天然に存在し，C，H，N，O の４元素から構成されるアミノ酸A（分子量75）を 151 mg，アミノ酸B（分子量133）を 397 mg，それぞれ燃焼分解した。得られた気体のうち窒素酸化物は銅により還元して N_2 ガスに変換した。アミノ酸 A からは H_2O が 89 mg，CO_2 が 178 mg，N_2 が 28 mg 生成し，アミノ酸Bからは H_2O が 183 mg，CO_2 が 528 mg，N_2 が 41 mg 生成した。A，B両アミノ酸の水溶

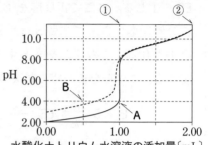

水酸化ナトリウム水溶液の添加量〔mL〕

液（2.00×10^{-2} mol/L）の pH を測ると，それぞれ 6.00，2.96 であった。続いて，2.00×10^{-2} mol/L のアミノ酸Aの塩酸塩の水溶液（10.0 mL），アミノ酸Bの水溶液（10.0 mL），それぞれに 2.00×10^{-1} mol/L の水酸化ナトリウム水溶液を加えた場合，各水溶液の pH 変化を表す滴定曲線を図に示す。①，②での水酸化ナトリウム水溶液の添加量は，それぞれ 1.00 mL および 2.00 mL である。アミノ酸Aは，水中では３種類のイオン a，b，c として存在する。

$$K_{a_1} = 10^{-2.34} \qquad K_{a_2} = 10^{-9.60}$$
$$\boxed{a} \underset{+H^+}{\overset{-H^+}{\rightleftarrows}} \boxed{b} \underset{+H^+}{\overset{-H^+}{\rightleftarrows}} \boxed{c}$$

アミノ酸Bは，水中では４種類のイオン d，e，f，g として存在する。

$$K_{a_3} = 10^{-1.88} \qquad K_{a_4} = 10^{-3.65} \qquad K_{a_5} = 10^{-9.60}$$
$$\boxed{d} \underset{+H^+}{\overset{-H^+}{\rightleftarrows}} \boxed{e} \underset{+H^+}{\overset{-H^+}{\rightleftarrows}} \boxed{f} \underset{+H^+}{\overset{-H^+}{\rightleftarrows}} \boxed{g}$$

K_{a_1}，K_{a_2}，K_{a_3}，K_{a_4}，K_{a_5} は，それぞれの電離平衡における〔mol/L〕で表した電離定数を示す。

(1) アミノ酸A，アミノ酸Bの構造式を記せ。構造式中に不斉炭素原子がある場合は*を付けよ。ただし，鏡像異性体は区別しなくてよい。H ＝ 1.0，C ＝ 12，N ＝ 14，O ＝ 16

　　　　　　A（　　　　　　　　　　　　） B（　　　　　　　　　　　　　　　）

(2) ①および②において，アミノ酸Aの水溶液中に最も多く存在するイオンは，それぞれ a，b，c のうちどれであるかを答え，その構造式を記せ。

　 ① 記号（　　） 構造式（　　　　　　　　　） ② 記号（　　） 構造式（　　　　　　　）

(3) ①および②において，アミノ酸Bの水溶液中に最も多く存在するイオンは，それぞれ d，e，f，g のうちどれであるかを答え，その構造式を記せ。

　 ① 記号（　　） 構造式（　　　　　　　　　） ② 記号（　　） 構造式（　　　　　　　）

(4) 2.00×10^{-2} mol/L のアミノ酸A塩酸水溶液 10.0 mL に 2.00×10^{-1} mol/L の水酸化ナトリウム水溶液を 7.40×10^{-1} mL 添加した場合，pH は 2.94 であった。この場合，a，b，c のうち２種類のみのイオンが存在すると仮定して，それらの濃度の比を求めよ。ただし，電離定数の値は，平衡式に記述された数値を用いよ。$\log_{10} 2 = 0.30$

　　　　　　　　　　　　　　　　　　　　　　　　　　　（　　　　　　　　　　　）

［大阪大］

2 天然に存在するアミノ酸 **X** とアミノ酸 **Y** の2分子ずつを構成成分とするテトラペプチドがある。テトラペプチドは下に示すように、アミノ基が左端に、カルボキシ基が右端にくるように並べるものとする。

$$\underset{\substack{|\\O}}{H_2N-CH-C}-NH-\underset{\substack{|\\O}}{CH-C}-NH-\underset{\substack{|\\O}}{CH-C}-NH-\underset{\substack{|\\O}}{CH-C}-OH$$

ペプチド結合の加水分解酵素には、特定の部位を選択的に加水分解する酵素がある。このテトラペプチドに、**X** のカルボキシ基側のペプチド結合のみを加水分解する酵素 **Z** を作用させた。以下の(1)～(4)に答えなさい。ただし、ペプチドの表記に関しては、左端のアミノ基側から順に並べて、下の例のように表記するものとする。

　〔例〕**X** が4分子を構成成分とするテトラペプチドの場合は：**X**－**X**－**X**－**X**

　　　　X が1分子と **Y** が1分子を構成成分とするジペプチド：**X**－**Y**

(1) 酵素 **Z** による加水分解後の生成物において、①遊離のアミノ酸 **Y** が含まれる、②トリペプチドが含まれる、の各条件に該当するテトラペプチドをそれぞれ上の例にならって記せ。ただし、2つ以上考えられる場合には、すべて記すこと。

　①（　　　）

　②（　　　）

(2) 酵素 **Z** による加水分解後、1種類の成分しか含まれていなかった。このテトラペプチドに対して **X** のアミノ基側のペプチド結合のみを加水分解する酵素を作用させたときの生成物を記せ。ただし、遊離のアミノ酸に関しては、単純に **X** または **Y** と記せばよい。（　　　　　　　）

(3) (2)で酵素 **Z** を作用させて生じた生成物について調べたところ、ビウレット反応もキサントプロテイン反応も示さず、分子内に不斉炭素原子が2つ存在していることがわかった。また、この生成物の溶液の pH の値を7付近にしたところ、電気的に中性(陽イオンと陰イオンの数がほぼ等しい状態)であった。**X** と **Y** は下に示すアミノ酸のいずれかであることがわかっている。

$$\underset{①}{\underset{\substack{|\\R}}{H_2N-CH-COOH}} \qquad R=\quad \underset{①}{H} \quad \underset{②}{\overset{CH_3}{\underset{\substack{|\\CH_2}}{\overset{|}{CH-CH_3}}}} \quad \underset{③}{\overset{CH_3}{\underset{\substack{|\\CH-CH_3}}{\overset{|}{CH_2}}}} \quad \underset{④}{\underset{\substack{|\\CH_2}}{\bigcirc}} \quad \underset{⑤}{\overset{COOH}{\underset{\substack{|\\CH_2}}{\overset{|}{CH_2}}}} \quad \underset{⑥}{\overset{SH}{\underset{\substack{|\\CH_2}}{\overset{|}{}}}}$$

X と **Y** の組み合わせとして考えられるものは、いくつかある。そのすべての組み合わせを、①～⑥の記号を用いて記せ。

　（　　）

記述 (4) (3)の組み合わせについて、正しい組み合わせを知るためにはどのような実験を行えばよいか。その実験の具体的な内容と、実験結果の違いがわかるように、2行以内で記せ。

　（　　）

[名古屋工業大]

3 陽イオン交換樹脂カラムと陰イオン交換樹脂カラムを用意して、実験を行った。図に示すように陽イオン交換樹脂のカラムの上部から、糖(グルコース)、アミノ酸(アラニン)、ヒドロキシ酸(乳酸)の3種類の有機化合物を含む酸性の水溶液を通した後、流出液中に有機化合物が含まれなくなるまで純水を流した。このときの溶出液を**A**とする。続いてこのカラムに希塩酸を流すと、溶出液**B**が得られた。

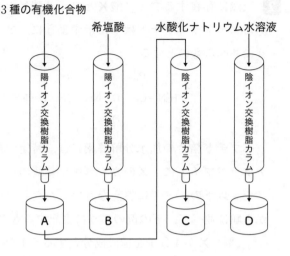

溶出液**A**を塩基性にしたものを陰イオン交換樹脂のカラムの上部から流した後に、流出液中に有機化合物がなくなるまで純水を流した。このときの溶出液を**C**とする。続いてこのカラムに水酸化ナトリウム水溶液を流すと、有機化合物を含む溶出液**D**が得られた。なお、イオン交換樹脂量は十分で、3種類の有機化合物は完全に分離できるものとする。次の問いに答えなさい。

記述 (1) アラニンと乳酸に共通する立体的な構造の特徴を30字以内で書け。

				5					10					15
				20					25					30

(2) アラニンは両性電解質である。陽イオン交換樹脂カラムに通す前のアラニンのイオンの状態を示性式でかけ。（　　　　　　　　　　　　　　　　）

(3) 溶出液**A**、溶出液**B**、溶出液**C**、溶出液**D**に含まれるすべての化合物の名称を書け。

A（　　　　　　　　　）　B（　　　　　　　　　）
C（　　　　　　　　　）　D（　　　　　　　　　）

記述 (4) 陽イオン交換樹脂のカラムに吸着されない有機化合物が、溶出液**A**に含まれる理由、および吸着された有機化合物が希塩酸により、溶出液**B**に含まれる理由を80字以内で書け。

				10					30
			20						30
				40					
			50						60
				70					
			80						

(5) 溶出液**C**に含まれる有機化合物の検出に用いられる反応の名称を2つ書け。

（　　　　　　　・　　　　　　　）　　　　　　　　　［岩手大］

128

第1章 物質のようす

1 物質の状態

| STEP ① | 基本問題 | p.2〜3 |

1 ① 熱運動 ② 多 ③ 拡散
2 ① イ ② カ ③ ケ ④ ウ ⑤ オ
　　⑥ キ ⑦ ア ⑧ エ ⑨ ク
3 ① 多 ② 高 ③ 760
4 (1)① AB ② DE ③ EF
　　(2)① BC 間：融解熱　DE 間：蒸発熱
　　② 加えられた熱が状態変化に使われるため。
5 (1)○ (2)× (3)× (4)○
6 イ，エ

解説▶

3 水銀柱では大気圧 P_A と水銀柱内の水銀にかかる重力による圧力 P_h がつり合うと，水銀の動きが止まる。この水銀柱の高さを直接用いる単位が mmHg である。

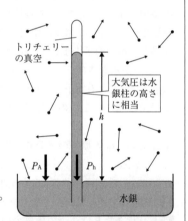

トリチェリーの真空

大気圧は水銀柱の高さに相当

h

P_A　P_h

水銀

ここに注意 圧力の単位
1 atm（1 気圧）= 1.013×10^5 Pa = 760 mmHg

4 (1) 各状態については次の図を参照。

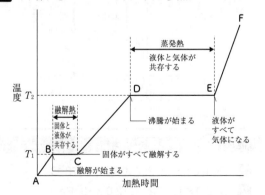

温度 T_2

蒸発熱
液体と気体が共存する

T_1

融解熱
固体と液体が共存する

沸騰が始まる

液体がすべて気体になる

固体がすべて融解する

融解が始まる

A

加熱時間

5 (2)誤り。「見かけ上，蒸発が止まったかのように見える状態」と表現されることもあるが，実際には蒸発も凝縮も停止していない。

(3)誤り。凝縮の速度は気体分子の数に比例する。したがって，蒸発する分子が増えて気体分子が多くなると，自然と凝縮する分子も増える。

(4)正しい。気液平衡のときの圧力（飽和蒸気圧）は体積によらず一定である。

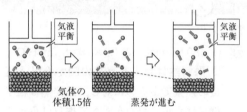

気液平衡

気液平衡

気体の体積1.5倍

蒸発が進む

6 ア 誤り。温度が上がるにつれて，気体分子の熱運動が激しくなるが，それだけだと直線にしかならないことが知られており（本冊 p.8 **1**），直線以上に増加量が大きいのは，気体分子の熱運動が増加したことに加え，気体分子の数も増加したことが原因となる。

イ 正しい。本冊 p.3 **Guide** に示したように，沸騰は飽和蒸気圧が大気圧を超える温度でしか起きない。

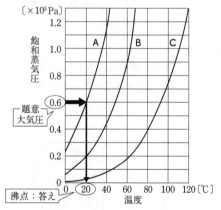

〔×10⁵ Pa〕

飽和蒸気圧

題意大気圧

沸点：答え

温度〔℃〕

ウ 誤り。蒸発しやすい物質は分子間引力が小さい物質である。したがって，分子間引力が小さい物質は低い温度で飽和蒸気圧に達する。

エ 正しい。蒸気圧曲線を次ページのように読む。

ひっぱると、はずして使えます。

1

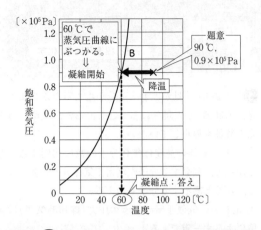

〔×10⁵Pa〕

60℃で
蒸気圧曲線に
ぶつかる。
⇩
凝縮開始

題意
90℃
0.9×10⁵Pa

B

降温

凝縮点：答え

飽和蒸気圧

温度

STEP ② 標準問題　　p.4〜5

1 イ

2 (1) 180 kJ/mol　(2) 1.0×10² J/(mol・℃)
(3) 融解熱は粒子どうしの固定を外す程
度の熱量であるのに対し，蒸発熱は粒子
間にはたらく引力をすべて振りはらって，
自由に運動できるようになるための熱量
であるから。

3 オ

4 (1) C・イ　(2) Cl₂・ア　(3) H₂S・オ
(4) HF・エ　(5) Al₂O₃・ウ

5 (1) D　(2) 200 mmHg
(3) 記号：C，D　状態変化：凝縮
(4)① Ⅲ　② 240 mm

解説▶

1 イ 誤り。液体に衝突したときに運動エネルギー
を失い，液体の中に取り込まれてしまう気体分子もあ
る。
ウ 正しい。

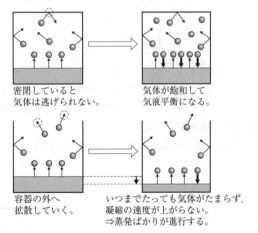

密閉していると
気体は逃げられない。

気体が飽和して
気液平衡になる。

容器の外へ
拡散していく。

いつまでたっても気体がたまらず，
凝縮の速度が上がらない。
⇒蒸発ばかりが進行する。

---

2 (1) 蒸発しているのは CD 間であるから，3 時間
の加熱が必要だったことが読み取れる。

$$\frac{6.0 \text{ kJ/時間} \times 3 \text{ 時間}}{0.10 \text{ mol}} = 180 \text{ kJ/mol}$$

(2) 液体であったのは BC 間であるから，1 時間で 600
℃上昇したことが読み取れる。

$$\frac{6.0 \times 10^3 \text{ J}}{0.10 \text{ mol} \times 600 \text{ ℃}} = 1.0 \times 10^2 \text{ J/(mol・℃)}$$

3 水は固体になると，次の図のようにすき間の大き
い構造をとることが知られている。

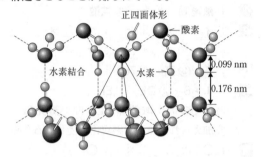

正四面体形

酸素

水素結合

水素

0.099 nm

0.176 nm

ア 誤り。固体になるとすき間が多い分，液体のとき
よりも体積が増加し，密度は「固体＜液体」となる。
イ 誤り。液体でも固体でも温度が上がると熱運動が
激しくなって体積が増え，密度の値は小さくなる。
ウ 誤り。酸素原子のまわりの結合は，2 つが共有結合
で，2 つが水素結合である。共有結合は共有電子対を，
水素結合は非共有電子対を利用して生じる。
エ 誤り。氷では 1 つの水分子は 4 つの水分子に囲ま
れている。
オ 正しい。酸素原子のまわりの電子対間の角度が決
まっている。
カ 誤り。氷では水素結合によりすき間の大きな構造をとる。

4 構成粒子間にはたらく引力を考察する。

5 (4) 化合物 B は 4 つの物質の中で 2 番目に蒸気圧
が大きいので，水銀柱の高さは 2 番目に低くなる。そ
のときの高さは，次の図のようになっている。

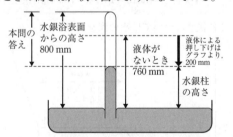

本問の
答え

水銀浴表面
からの高さ
800 mm

液体が
ないとき
760 mm

液体による
押し下げはグラフより，
200 mm

水銀柱
の高さ

---

2 気体の性質

STEP ① 基本問題　　p.6〜7

1 (1) 300 K　(2) 252 K　(3) −273 ℃

2 (1) 2.0×10⁵ Pa　(2) 2.0×10³ Pa

2

3 (1) 3.3×10^2 K　(2) 27 ℃

4 (1) 5.0 L　(2) 4.2×10^5 Pa　(3) 4.6×10^3 ℃

5 (1) 8.3×10^{-1} mol　(2) 8.3×10^4 Pa

6 (1) 60　(2) 9.3×10^4 Pa　(3) 20

7 (1) 全圧：1.99×10^7 Pa

窒素：4.98×10^6 Pa　水素：1.49×10^7 Pa

(2) 酸素：2.4×10^5 Pa

窒素：8.0×10^4 Pa　全圧：3.2×10^5 Pa

平均分子量：31.0

8 (1) 9.98×10^4 Pa　(2) 9.62×10^{-3} mol

解説

1 公式 $T[\text{K}] = 273 + t[℃]$ を用いて考えるとよい。

(1) $T[\text{K}] = 273 + 27 = 300[\text{K}]$

(2) $T[\text{K}] = 273 - 21 = 252[\text{K}]$

(3) $0[\text{K}] = 273 + t[℃]$　$t = -273[℃]$

2 (1) 求めたいのは変化後の圧力 $P_後$ なので，

$$\underset{P_前}{\underline{1.0 \times 10^5 \text{ Pa}}} \times \underset{V_前}{\underline{2.0 \text{ L}}} = P_後 \times \underset{V_後}{\underline{1.0 \text{ L}}}$$

$$P_後 = 2.0 \times 10^5 \text{ Pa}$$

《別解》圧縮しているので，体積比の分だけ圧力が増加するから，

$$\underset{P_前}{\underline{1.0 \times 10^5 \text{ Pa}}} \times \underset{体積変化}{\underline{\frac{2.0 \text{ L}}{1.0 \text{ L}}}} = \underset{P_後}{\underline{2.0 \times 10^5 \text{ Pa}}}$$

(2) $\underset{P_前}{\underline{1.0 \times 10^5 \text{ Pa}}} \times \underline{\frac{200}{1000} \text{ L}} = P_後 \times \underset{V_後}{\underline{10 \text{ L}}}$

$$P_後 = 2.0 \times 10^3 \text{ Pa}$$

3 (1) $\dfrac{\overset{V_前}{\frac{27 \text{ L}}{300 \text{ K}}}}{\underset{T_前}{}} = \dfrac{\overset{V_後}{\frac{30 \text{ L}}{T_後}}}{}$，$T_後 = 333.3\cdots ≒ 3.3 \times 10^2$ K

(2) $\dfrac{\overset{V_前}{\frac{880}{1000} \text{ L}}}{\underset{T_前}{(57 + 273)\text{K}}} = \dfrac{\overset{V_後}{\frac{800}{1000} \text{ L}}}{T_後}$，$T_後 = 300$ K $\xrightarrow{\text{単位変換}}$ 27 ℃

4 「$\dfrac{P_前 V_前}{T_前} = \dfrac{P_後 V_後}{T_後}$」が成り立つことを使う。

(1) $\dfrac{1.0 \times 10^5 \text{ Pa} \times 1.5 \text{ L}}{(27 + 273)\text{K}} = \dfrac{4.0 \times 10^4 \text{ Pa} \times V_後}{(127 + 273)\text{K}}$

$$V_後 = 5.0 \text{ L}$$

(2) $\dfrac{1.0 \times 10^5 \text{ Pa} \times \frac{500}{1000} \text{ L}}{(27 + 273)\text{K}} = \dfrac{P_後 \times \frac{200}{1000} \text{ L}}{(227 + 273)\text{K}}$

$$P_後 ≒ 4.2 \times 10^5 \text{ Pa}$$

(3) $\dfrac{1.0 \times 10^5 \text{ Pa} \times \frac{300}{1000} \text{ L}}{(17 + 273)\text{K}} = \dfrac{5.0 \times 10^5 \text{ Pa} \times 1.0 \text{ L}}{T_後}$

$$T_後 ≒ 4833 \text{ K} \xrightarrow{\text{単位変換}} 4560 ℃ ≒ 4.6 \times 10^3 ℃$$

---

5 (1) $n = \dfrac{PV}{RT} = \dfrac{2.5 \times 10^5 \text{ Pa} \times 8.3 \text{ L}}{8.3 \times 10^3 \times 300 \text{ K}} = \dfrac{5}{6}$

$$= 0.833\cdots ≒ 8.3 \times 10^{-1} \text{ mol}$$

※気体定数 R の単位はスペースの都合上省略する。

(2) $P = \dfrac{nRT}{V} = \dfrac{0.10 \text{ mol} \times 8.3 \times 10^3 \times (-63 + 273)\text{K}}{2.1 \text{ L}}$

$$= 8.3 \times 10^4 \text{ Pa}$$

> **ここに注意** 公式と単位
>
> ボイルの法則　　　　　　　$PV = $ 一定
>
> シャルルの法則　　　　　　$\dfrac{V}{T} = $ 一定
>
> ボイル・シャルルの法則　　$\dfrac{PV}{T} = $ 一定
>
> 理想気体の状態方程式　　　$PV = nRT$
>
> 　シャルルの法則，ボイル・シャルルの法則，理想気体の状態方程式には，セルシウス温度（単位 ℃）ではなく絶対温度（単位 K）を用いる。

6 (1) $PV = nRT$ より，

$$1.0 \times 10^5 \text{ Pa} \times 1.66 \text{ L} = \frac{4.0}{M} \text{ mol} \times 8.3 \times 10^3 \times 300 \text{ K}$$

$$M = 60$$

(2) $P[\text{Pa}] \times \dfrac{600}{1000} \text{ L} = \dfrac{0.90}{40} \text{ mol} \times 8.3 \times 10^3 \times 300 \text{ K}$

$$P = 93375 ≒ 9.3 \times 10^4 \text{ Pa}$$

(3) 気体の体積 $V[\text{L}]$ が決まっていないので，仮に 1.0 L とおくと，

$$3.0 \times 10^5 \text{ Pa} \times 1.0 \text{ L} = \frac{2.1}{M} \text{ mol} \times 8.3 \times 10^3 \times (77 + 273)\text{K}$$

$$M = 20.335 ≒ 20$$

7 (1) N_2 と H_2 の物質量を合計すると 16.0 mol であるから，この混合気体の全圧を P_{total} とおくと，

$$P_{total} = \frac{n_{total} RT}{V}$$

$$= \frac{16.0 \text{ mol} \times 8.3 \times 10^3 \times (27 + 273)\text{K}}{2.00 \text{ L}}$$

$$= 1.992 \times 10^7 \text{ Pa} ≒ 1.99 \times 10^7 \text{ Pa}$$

N_2 の分圧を P_{N_2}，H_2 の分圧を P_{H_2} とすると，

$$P_{N_2} = P_{total} \times \frac{n_{N_2}}{n_{total}}$$

$$= 1.992 \times 10^7 \text{ Pa} \times \frac{4.00 \text{ mol}}{16.0 \text{ mol}} = 4.98 \times 10^6 \text{ Pa}$$

$$P_{H_2} = P_{total} \times \frac{n_{H_2}}{n_{total}}$$

$$= 1.992 \times 10^7 \text{ Pa} \times \frac{12.0 \text{ mol}}{16.0 \text{ mol}}$$

$$= 1.494 \times 10^7 ≒ 1.49 \times 10^7 \text{ Pa}$$

(2) 1 つの容器に移しかえた後の酸素の分圧を P_{O_2}，窒素の分圧を P_{N_2}，全圧を P_{total} とおくと，

$$\underset{P_前}{\underline{2.0 \times 10^5 \text{ Pa}}} \times \underset{V_前}{\underline{6.0 \text{ L}}} = P_{O_2} \times \underset{V_後}{\underline{5.0 \text{ L}}}, \quad P_{O_2} = 2.4 \times 10^5 \text{ Pa}$$

$$\underset{P_前}{\underline{1.0 \times 10^5 \text{ Pa}}} \times \underset{V_前}{\underline{4.0 \text{ L}}} = P_{N_2} \times \underset{V_後}{\underline{5.0 \text{ L}}}, \quad P_{N_2} = 0.80 \times 10^5 \text{ Pa}$$

したがって，$P_{total} = P_{O_2} + P_{N_2} = 3.2 \times 10^5 \text{ Pa}$

酸素のモル分率を x_{O_2}, 窒素のモル分率を x_{N_2} とおくと,

$$x_{O_2} = \frac{P_{O_2}}{P_{\text{total}}} = \frac{2.4 \times 10^5 \, \text{Pa}}{3.2 \times 10^5 \, \text{Pa}} = 0.75$$

$$x_{N_2} = \frac{P_{N_2}}{P_{\text{total}}} = \frac{0.80 \times 10^5 \, \text{Pa}}{3.2 \times 10^5 \, \text{Pa}} = 0.25$$

したがって,

$$\text{平均分子量} = \underset{\substack{O_2 \, \text{の} \\ \text{分子量} \times \text{存在比}}}{32 \times 0.75} + \underset{\substack{N_2 \, \text{の} \\ \text{分子量} \times \text{存在比}}}{28 \times 0.25} = 31.0$$

8 (1) 水素の分圧を mmHg 単位で求めると, $776 - 27 = 749$ mmHg である।

$$1.013 \times 10^5 \, \text{Pa} \times \frac{749 \, \text{mmHg}}{760 \, \text{mmHg}} \fallingdotseq 9.98 \times 10^4 \, \text{Pa}$$

(2) $n = \dfrac{PV}{RT} = \dfrac{9.983 \times 10^4 \, \text{Pa} \times 0.240 \, \text{L}}{8.3 \times 10^3 \, \text{Pa} \times 300 \, \text{K}}$

$= 9.622\cdots \times 10^{-3} \fallingdotseq 9.62 \times 10^{-3} \, \text{mol}$

STEP 2 標準問題 p.8～11

1 (1) ウ, エ　(2) オ, カ

2 (1) ウ

(2) α : 1.0×10^5 Pa, β : 2.0×10^5 Pa,

全圧 : 3.0×10^5 Pa

3 (1) 300 mL　(2) 0.71 g　(3) 73

4 (1) イ＞ア＞ウ＞エ　(2) ウ＞エ＞イ＞ア

5 (1) メタン : 酸素 ＝ 1 : 3　(2) 12%

6 8.0×10^4 Pa

7 (1) CO : 6.0×10^4 Pa, O_2 : 6.0×10^4 Pa

全圧 : 1.2×10^5 Pa

(2) O_2 : 3.0×10^4 Pa, CO_2 : 6.0×10^4 Pa

物質量 : 0.14 mol

8 ① 低　② 高　③ 高　④ 分子間力　⑤ 低

⑥ 少な　⑦ 分子自身の体積　⑧ 小さ

⑨ 小さ　⑩ 低

9 (1) C　(2) エ　(3) 圧力を上げるのに伴って, 一定体積に含まれる分子数が増加し, 分子自身の体積が無視できなくなるため。

(4) 記号 : イ　理由 : 温度を上げると理想気体に近づくため。

解説▶

2 (1) コック **C** を開ける前のそれぞれの気体における PV の値は,

気体 α : $PV = 3.0 \times 10^5$ Pa $\times 1.0$ L $= 3.0 \times 10^5$

気体 β : $PV = 3.0 \times 10^5$ Pa $\times 2.0$ L $= 6.0 \times 10^5$

よって, 気体 α と気体 β の物質量の比は 1 : 2

つまり, ○の個数と●の個数が 1 : 2 になっているものが正しい। この段階で, **ウ**と**エ**に絞られる।

コック **C** を開けた後はどちらの容器も同じ圧力になっているので, **A** に入っている気体分子の総数と **B** に入っている気体分子の総数の比は容器の容積比と同じ 1 : 2 となる। したがって, **ウ**が正しい।

(2) 本冊 p.7 **7** (2)を参照।

気体 α : 3.0×10^5 Pa $\times 1.0$ L $= P_{\alpha} \times 3.0$ L

$P_{\alpha} = 1.0 \times 10^5$ Pa

気体 β : 3.0×10^5 Pa $\times 2.0$ L $= P_{\beta} \times 3.0$ L

$P_{\beta} = 2.0 \times 10^5$ Pa

したがって, $P_{\text{total}} = P_{\alpha} + P_{\beta} = 3.0 \times 10^5$ Pa

3 (1) 図 1, 図 2 より, フラスコに入る水の質量は $439.50 - 139.50 = 300$ g であることがわかる। 密度を用いて体積に換算すると, 300 mL となる।

(2), (3) 実験中のフラスコ内の状態をまとめると次の図のようになる।

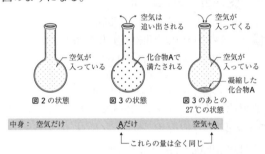

| 中身: 空気だけ | Aだけ | 空気＋A |

A の質量は図 2 の状態と図 3 のあとの 27 ℃ の状態から計算する।

$$140.21 \, \text{g} - 139.50 \, \text{g} = 0.71 \, \text{g}$$

図 3 の状態について, **A** の分子量を M とおくと,

$$1.0 \times 10^5 \, \text{Pa} \times 0.300 \, \text{L} = \frac{0.71}{M} \, \text{mol} \times 8.3 \times 10^3 \times 373 \, \text{K}$$

$$M \fallingdotseq 73$$

4 (1)

$\mathbf{ア}$: $V = \dfrac{\left(\frac{8.0}{4.0}\right) \text{mol} \times R \times 273 \, \text{K}}{2.0 \times 10^5 \, \text{Pa}} = 273 \times 10^{-5} R \, [\text{L}]$

$\mathbf{イ}$: $V = \dfrac{\left(\frac{48}{32}\right) \text{mol} \times R \times 400 \, \text{K}}{5.0 \times 10^4 \, \text{Pa}} = 1200 \times 10^{-5} R \, [\text{L}]$

$\mathbf{ウ}$: $V = \dfrac{\left(\frac{11}{44}\right) \text{mol} \times R \times 200 \, \text{K}}{1.0 \times 10^5 \, \text{Pa}} = 50 \times 10^{-5} R \, [\text{L}]$

$\mathbf{エ}$: $V = \dfrac{\left(\frac{8.0}{16}\right) \text{mol} \times R \times 273 \, \text{K}}{3.0 \times 10^5 \, \text{Pa}} = 45.5 \times 10^{-5} R \, [\text{L}]$

(2)

$\mathbf{ア}$: $d = \dfrac{8.0 \, \text{g}}{273 \times 10^{-5} R \, [\text{L}]} \fallingdotseq 0.029 \times 10^5 R^{-1} \, [\text{g/L}]$

$\mathbf{イ}$: $d = \dfrac{48 \, \text{g}}{1200 \times 10^{-5} R \, [\text{L}]} = 0.040 \times 10^5 R^{-1} \, [\text{g/L}]$

$\mathbf{ウ}$: $d = \dfrac{11 \, \text{g}}{50 \times 10^{-5} R \, [\text{L}]} = 0.22 \times 10^5 R^{-1} \, [\text{g/L}]$

エ：$d=\dfrac{8.0\ \text{g}}{45.5\times10^{-5}R\text{（L）}}\fallingdotseq 0.18\times10^{5}R^{-1}\text{（g/L）}$

5 (1) メタンの物質量をx〔mol〕，酸素の物質量をy〔mol〕とおくと，質量について，

$$16x+32y=0.56\ \text{g} \qquad\cdots①$$

物質量について，理想気体の状態方程式より，

$$x+y=\dfrac{1.0\times10^{5}\ \text{Pa}\times\dfrac{498}{1000}\ \text{L}}{8.3\times10^{3}\times300\ \text{K}}\fallingdotseq 0.020\ \text{mol} \qquad\cdots②$$

①，②より，$x=5.0\times10^{-3}\ \text{mol}$，$y=1.5\times10^{-2}\ \text{mol}$

よって，$x:y=1:3$

(2) 混合気体のヘリウムの割合をx〔％〕とおくと，

$$\underset{\substack{\text{He の}\\\text{分子量}\times\text{存在比}}}{4.0\times\dfrac{x}{100}}+\underset{\substack{O_2\text{ の}\\\text{分子量}\times\text{存在比}}}{32\times\dfrac{100-x}{100}}<\underset{\substack{N_2\text{ の}\\\text{分子量}\times\text{存在比}}}{28\times\dfrac{4}{5}}+\underset{\substack{O_2\text{ の}\\\text{分子量}\times\text{存在比}}}{32\times\dfrac{1}{5}}$$

$$x>11.4\cdots\Rightarrow 12\%$$

6 鉄粉：$\dfrac{5.6}{56}=0.10\ \text{mol}$

酸素：$n=\dfrac{PV}{RT}=\dfrac{\overset{\substack{O_2\text{ の分圧}}}{\overbrace{1.0\times10^{5}\ \text{Pa}\times\dfrac{1}{5}}}\times2.0\ \text{L}}{8.3\times10^{3}\times300\ \text{K}}\fallingdotseq 0.0160\ \text{mol}$

	4Fe	3O$_2$	$\longrightarrow$	2Fe$_2$O$_3$
前	0.10 mol	0.0160 mol		0 mol
増減	-0.0213 mol	-0.0160 mol		$+0.0107$ mol
後	0.0787 mol	0 mol		0.0107 mol

したがって，反応後の酸素の分圧は 0 Pa となる。一方で，窒素の分圧は $1.0\times10^{5}\ \text{Pa}\times\dfrac{4}{5}=8.0\times10^{4}\ \text{Pa}$ のまま変化しないので，反応後の全圧は $8.0\times10^{4}\ \text{Pa}$。

7 (1) 開栓後の CO の分圧をP_{CO}とすると，

$$1.5\times10^{5}\ \text{Pa}\times4.0\ \text{L}=P_{\text{CO}}\times(4.0+6.0)\text{L}$$
$$P_{\text{CO}}=6.0\times10^{4}\ \text{Pa}$$

開栓後の O$_2$ の分圧をP_{O_2}とおくと，

$$1.0\times10^{5}\ \text{Pa}\times6.0\ \text{L}=P_{\text{O}_2}\times(4.0+6.0)\text{L}$$
$$P_{\text{O}_2}=6.0\times10^{4}\ \text{Pa}$$

$$P_{\text{total}}=P_{\text{CO}}+P_{\text{O}_2}$$
$$=6.0\times10^{4}\ \text{Pa}+6.0\times10^{4}\ \text{Pa}=1.2\times10^{5}\ \text{Pa}$$

(2) 体積と温度が一定のときは分圧で量的関係を計算することができる。

	2CO	$+$	O$_2$	$\longrightarrow$	2CO$_2$
前	6.0×10^{4} Pa		6.0×10^{4} Pa		0 Pa
増減	-6.0×10^{4} Pa		-3.0×10^{4} Pa		$+6.0\times10^{4}$ Pa
後	0 Pa		3.0×10^{4} Pa		6.0×10^{4} Pa

$$n_{\text{CO}_2}=\dfrac{P_{\text{CO}_2}V_{\text{B}}}{RT}=\dfrac{6.0\times10^{4}\ \text{Pa}\times6.0\ \text{L}}{8.3\times10^{3}\times300\ \text{K}}\fallingdotseq 0.14\ \text{mol}$$

8 極性が小さい $\Longrightarrow$ 分子間力が小さい

分子量が小さい $\Longrightarrow$ 分子間力が小さい

沸点が低い $\Longrightarrow$ 分子間力が小さい

9

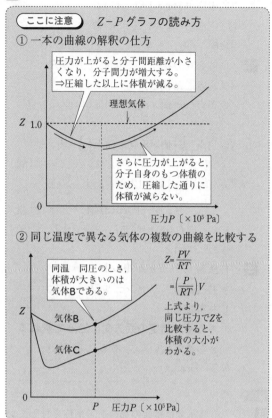

ここに注意　　Z-P グラフの読み方

① 一本の曲線の解釈の仕方

圧力が上がると分子間距離が小さくなり，分子間力が増大する。$\Rightarrow$ 圧縮した以上に体積が減る。

理想気体

さらに圧力が上がると，分子自身のもつ体積のため，圧縮した通りに体積が減らない。

② 同じ温度で異なる気体の複数の曲線を比較する

同温・同圧のとき，体積が大きいのは気体Bである。

気体B
気体C

$$Z=\dfrac{PV}{RT}$$
$$=\left(\dfrac{P}{RT}\right)V$$

上式より，同じ圧力でZを比較すると，体積の大小がわかる。

(2) Z が 1.0 を下回るのは，体積が理想気体よりも小さくなっているからと判断できる。Z-P グラフの読み方の①に示すように，分子間引力と分子自身の体積のうち，体積を小さくできるのは分子間引力の影響を受けるときである。また，分子自身の大きさについては，グラフの極小値付近で判断することはできない。

(4) 温度を上げると熱運動が激しくなり，分子間引力の影響が小さくなり，理想気体に近づく。

3　固体の構造

STEP ① 基本問題　　p.12 ～ 13

1 ① 結晶　② 単位格子

③ 非晶質（アモルファス）

2 (1) ア，エ　(2) イ　(3) ウ　(4) オ

3 ① 頂点$\left(\dfrac{1}{8}\right)$個×8 点＋面上$\left(\dfrac{1}{2}\right)$個×6 面

$=(4)$個　　② 頂点$\left(\dfrac{1}{8}\right)$個×8 点$=(1)$個

③ 頂点$\left(\dfrac{1}{8}\right)$個×8 点＋面上$\left(\dfrac{1}{2}\right)$個×6 面

$=(4)$個

④ 中心(1)個×1 点＋辺上$\left(\dfrac{1}{4}\right)$個×12 本

$=(4)$個

⑤ 中心(1)個×1点＝(1)個

⑥ 内部(1)個×4点＝(4)個

⑦6 ⑧8 ⑨4

4 ① 体心立方格子 ② 面心立方格子

③ 六方最密構造

④ 頂点$\left(\dfrac{1}{8}\right)$個×8点＋内部(1)個×1点

$＝(2)$個

⑤ 頂点$\left(\dfrac{1}{8}\right)$個×8点＋面上$\left(\dfrac{1}{2}\right)$個×6面

$＝(4)$個

⑥ $\left\{$頂点$\left(\dfrac{1}{6}\right)$個×12点＋面上$\left(\dfrac{1}{2}\right)$個

$\times 2$面＋内部(3)個$\right\}÷3＝(2)$個

⑦ $r＝\dfrac{\sqrt{3}}{4}l$ ⑧ $r＝\dfrac{\sqrt{2}}{4}l$ ⑨ $r＝\dfrac{1}{2}l$ ⑩ 8

⑪ 12 ⑫ 12

5 ① 黒鉛 ② ダイヤモンド

③ 共有結合，ファンデルワールス力

④ 共有結合

⑤ もろく，特定の面方向に沿って割れる

⑥ きわめて硬い ⑦ ある ⑧ ない

⑨ 3 ⑩ 4

解説

3 ①～⑥問題では紙面の都合上，単位を付していないが，解答ではそれらを補って記した。

⑦～⑨棒と球で示すイメージ図では，どこが接しているかわからないので，最も近いイオンを探す。

4 ④，⑤ **3** のイオン結晶を参照。

⑥ 六角柱に含まれる原子は頂点上が$\dfrac{1}{6}$個，六角形の面上が$\dfrac{1}{2}$個，内部は六角柱1つにつき3個である。単位格子は六角柱を三等分した四角柱であるから，最後に3で割るのを忘れないように。

⑦～⑨原子が接している部分を探し，半径と接点を含む点で切断する。具体的には以下に示す。

⑦ 体心立方格子は体対角線を含む長方形で切断する。

体対角線について$\sqrt{3}l＝4r \longrightarrow r＝\dfrac{\sqrt{3}}{4}l$

⑧ 面心立方格子は単位格子の面について考える。

面対角線について$\sqrt{2}l＝4r \longrightarrow r＝\dfrac{\sqrt{2}}{4}l$

⑩ **3** のCsCl型と同じように考える。

⑪～⑫ 本冊 p.13 **Guide** を参照。

5 黒鉛は六角形が互いにずれた状態で積層しており，金属の六方最密構造とは大きく異なる。

---

1 (1) $2(r^{+}＋r^{-})$

(2) $2dN_{A}(r^{+}＋r^{-})^{3}$

2 (1) AB (2) AB_2 (3) AB_2 (4) AB_3 (5) AB

3 (1) a：面心立方格子 b：六方最密構造

c：体心立方格子 (2) $\dfrac{4M}{a^{3}d}$

(3) 一辺の長さ：0.287 nm

密度：7.87 g/cm³

(4)① a ② a ③ c ④ a

4 (1) 8個 (2) $\dfrac{a^{3}dN_{A}}{8}$ (3) $\dfrac{\sqrt{3}a}{4}$

5 (1) 4個 (2) 4.9 g/cm³

6 (1) $\dfrac{11\sqrt{3}}{3}\times 10^{-8}$ cm (2)酸素原子：8個，

水分子：8個 (3) 0.930 g/cm³

7 組成式：$TiCaO_3$，配位数：12

解説

1 (1) 立方格子の断面図は右のようになる。この正方形の一辺については，$2(r^{+}＋r^{-})$となる。

(2) 単位格子の質量〔g〕

$＝\dfrac{\dfrac{NaClのモル質量}{N_{A}}×4}{NaCl1個分の質量}$

単位格子の体積は$a^{3}〔cm^{3}〕＝\{2(r^{+}＋r^{-})〔cm〕\}^{3}$

$d〔g/cm^{3}〕＝\dfrac{\dfrac{NaClのモル質量}{N_{A}}×4}{8(r^{+}＋r^{-})^{3}}$

NaClのモル質量$＝2dN_{A}(r^{+}＋r^{-})^{3}$

2 (1) A：頂点$\dfrac{1}{8}$個×8点＝1個

B：内部1個 A：B＝1：1 $\longrightarrow$ AB

(2) A：頂点$\dfrac{1}{8}$個×8点＋内部1個＝2個

B：内部4個 A：B＝2：4 $\longrightarrow$ AB_2

(3) A：頂点$\dfrac{1}{8}$個×8点＋面上$\dfrac{1}{2}$個×6面＝4個

B：内部8個 A：B＝4：8 $\longrightarrow$ AB_2

(4) A：頂点$\dfrac{1}{8}$個×8点＝1個

B：辺上$\dfrac{1}{4}$個×12辺＝3個 A：B＝1：3 $\longrightarrow$ AB_3

(5) A：頂点$\dfrac{1}{8}$個×8点＋面上$\dfrac{1}{2}$個×6面＝4個

B：辺上$\dfrac{1}{4}$個×12辺＋内部1個＝4個

A：B＝4：4 $\longrightarrow$ AB

3 (1) 本冊 p.13 **4** を参照。

(2) 単位格子の質量〔g〕$＝\dfrac{\dfrac{M}{N_{A}}×4}{銀原子1個分の質量}$

6

密度 $d\,[\mathrm{g/cm^3}] = \dfrac{\dfrac{M}{N_\mathrm{A}} \times 4}{a^3} \Rightarrow N_\mathrm{A} = \dfrac{4M}{a^3 d}\,[\mathrm{/mol}]$

(3) 本冊 p.13 **4** ⑦より，$r = \dfrac{\sqrt{3}}{4}a$

$r = 0.124$ を代入すると，$a = 0.2867\cdots \fallingdotseq 0.287$ nm

密度は(2)と同じように計算することで，

$$d\,[\mathrm{g/cm^3}] = \dfrac{\dfrac{M}{N_\mathrm{A}} \times 2}{a^3}$$

$$= \dfrac{55.8 \times 2}{6.02 \times 10^{23} \times \left(\dfrac{4}{\sqrt{3}} \times 0.124 \times 10^{-7} \right)^3}$$

$$= 7.871\cdots \fallingdotseq 7.87$$

(4) ①～③ 本冊 p.13 **4** を参照。

④ (2)，(3)で得られた密度の式の a を原子半径 r に置き換えると，

a 面心立方格子

密度 $= \dfrac{\dfrac{M}{N_\mathrm{A}} \times 4}{\left(\dfrac{4}{\sqrt{2}} r \right)^3} = \dfrac{4\sqrt{2}M}{32 N_\mathrm{A} r^3} \fallingdotseq \dfrac{5.64 M}{32 N_\mathrm{A} r^3}$

c 体心立方格子

密度 $= \dfrac{\dfrac{M}{N_\mathrm{A}} \times 2}{\left(\dfrac{4}{\sqrt{3}} r \right)^3} = \dfrac{3\sqrt{3}M}{32 N_\mathrm{A} r^3} \fallingdotseq \dfrac{5.19 M}{32 N_\mathrm{A} r^3}$

4 (1) 立方格子であるから頂点上 $\dfrac{1}{8}$ 個，面上 $\dfrac{1}{2}$ 個，内部1個で数えていく。

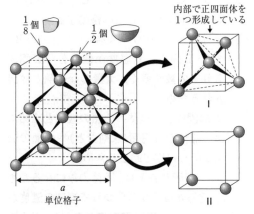

$\dfrac{1}{8}$ 個 　 $\dfrac{1}{2}$ 個

単位格子

内部で正四面体を1つ形成している

I

II

ダイヤモンド型格子は内部に原子をもった I とそうでない II の2種類の小さな立方体が交互に並んだ構造になっており，単位格子には I は4個含まれる。よって，

頂点 $\dfrac{1}{8}$ 個×8点 + 面 $\dfrac{1}{2}$ 個×6面 + 内部 4 個 = 8個
　　　　　　　　　　　　　　　　　 I によるもの

(2) 単位格子の質量 $[\mathrm{g}] = \dfrac{M}{N_\mathrm{A}} \times 8$
　　　　　　　　ケイ素原子1個分の質量

密度 $d\,[\mathrm{g/cm^3}] = \dfrac{\dfrac{M}{N_\mathrm{A}} \times 8}{a^3} \Rightarrow M = \dfrac{a^3 d N_\mathrm{A}}{8}$

(3) 原子間結合の長さは立方格子の体対角線の長さの

$\dfrac{1}{4}$ である。

5 (1) 立方格子ではないが，頂点上 $\dfrac{1}{8}$ 個，面上 $\dfrac{1}{2}$ 個で計算する。

頂点 $\dfrac{1}{8}$ 個×8点 + 面 $\dfrac{1}{2}$ 個×6面 = 4個

(2)

$$d\,[\mathrm{g/cm^3}] = \dfrac{\dfrac{254}{6.0 \times 10^{23}} \times 4}{0.48 \times 0.73 \times 0.98 \times 10^{-21}}$$

$$= 4.931\cdots \fallingdotseq 4.9 \ \mathrm{g/cm^3}$$

6 (1) **4** (3)を参考に考えると，**図2** より，

単位格子の一辺の長さ×$\sqrt{3}$ = 4×酸素原子間の距離
$= 4 \times (1.76 \times 10^{-8} + 0.99 \times 10^{-8})\,\mathrm{cm} = 11.0 \times 10^{-8}$ cm

であるから，

単位格子の一辺の長さ $= \dfrac{11.0 \times 10^{-8} \ \mathrm{cm}}{\sqrt{3}} = \dfrac{11\sqrt{3}}{3} \times 10^{-8}$ cm

(2) 単位格子に含まれる酸素原子数は**図2**を見ながら**4** (1)を参考に数える。水分子の数は酸素原子1個で水分子が1個できることから考える。

(3) **4** (2)を参考に立方格子の一辺の長さ $a\,[\mathrm{cm}]$，水のモル質量 $M\,[\mathrm{g/mol}]$，アボガドロ定数 $N_\mathrm{A}\,[\mathrm{/mol}]$ を用いると，密度 $d\,[\mathrm{g/cm^3}]$ は次のように示される。

水分子1個分の質量 [g]

$$d\,[\mathrm{g/cm^3}] = \dfrac{\dfrac{M}{N_\mathrm{A}} \times 8}{a^3} = \dfrac{\dfrac{18.0}{6.02 \times 10^{23}} \times 8}{\left(\dfrac{11}{\sqrt{3}} \times 10^{-8} \right)^3}$$

$$\fallingdotseq 0.930 \ \mathrm{g/cm^3}$$

7 単位格子内の $\mathrm{Ti^{4+}}$ は1個(内部：1個)，$\mathrm{Ca^{2+}}$ は1個(頂点：$\dfrac{1}{8} \times 8 = 1$ 個)，$\mathrm{O^{2-}}$ は3個(面上：$\dfrac{1}{2} \times 6 = 3$ 個)であり，この結晶の組成式は $\mathrm{TiCaO_3}$ となる。ここでは，1個の $\mathrm{Ca^{2+}}$ は12個の $\mathrm{O^{2-}}$ と接している。

4 溶液の性質

STEP ① 基本問題	p.16～17

1 (1)ア (2)エ (3)ウ (4)イ

2 (1)1.0 g (2)① 196 mL ② 49 mL

3 ア，ウ

4 (1)ア～イ (2)イ～エ

5 (1)① 溶媒 ② 溶質 ③ 溶液 ④ 純溶媒 ⑤ 溶媒 ⑥ 浸透 (2)浸透圧

6 (1)① 散乱 ② ○ (2)分散媒粒子 (3)$10^{-9} \sim 10^{-7}$ m (4)会合コロイド

解説▶

1

	ここに注意　極性などと溶解性		
	溶質	溶媒	
		極性（例：水）	無極性（例：ベンゼン）
イオンからなる物質		溶ける	溶けない
分子から なる物質	極性分子	溶ける	溶けない
	無極性分子	溶けない	溶ける

(2)エタノールは単に極性をもっているだけでなく，OH(ヒドロキシ基)という原子団(本冊 p.85 で学習)を有しており，これが水との間に水素結合を形成して，互いに混じり合う。

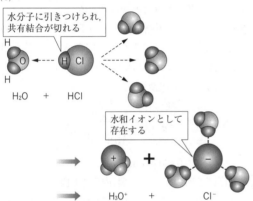

水　　　　　エタノール

(4)

H_2O　＋　HCl

H_3O^+　＋　Cl^-

2 (1)基準となる溶解度は $\dfrac{49}{22400}$ mol だから，

$\dfrac{49}{22400}$ mol$\times\dfrac{3.0\times10^5\,\text{Pa}}{1.0\times10^5\,\text{Pa}}\times\dfrac{5\,\text{L}}{1\,\text{L}}≒3.28\times10^{-2}$ mol

$\begin{cases}1.0\times10^5\,\text{Pa}\\1\,\text{L のときの溶解度}\end{cases}$　圧力の倍率　溶媒量の倍率

3.28×10^{-2} mol$\times32$ g/mol$=1.0496$ g

(2)$\dfrac{49}{22400}$ mol$\times\dfrac{4.0\times10^5\,\text{Pa}}{1.0\times10^5\,\text{Pa}}\times\dfrac{1\,\text{L}}{1\,\text{L}}=\dfrac{196}{22400}$ mol

$\dfrac{196}{22400}$ mol$\times22400=196$ mL　　…①

また，ボイルの法則より，

196 mL$\times1.0\times10^5\,\text{Pa}=v[\text{mL}]\times4.0\times10^5\,\text{Pa}$

$v=49$ mL　　…②

ここに注意　ヘンリーの法則
気体の溶解度
＝基準とする溶解度×圧力の倍率×溶媒量の倍率

3 ア 正しい。本冊 p.16 *Guide* を参照。
イ，ウ 沸点上昇の大きさ(沸点上昇度)は蒸発を妨害する溶質粒子の種類には関わらず，溶媒の種類と溶液

の濃度だけで決まる。イは溶媒の種類が異なるので，沸点上昇度は同じにならない。
エ 電解質は水溶液中で電離する。よって，非電解質よりも蒸発を妨害する粒子が増えるため，電解質水溶液のほうが蒸気圧降下が大きい。

6 (3)m の単位表記では，「コロイドは鳴く」と覚えておくとよい。一方で 10^{-7} ～ 10^{-5} cm と表記することもできるので，単位に注意しておこう。
(4)セッケンについては本冊 p.99 **13** でも学習する。

STEP　2　標準問題　　　　p.18～21

1 ア，イ，ウ

2 (1)× (2)× (3)○

3 (1)A (2)0.57

4 (1)A：5.6×10^{-2} mol/kg
　　B：8.3×10^{-2} mol/kg
(2)記号：A
理由：A の蒸気圧よりも B の蒸気圧のほうが高く，B で蒸発した粒子が拡散して A で凝縮するため。
(3)A：21 mL　B：15 mL

5 (1)ア：C　イ：A　ウ：B　(2)t_4-t_3
(3)100.104 ℃　(4)下へ移動する。

6 (1)水：t_1　スクロース水溶液：t_3　(2)B
(3)① 凝固点より温度が低い分，凝固する分子の数が多く，大量の凝固熱が放出されるため。
② 凝固による液体への熱の放出と冷却による液体から周囲(寒剤など)への熱の流出が同じ速度で起こるため。
(4)① 凝固が完了し，固体のみになるため。
② 溶媒が凝固するにつれて溶液の濃度が大きくなり，凝固点降下度が大きくなるため。
(5)$3t_3-2t_1$

7 (1)イ (2)ウ (3)ウ (4)イ

8 (1)凝固点：オ　沸点：ア　(2)1.2×10^2
(3)1.3×10^2 (4)8.5 g (5)2.6×10^6 Pa

9 (1)イ (2)オ (3)コ (4)ア (5)キ
(6)カ (7)ク (8)ケ

10 熱運動をしている分散媒の粒子がコロイド粒子に不規則に衝突するため。

11 オ

解説▶

1 **ア** 誤り。飽和溶液中で溶け残った溶質粒子の表面では，溶解と析出が同じ速度で起こっている。

イ 誤り。水和イオンを形成する。

ウ 誤り。モル濃度が同じであっても分子量や式量の大小によって，溶けている溶質の質量は異なる。

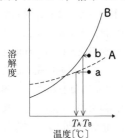

分子量(式量)が
B＞Aであるとすると
同じモル濃度であっても
a, bのように質量が
異なる。

T_A, T_B…析出する温度

エ 正しい。本冊 p.16 **2** (2)を参照。

2 (2)100 g の水を用いた場合，

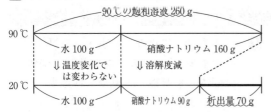

以上より，90 ℃の飽和溶液260 g より 70 g の結晶が析出する。本問では飽和溶液が250 g であるから，析出量は，$70 \text{ g} \times \dfrac{250}{260} \fallingdotseq 67.3 \text{ g}$

(3)10 g しか結晶は析出しない。

3 (2)

$$\dfrac{\text{酸素の質量〔g〕}}{\text{窒素の質量〔g〕}}$$

$$= \dfrac{1.04 \times 10^{-3} \text{ mol} \times \dfrac{2.0 \times 10^4 \text{ Pa}}{1.0 \times 10^5 \text{ Pa}} \times \dfrac{1 \text{ L}}{1 \text{ L}} \times 32}{0.52 \times 10^{-3} \text{ mol} \times \dfrac{8.0 \times 10^4 \text{ Pa}}{1.0 \times 10^5 \text{ Pa}} \times \dfrac{1 \text{ L}}{1 \text{ L}} \times 28}$$

$$= 0.571 \cdots \fallingdotseq 0.57$$

4 (1) A について，

$$\dfrac{\dfrac{0.0585}{58.5} \text{ mol}}{0.018 \text{ kg}} = 5.55 \cdots \times 10^{-2} \fallingdotseq 5.6 \times 10^{-2} \text{ mol/kg}$$

B について，

$$\dfrac{\dfrac{0.270}{180} \text{ mol}}{0.018 \text{ kg}} = 8.33 \cdots \times 10^{-2} \fallingdotseq 8.3 \times 10^{-2} \text{ mol/kg}$$

(2), (3) 5.55×10^{-2} mol/kg　　　　　8.33×10^{-2} mol/kg
NaCl 水溶液　　　　　　　　　　　$C_6H_{12}O_6$ 水溶液

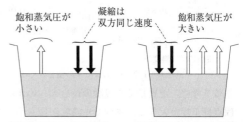

凝縮する分子のほうが多い　　蒸発する分子のほうが多い

上図のように，$C_6H_{12}O_6$ 水溶液は水分子が失われ，濃度が上がり，NaCl 水溶液は水分子が得られ，濃度が下がる。濃度変化に伴って，双方の溶液の飽和蒸気圧も変化し，やがて，2つの溶液の間で飽和蒸気圧の差がなくなれば止まる。変化が止まったときの溶媒の質量を M_A，M_B とおくと，

$$\dfrac{\dfrac{0.0585}{58.5} \text{ mol} \times 2}{\dfrac{M_A}{1000} \text{ kg}} = \dfrac{\dfrac{0.270}{180} \text{ mol}}{\dfrac{M_B}{1000} \text{ kg}}$$

$$\dfrac{2.0 \times 10^{-3}}{M_A} = \dfrac{1.5 \times 10^{-3}}{M_B}$$

一方で，容器内の水の総量について，

$$M_A + M_B = 36 \text{ g}$$

これらより，$M_A \fallingdotseq 21 \text{ g}$，$M_B \fallingdotseq 15 \text{ g}$
水溶液の密度を 1.0 g/cm³ とするので，A の体積は 21 mL，B の体積は 15 mL となる。

5 (3)水が最も沸点が低いので，$t_3 = 100$ ℃であることがわかる。一方で，t_5 は塩化ナトリウム水溶液の沸点であり，塩化ナトリウム水溶液の沸点上昇度は同じ濃度の尿素水溶液の2倍になるので，

$$\underset{\text{純溶媒の沸点}}{100 \text{ ℃}} + \underset{\text{沸点上昇度}}{0.052 \text{ ℃} \times 2} = 100.104 \text{ ℃}$$

(4)溶媒が失われ，溶液の濃度が上がっていくため。

6 (5)スクロース水溶液の凝固点降下度は $t_1 - t_3$ であるが，塩化カルシウム水溶液では濃度が同じでも電離によって凝固点降下度が3倍になる(本冊 p.16 **3** を参照)。よって，

$$\underset{\text{純溶媒の凝固点}}{t_1} - \underset{\text{凝固点降下度}}{(t_1 - t_3) \times 3} = 3t_3 - 2t_1$$

7 (1)温度が上がると，浸透圧は大きくなる。

(2)溶液が薄くなるため，浸透圧は下がる。

(3)どちらも同じ濃度の溶液になるため，水面の高さが一致する。

(4)電解質溶液であるので，浸透圧はブドウ糖水溶液 2×10^{-3} mol/L と同等になる。

8 (1)電解質の電離を考慮しながら質量モル濃度を比較すると，

$$\textbf{ア}: \frac{1}{342} = \frac{3}{1026}\ \text{mol/kg} \qquad \textbf{イ}: \frac{1}{180} = \frac{3}{540}\ \text{mol/kg}$$

$$\textbf{ウ}: \frac{1}{60} = \frac{3}{180}\ \text{mol/kg} \qquad \textbf{エ}: \frac{1}{142} \times 3 = \frac{3}{142}\ \text{mol/kg}$$

$$\underset{\text{電離による濃度増}}{\textbf{オ}: \frac{1}{74.6} \times 2 = \frac{3}{111.9}\ \text{mol/kg}}$$

（※大小比較のために分子の値を3で統一した。）

電離を考慮した質量モル濃度の最も大きい**オ**が最も凝固点降下度が大きく，質量モル濃度が最も小さな**ア**が沸点上昇度が一番小さい。

(2)
$$\underset{\substack{\text{凝固点}\\\text{降下度}}}{1.22\ \text{K}} = \underset{\text{モル凝固点降下}}{5.07\ \text{K·kg/mol}} \times \underset{\text{質量モル濃度}}{\dfrac{\dfrac{0.287}{M}}{0.010}\ \text{mol/kg}}$$

$$M = 119.2\cdots \fallingdotseq 1.2 \times 10^2$$

(3)
$$\underset{\text{浸透圧}}{4.81 \times 10^4\ \text{Pa}} = \underset{\substack{\text{モル濃度}}}{\dfrac{\dfrac{1.00}{M}}{0.400}\ \text{mol/L}} \times \underset{\text{気体定数}}{8.31 \times 10^3} \times \underset{\text{絶対温度}}{(27+273)\ \text{K}}$$

$$M = 129.5\cdots \fallingdotseq 1.3 \times 10^2$$

(4)
$$\underset{\text{浸透圧}}{7.50 \times 10^5\ \text{Pa}} = \underset{\text{モル濃度}}{\dfrac{\dfrac{w}{58.5}}{1.00}\ \text{mol/L}} \times \underset{\substack{\text{電離に}\\\text{よる}\\\text{濃度増}}}{2} \times \underset{\text{気体定数}}{8.31 \times 10^3}$$
$$\times \underset{\text{絶対温度}}{(37+273)\ \text{K}}$$

$$w = 8.51\cdots \fallingdotseq 8.5\ \text{g}$$

(5) 海水のモル濃度は，

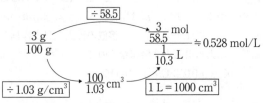

これを，浸透圧の公式を用いて浸透圧を計算すると，

$$\Pi = \underset{\text{モル濃度}}{0.528\ \text{mol/L}} \times \underset{\substack{\text{電離に}\\\text{よる}\\\text{濃度増}}}{2} \times \underset{\text{気体定数}}{8.31 \times 10^3} \times \underset{\text{絶対温度}}{(20+273)\ \text{K}}$$

$$= 2.57\cdots \times 10^6 = 2.6 \times 10^6\ \text{Pa}$$

10 ブラウン運動では，コロイド粒子が分散媒に衝突されて，不規則に動いているように見える。

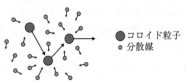

凡例：
● コロイド粒子
・ 分散媒

　ブラウン運動ではコロイド粒子自身は動いていない。

11 デンプンやタンパク質では，それらの分子1個自体が大きいためコロイド粒子となる。このような粒子が分散したものが分子コロイドである。これに対して，セッケンや合成洗剤の水溶液では，ミセルとよばれる会合コロイド（ミセルコロイド）が形成される。界面活性剤**A**は $8.2 \times 10^{-3}\ \text{mol/L}$ 以上でミセルを形成するため，$1.0 \times 10^{-1}\ \text{mol/L}$ ではチンダル現象を起こす。界面活性剤**A**のミセルは，外側が親水基（$-OSO_3^-$）で覆われた負コロイドになるため，電気泳動によって陽極側に移動する。

STEP ③ チャレンジ例題 1　　p.22 ～ 23

1 (1)① 穏やかになる　② 小さ　③ 減少
　　④ ボイル・シャルル　⑤ 気体　⑥ 液体
　　⑦ 固体　⑧ 凝縮　⑨ 減少　⑩ 減少
　　⑪ イ　⑫ ア　⑬ ア　⑭ イ　⑮ ア
　　(2)⑯ ア　⑰ カ

2 (1) 揮発性物質がすべて蒸発し，ボイル・シャルルの法則にしたがうため。
　　(2) 1.6×10^2

3 ① 短　② 増加　③ 増加　④ ボイル
　　⑤ 凝縮　⑥ 液　⑦ 減少　⑧ ア　⑨ ア
　　⑩ ア　⑪ イ　⑫ イ　⑬ 気液平衡
　　⑭ 飽和蒸気

4 (1) $2.8 \times 10\ \text{L}$　　(2) エ

解説▶

1　(1)④ 気体の法則で温度 T，圧力 P を結びつける法則はなく，ボイル・シャルルの法則 $\left(\dfrac{PV}{T} = \text{一定}\right)$。

(2)

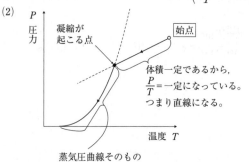

2　(2) **a** 点での圧力，温度を読みとって，$PV = nRT$ に代入するとよい。分子量を M とおくと，

$$5.8 \times 10^4 \, \text{Pa} \times 3 \, \text{L} = \frac{10}{M} \, \text{mol} \times 8.3 \times 10^3 \times 333 \, \text{K}$$
$$M = 158.8 \cdots \doteq 1.6 \times 10^2$$

3 グラフに表すと，次のようになる。

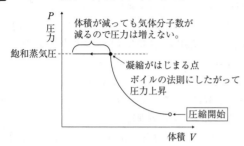

体積が減っても気体分子数が減るので圧力は増えない。

飽和蒸気圧 ‥‥‥‥‥

凝縮がはじまる点

ボイルの法則にしたがって圧力上昇

圧縮開始

4 液体が尽きるまでは飽和蒸気圧のまま変化せず，液体が尽きたらボイルの法則にしたがって圧力が減少する。

(1) 0.10 mol すべてが気体になったときの気体の圧力は飽和蒸気圧に等しい。

$$V = \frac{nRT}{P} = \frac{0.10 \times 8.3 \times 10^3 \times 300}{8.8 \times 10^3} \doteq 2.8 \times 10 \, [\text{L}]$$

STEP **3** チャレンジ問題 **1** p.24～27

1 69%

2 0.77 倍

3 (1)

A B D C 一辺の長さ：$\dfrac{4R}{\sqrt{2}}$

(2)

A B D C 半径比：$\dfrac{r}{R} = \sqrt{2} - 1$

(3)

A B D C 一辺の長さ：$2R$

(4)

A F D H 半径比：$\dfrac{r}{R} = \sqrt{3} - 1$

(5) $a < \dfrac{r}{R} < b$ のとき：NaCl 型

$b < \dfrac{r}{R}$ のとき：CsCl 型

4 (1) A：**液体** B：**固体** C：**気体** a：**融点(凝固点)** b：**沸点** c：**臨界点**

(2) **イ** (3) **ア，エ**

(4) **高圧下では 100 ℃以上の液体の水が安定に存在するため。**

5 (1) 8.7×10^4 Pa (2) 1.0×10^5 Pa

(3) 5.3×10^4 Pa

(4) **圧力が高くなると同時に単位体積あたりの分子数が増加し，分子自身の体積の影響が大きくなるから。**

分子間の平均距離が小さくなり，分子間引力が大きくなるため。

6 (1) 3.4×10^2 mL (2) 1.1×10^{-1} mol

(3) 3.2×10^5 Pa

7 (1) a：5.7×10^{-3} b：$m(1+\alpha)$

c：0.10

(2) $H_3C-C \begin{smallmatrix} O-H \cdots O \\ \\ O \cdots H-O \end{smallmatrix} C-CH_3$

8 (1) $\dfrac{w_1}{M_1} = \dfrac{w_2}{M_2}$

(2) N 量体：$\dfrac{w_1 \alpha}{NM_1}$

総物質量：$\dfrac{w_1}{M_1}\left(1 - \dfrac{N-1}{N}\alpha\right)$

(3) $\dfrac{\alpha(N-1)w_1 RT_2}{NM_1 \cdot V}$

(4) **コロイドに水和している水分子が引き離され，コロイド粒子同士が集まるから。**

解説▶

1 ●単位格子の体積：

$(4.0 \times 10^{-8})^3 \, \text{cm}^3 = 6.4 \times 10^{-23} \, \text{cm}^3$

●単位格子に含まれる Cs^+ の体積：

$\dfrac{4}{3}\pi \times (1.7 \times 10^{-8})^3 \, \text{cm}^3 \doteq 2.03 \times 10^{-23} \, \text{cm}^3$

●単位格子に含まれる Cl^- の体積：

$\dfrac{4}{3}\pi \times (1.8 \times 10^{-8})^3 \, \text{cm}^3 \doteq 2.40 \times 10^{-23} \, \text{cm}^3$

よって，CsCl の結晶中でイオンの占める体積は，

$\dfrac{\text{単位格子に含まれるイオンの体積}}{\text{単位格子の体積}} \times 100$

$= \dfrac{2.03 \times 10^{-23} + 2.40 \times 10^{-23}}{6.4 \times 10^{-23}} \times 100$

$= 69.2 \cdots \doteq 69\%$

2 本問ではモル質量やアボガドロ定数などを与えられていないので，それぞれ次のように定める。

M_{XY}…XY のモル質量 N_A…アボガドロ定数

r^+, r^-…陽イオンと陰イオンのイオン半径

NaCl 型の場合

密度〔g/cm^3〕$= \dfrac{\text{単位格子の質量〔g〕}}{\text{単位格子の体積〔}cm^3\text{〕}}$

$= \dfrac{\dfrac{M_{XY}}{N_A} \times 4 \, [\text{g}]}{\{2(r^+ + r^-)\}^3 [\text{cm}^3]}$

CsCl 型の場合

密度〔g/cm^3〕$= \dfrac{\text{単位格子の質量〔g〕}}{\text{単位格子の体積〔}cm^3\text{〕}}$

$$= \frac{\dfrac{M_{XY}}{N_A} \times 1 \,(\text{g})}{\left\{ \dfrac{2}{\sqrt{3}}(r^+ + r^-) \right\}^3 (\text{cm}^3)}$$

よって求めたい比は,

$$\frac{\text{NaCl型}}{\text{CsCl型}} = \frac{\dfrac{\dfrac{M_{XY}}{N_A} \times 4}{\{2(r^+ + r^-)\}^3}}{\dfrac{\dfrac{M_{XY}}{N_A} \times 1}{\left\{ \dfrac{2}{\sqrt{3}}(r^+ + r^-) \right\}^3}} = \frac{4}{3\sqrt{3}} \fallingdotseq 0.77 \text{倍}$$

3 (1) 本問では「陰イオンどうしが互いに接している」とされている。つまり,

(ⅰ) 陰イオンの中心はどこにあるのか。

(ⅱ) 陰イオンどうしの接点はどこにあるのか。

がわかるように作図すればよい。

長さについては面 **ABCD** の一辺の長さを l とおくと,

$\sqrt{2}\, l = 4R$ となるため,一辺の長さ l は $\dfrac{4}{\sqrt{2}}R$ である。

(2) 陽イオンは面 **ABCD** の中では各辺の中点に存在している。また,陽イオンは隣り合うすべての陰イオンと接する。陽イオンの半径を r とすると,

辺 **AB** について, $2R + 2r = l = \dfrac{4}{\sqrt{2}}R$

$\dfrac{r}{R} = \sqrt{2} - 1$

(4) 対角線について, $2R + 2r = \sqrt{3}\, l = \sqrt{3}(2R)$

$\dfrac{r}{R} = \sqrt{3} - 1$

(5) $\dfrac{r}{R}$ と a の大小を比べ,本文にある条件①を満たすか調べると, NaCl 型については次の図のようになる。

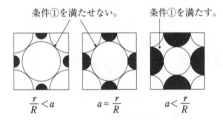

条件①を満たせない。　条件①を満たす。

$\dfrac{r}{R} < a$ 　　$a = \dfrac{r}{R}$ 　　$a < \dfrac{r}{R}$

CsCl 型についても同様に, $\dfrac{r}{R} < b$ のときは不安定で, $b < \dfrac{r}{R}$ のときは安定となる。つまり,

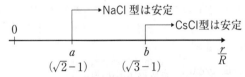

両方安定である場合は条件②より, CsCl 型になる。

4 本問の図のように縦軸に圧力,横軸に温度をとり,物質の状態変化が生じる条件を線で示したものを状態図という。

(3) **ア** 正しい。**d** 点は三重点とよばれ,気体,液体,固体の三態のいずれにも変化できる条件である。

イ 誤り。**b** 点から圧力を上げると領域 **A** に入ってしまうことから液体になる。

ウ 誤り。0℃のときもきわめて低い圧力下であれば, **C** の領域に入る。よって気体になることも可能である。

エ 正しい。2.026×10^5 Pa のときをグラフの上で低温領域から高温領域へ移動していくと **B** の領域から, **A** を経て **C** に入る。

(4) 圧力鍋は密閉した状態で食材を加熱し,加熱による圧力上昇によって,より高い温度であっても水が沸騰しないようにする調理器具である。

5 (1) コックを開けると 3 つの容器は 1 つの容器になり,その内容積が 10 L。ここで気体の物質量は,

プロパン(分子量 44): $\dfrac{2.2\,\text{g}}{44\,\text{g/mol}} = 5.0 \times 10^{-2}$ mol

酸素(分子量 32): $\dfrac{9.6\,\text{g}}{32\,\text{g/mol}} = 3.0 \times 10^{-1}$ mol

だから,気体の物質量の総計 $n_{\text{total}} = 3.5 \times 10^{-1}$ mol

したがって,全圧は,

$$PV = nRT \Rightarrow P_{\text{total}} = \frac{n_{\text{total}} \cdot R \cdot T}{V}$$

$$= \frac{3.5 \times 10^{-1}\,\text{mol} \times 8.3 \times 10^3 \times 300\,\text{K}}{10\,\text{L}}$$

$$\fallingdotseq 8.7 \times 10^4\,\text{Pa}$$

(2) 温度が異なっていても,分子数が変化することによって最終的に 3 つの容器内の気体の圧力は一致する。各容器に入っている気体の総物質量〔mol〕を n_A, n_B, n_C とおくと,各容器内の圧力は,

$$P_A = \frac{n_A \cdot R \cdot T_A}{V_A} = \frac{n_A R \cdot 300}{6.0} = 50 n_A R \qquad \cdots ①$$

$$P_B = \frac{n_B \cdot R \cdot T_B}{V_B} = \frac{n_B R \cdot 400}{3.0} = \frac{400}{3} n_B R \qquad \cdots ②$$

$$P_C = \frac{n_C \cdot R \cdot T_C}{V_C} = \frac{n_C R \cdot 600}{1.0} = 600 n_C R \qquad \cdots ③$$

これらは等しいので, $50 n_A R = \dfrac{400}{3} n_B R = 600 n_C R$

$$3 n_A = 8 n_B = 36 n_C$$

したがって, $n_A : n_B : n_C = 24 : 9 : 2$

(1)より, $n_A + n_B + n_C = 3.5 \times 10^{-1}$ mol であるから,

$n_A = 2.4 \times 10^{-1}$ mol, $n_B = 0.90 \times 10^{-1}$ mol

$n_C = 0.20 \times 10^{-1}$ mol が得られる。

①式より, $P_A = 50 \times \dfrac{2.4 \times 10^{-1}}{n_A} \times \dfrac{8.3 \times 10^3}{R} \fallingdotseq 1.0 \times 10^5$ Pa

(3) コックを閉めた後,容器 **A** には,

$C_3H_8 : 5.0 \times 10^{-2} \times \dfrac{6}{10} = 3.0 \times 10^{-2}$ mol

$O_2 \ \ : 3.0 \times 10^{-1} \times \dfrac{6}{10} = 1.8 \times 10^{-1}$ mol

が含まれ,反応による物質の増減をまとめると,

	C_3H_8	$+$	$5O_2$	$\longrightarrow$	$3CO_2$	$+$	$4H_2O$
反応前	3.0×10^{-2} mol		1.8×10^{-1} mol		0 mol		0 mol
増減	-3.0×10^{-2} mol		-1.5×10^{-1} mol		$+9.0 \times 10^{-2}$ mol		$+1.2 \times 10^{-1}$ mol
反応後	0 mol		3.0×10^{-2} mol		9.0×10^{-2} mol		1.2×10^{-1} mol

ここで，O_2 と CO_2 は凝縮しない気体であるから，理想気体の状態方程式から分圧を計算できる。

$$P = \frac{(n_{O_2} + n_{CO_2}) \cdot R \cdot T}{V_A}$$

$$= \frac{1.2 \times 10^{-1} \times 8.3 \times 10^3 \times 300}{6.0} = 4.98 \times 10^4 \text{ Pa}$$

一方で，H_2O は凝縮し得る気体なので，気液判定することで分圧を計算することができる。

1.2×10^{-1} mol の H_2O がすべて気体と仮定すると，$P_{H_2O} = 4.98 \times 10^4$ Pa となる。この値は 27 ℃の飽和蒸気圧 3.5×10^3 Pa よりも大きいため，この仮定は成り立たず，一部は凝縮しているとわかる。

よって，$P_{H_2O} = 3.5 \times 10^3$ Pa となり，反応後の全圧は，

$$P_{反応後 \cdot 全圧} = \underbrace{4.98 \times 10^4 \text{ Pa}}_{P_{O_2} + P_{CO_2}} + \underbrace{3.5 \times 10^3 \text{ Pa}}_{P_{H_2O}} \fallingdotseq 5.3 \times 10^4 \text{ Pa}$$

(4) 圧力を高くするには，「粒子1つずつの熱運動を激しくする」，「粒子を増やす」の2つの方法が考えられる。前者によって高圧状態をつくろうとすると，分子間引力を無視することになる。結果として，理想気体の状態方程式と合致してしまい，本問の命題に合わなくなってしまう。

6 (1)

$$\text{溶解量} = \underbrace{1.38 \times 10^{-3} \text{ mol}}_{\substack{20℃，1.0 \times 10^5 \text{ Pa} \\ 1 \text{ L における溶解量}}} \times \underbrace{\frac{1.0 \times 10^5 \text{ Pa}}{1.0 \times 10^5 \text{ Pa}}}_{\text{圧力の倍率}} \times \underbrace{\frac{10 \text{ L}}{1.0 \text{ L}}}_{\text{溶媒量の倍率}}$$

$$= 1.38 \times 10^{-2} \text{ mol}$$

これを理想気体の状態方程式によって 1.0×10^5 Pa，20℃における体積 v [mL] に換算すると，

$$\frac{v}{1000} [\text{L}] = \frac{1.38 \times 10^{-2} \text{ mol} \times 8.3 \times 10^3 \times 293 \text{ K}}{1.0 \times 10^5 \text{ Pa}}$$

$$v = 3.35 \cdots \times 10^2 \text{ mL}$$

$$\fallingdotseq 3.4 \times 10^2 \text{ mL}$$

(2)

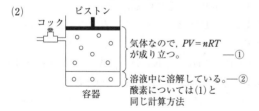

気体なので，$PV = nRT$ が成り立つ。 ——①

溶液中に溶解している。——②
酸素については(1)と同じ計算方法

① 気体として存在している酸素について，

$$PV = nRT$$

$$\Rightarrow \quad n = \frac{2.0 \times 10^5 \text{ Pa} \times 1.0 \text{ L}}{8.3 \times 10^3 \times 293 \text{ K}} \fallingdotseq 8.22 \times 10^{-2} \text{ mol}$$

② 溶液中に存在している酸素について，

$$\underbrace{1.38 \times 10^{-3} \text{ mol}}_{\substack{\text{基準となる} \\ \text{溶解量}}} \times \underbrace{\frac{2.0 \times 10^5 \text{ Pa}}{1.0 \times 10^5 \text{ Pa}}}_{\text{圧力の倍率}} \times \underbrace{\frac{10 \text{ L}}{1.0 \text{ L}}}_{\text{溶媒量の倍率}} = 2.76 \times 10^{-2} \text{ mol}$$

①と②を合わせると，

$$\underbrace{8.22 \times 10^{-2} \text{ mol}}_{①} + \underbrace{2.76 \times 10^{-2} \text{ mol}}_{②} \fallingdotseq 1.1 \times 10^{-1} \text{ mol}$$

(3)

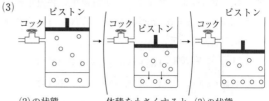

(2)の状態
ピストンをおして体積を小さくする。

体積を小さくすると圧力が大きくなる。→圧力が大きくなった分，溶解量が増える。

(3)の状態
溶解した分，気体の圧力は減少するので，結局いくらなのかわからなくなる。→圧力は P [Pa] とおく。

$$n_{気体のO_2} + n_{溶けたO_2} = 1.10 \times 10^{-1} \text{ mol} \qquad \cdots ①$$

$$\Rightarrow n_{気体のO_2} = \frac{P [\text{Pa}] \times 0.50 \text{ L}}{8.3 \times 10^3 \times 293 \text{ K}} = \frac{5}{2.4319 \times 10^7} P$$

$$\fallingdotseq \frac{5}{2.43 \times 10^7} P \qquad \cdots ②$$

$$n_{溶けたO_2} = \underbrace{1.38 \times 10^{-3} \text{ mol}}_{\substack{\text{基準となる} \\ \text{溶解量}}} \times \underbrace{\frac{P [\text{Pa}]}{1.0 \times 10^5 \text{ Pa}}}_{\text{圧力の倍率}} \times \underbrace{\frac{10 \text{ L}}{1.0 \text{ L}}}_{\text{溶媒量の倍率}}$$

$$= 1.38 \times 10^{-7} P [\text{mol}] \qquad \cdots ③$$

②，③を①に代入して，

$$\underbrace{\frac{5}{2.43 \times 10^7} P}_{②} + \underbrace{1.38 \times 10^{-7} P}_{③} = 1.10 \times 10^{-1} \text{ mol}$$

$$P \fallingdotseq 3.2 \times 10^5 \text{ Pa}$$

7 (1)，(2)文章A，Bの酢酸のようすを図示する。

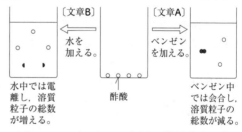

水中では電離し，溶質粒子の総数が増える。

酢酸

ベンゼン中では会合し，溶質粒子の総数が減る。

A については，2つの COOH 基が向かい合って水素結合を形成すると同時に，疎水基を外側に向けて非極性溶媒になじみやすくしている。

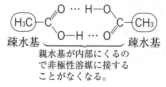

親水基が内部にくるので非極性溶媒に接することがなくなる。

この溶液中の溶質の物質量を n [mol] とおくと凝固点降下度について，

$$\underbrace{\frac{n [\text{mol}]}{0.040 \text{ kg}}}_{\substack{\text{この溶液の} \\ \text{質量モル濃度}}} \times \underbrace{5.12 \text{ K} \cdot \text{kg/mol}}_{\text{モル凝固点降下}} = \underbrace{0.730 \text{ K}}_{\text{凝固点降下度}}$$

$$n \fallingdotseq 5.7 \times 10^{-3} \text{ mol}$$

（なお，0.680 g の酢酸の物質量は 1.13×10^{-2} mol である。）

酢酸は水中では電離するため溶質粒子の粒子数は増加する。電離度を α とすると，溶質粒子の物質量の合計は $1.0 \times 10^{-3}(1+\alpha)$ mol となる。これを用いると凝固点降下度について，

$$\underbrace{\frac{1.0 \times 10^{-3}(1+\alpha) \text{ mol}}{1.0 \text{ kg}}}_{\text{質量モル濃度}} \times \underbrace{1.86 \text{ K·kg/mol}}_{\text{モル凝固点降下}} = \underbrace{2.05 \times 10^{-3} \text{K}}_{\text{凝固点降下度}}$$

$$\alpha \fallingdotseq 1.0 \times 10^{-1}$$

8 (1) 両側の浸透圧の大きさが等しく，浸透圧はモル濃度に比例するため，状態 I では，両側の溶液のモル濃度が等しいといえる。溶液の体積が同じであるから，溶液に含まれる溶質粒子の数は等しい。

(2) 分子 1 を D として，会合前後の量的関係をまとめると，次のようになる。

	ND	$\rightleftharpoons$	(D)$_N$
会合前	$\dfrac{w_1}{M_1}$ mol		0 mol
増減	$-\dfrac{w_1}{M_1} \times \alpha$		$+\dfrac{1}{N} \times \dfrac{w_1}{M_1} \times \alpha$
会合後	$\dfrac{w_1}{M_1}(1-\alpha)$		$\dfrac{1}{N} \cdot \dfrac{w_1}{M_1}\alpha$

よって総物質量は，

$$\underbrace{\frac{w_1}{M_1}(1-\alpha)}_{\text{単量体}} + \underbrace{\frac{1}{N} \cdot \frac{w_1}{M_1} \cdot \alpha}_{N\text{量体}} = \frac{w_1}{M_1}\left(1 - \frac{N-1}{N}\alpha\right)$$

(3) A 側は N 量体の形成に伴い，溶質粒子数が減少するので，浸透圧が下がる。これによって B の液面が上がる。

ここから液面の高さを揃えるには，B 側の液面に，A 側と B 側の浸透圧の差と同じ大きさの圧力を加えるとよい。

A 側と B 側のそれぞれの浸透圧は，

$$\Pi_1 = \frac{\dfrac{w_1}{M_1}\left(1 - \dfrac{N-1}{N}\alpha\right)}{V} \cdot RT_2, \quad \Pi_2 = \frac{\dfrac{w_2}{M_2}}{V} \cdot RT_2$$

であるから，その差は，

$$\Pi_2 - \Pi_1 = \left\{\frac{w_2}{M_2} - \frac{w_1}{M_1}\left(1 - \frac{N-1}{N}\alpha\right)\right\} \cdot \frac{RT_2}{V} \quad \cdots(*)$$

(1)より，$\dfrac{w_2}{M_2} = \dfrac{w_1}{M_1}$ であるから，

$$(*) 式 = \frac{w_1}{M_1} \cdot \frac{N-1}{N}\alpha \cdot \frac{RT_2}{V}$$

(4)「多量の電解質の添加に…」と書かれているので塩析である。

---

5 化学反応と熱・光エネルギー

STEP 1 基本問題 p.28〜29

1 (1) 4.6×10^3 J (2) 8.4×10^2 J

2 ① 反応熱(反応エンタルピー)
② エンタルピー変化
③ ΔH ④ 生成物 ⑤ 反応物
⑥ 負 ⑦ 正

3 (1) エ (2) カ (3) ア (4) オ (5) キ
(6) ウ (7) イ

4 (2)

5 ① 塩化ナトリウム ② 101 ③ ヘス

6 ① 乱雑さ ② 大きく ③ ΔS
④ 増加 ⑤ 減少

7 ① ギブズエネルギー変化 ② ΔG
③ $T\Delta S$ ④ 負 ⑤ 正

解説

1 (1) 50 g × 4.2 J/(g·K) × 22 K $\fallingdotseq$ 4.6×10^3 J
(2) (20 g + 20 g) × 4.2 J/(g·K) × 5 K = 8.4×10^2 J

2 エンタルピー変化は $\Delta H = H_{生成物} - H_{反応物}$ と表すことができる。外界に熱を放出する発熱反応では，ΔH の値が負になり，外界から熱を奪う吸熱反応では，ΔH の値が正になる。

3 いずれもどの物質を 1 mol 用意して反応(変化)させるのかを注意して覚えておこう。

4 単体から化合物 1 mol が生成する際のエンタルピー変化を示しているものを選べばよい。(2)は単体 (Na，Cl$_2$)から化合物(NaCl) 1 mol が生じるときのエンタルピー変化を表している。

5 文章中の反応は，次のように表すことができる。

≪反応経路 I ≫
NaOH(固) + aq ⟶ NaOHaq $\Delta H = -44.5$ kJ …①
NaOHaq + HClaq ⟶ NaClaq + H$_2$O(液)
$\Delta H = -56.5$ kJ …②

≪反応経路 II ≫
NaOH(固) + HClaq ⟶ NaClaq + H$_2$O(液)
$\Delta H = -Q$ 〔kJ〕 …③

①式 + ②式で③式とほぼ同じ式を得ることができ，$Q = 101$ kJ が導かれる。

1 (1) ウ　(2) ア，ウ

2 (1) 55 ℃　(2) 一酸化炭素：2.5 mol，メタン：0.50 mol　(3) 323 kJ

3 (1) −2221 kJ/mol　(2) −110 kJ/mol　(3) −1411 kJ/mol

4 (1) ア　(2) ④

5 (1) イ　(2) 2.2 kJ　(3) −44 kJ/mol　(4) 溶かしてから P 点までの 100 秒間で溶解熱の一部が空気中に逃げてしまったため。　(5) 中和エンタルピーは水溶液中の H^+，OH^- から水 1 mol を生じる際のエンタルピー変化であるから。

6 (1) −1664 kJ/mol　(2) 428 kJ/mol

7 191 ℃

8 (1) ① ウ　② エ　③ イ　④ ア　(2) A，B：二酸化炭素，水（順不同）　C：酸素

解説▶

1 (1) **ア** 正しい。蒸発と凝縮は逆の変化であるのでエンタルピーの符号も逆になる。

イ 正しい。Mg の燃焼エンタルピーは MgO の生成エンタルピーともいえる。

ウ 誤り。ヘスの法則を利用する。

CO（気）の燃焼エンタルピー：

$CO（気）+ \frac{1}{2} O_2（気）\longrightarrow CO_2（気）$　$\Delta H = Q_1〔kJ〕\cdots$①

CO（気）の生成エンタルピー：

$C（黒鉛）+ \frac{1}{2} O_2（気）\longrightarrow CO（気）$　$\Delta H = Q_2〔kJ〕\cdots$②

CO_2（気）の生成エンタルピー：

$C（黒鉛）+ O_2（気）\longrightarrow CO_2（気）$　$\Delta H = Q_3〔kJ〕\cdots$③

Q_2 と Q_3 の大小を考えたいので，③−②より，

$CO（気）+ \frac{1}{2} O_2（気）\longrightarrow CO_2（気）$

$\Delta H = Q_3 - Q_2〔kJ〕$　　　　　　　　$\cdots$④

④式と①式より，

$Q_3 - Q_2 = Q_1 < 0 \Rightarrow Q_3 < Q_2$

したがって，CO の生成エンタルピー Q_2 は CO_2 の生成エンタルピー Q_3 より大きい。

エ 正しい。ヘスの法則を利用する。

エタンの生成エンタルピー：

$2C（黒鉛）+ 3H_2（気）\longrightarrow C_2H_6（気）$　$\Delta H = Q_4 \text{ kJ}\cdots$⑤

エチレンの生成エンタルピー：

$2C（黒鉛）+ 2H_2（気）\longrightarrow C_2H_4（気）$　$\Delta H = Q_5 \text{ kJ}\cdots$⑥

エチレンに H_2 が付加してエタンとなる反応エンタルピー：

$C_2H_4（気）+ H_2（気）\longrightarrow C_2H_6（気）$　$\Delta H = Q_6〔kJ〕\cdots$⑦

Q_6 の正負を考えたいので，⑦+⑥−⑤をする。

$$Q_6 = Q_4 - Q_5〔kJ〕$$

$Q_4 < 0$，$Q_5 > 0$ であるから，$Q_4 - Q_5 < 0$

つまり，$Q_6 < 0$ なので発熱反応である。

(2) **ア** 正しい。水（液体）と水蒸気のもつ化学エネルギーの大きさは互いに異なっている。

イ 誤り。本冊 p.4 **2** を参照。

ウ 正しい。どのような物質であれ単体から化合物になる際にエンタルピーが変化する。その大きさは，化合物の種類によって異なる。

エ 誤り。常に負とは限らない。例としては塩化ナトリウム(3.9 kJ/mol)，硝酸カリウム(34.9 kJ/mol)など。

オ 誤り。中和エンタルピーの大きさは水溶液中の H^+ と OH^- から，H_2O 1 mol を生じるときのエンタルピー変化と決められている。

2 (1) 発生した熱量について，$CH_3OH = 32$ だから，

$$\underbrace{726 \text{ kJ/mol}}_{\substack{\text{メタノール1molあたりの}\\\text{反応熱}}} \times \underbrace{\frac{64}{32} \text{mol}}_{\text{メタノールの物質量}} = 1452 \text{ kJ}$$

水に吸収された熱量は $1452 \text{ kJ} \times \frac{10}{100} = 145.2 \text{ kJ}$

温度変化を $t〔K〕$ とおくと，

$$\underbrace{145.2 \times 10^3 \text{ J}}_{\substack{\text{（単位に注意）}\\\text{熱量}}} = \underbrace{1.0 \times 10^3 \text{ g}}_{\substack{\text{（単位に注意）}\\\text{水の質量}}} \times \underbrace{4.2 \text{ J/(g·K)}}_{\text{水の比熱}} \times \underbrace{t〔K〕}_{\text{温度変化}}$$

$$t = 34.5\cdots \fallingdotseq 35 \text{ K}$$

水の温度は 20 ℃ だったので，20 + 35 = 55 ℃

(2) 一酸化炭素の物質量を $x〔mol〕$，メタンの物質量を $y〔mol〕$ とおく。体積について，

$$22.4x + 22.4y = 67.2 \implies x + y = 3.00 \qquad \cdots①$$

熱量について，$283x + 891y = 1153$　　　　　　$\cdots$②

①，②式を解くと，$x = 2.5$　$y = 0.50$

(3) 黒鉛 12.0 g を一酸化炭素になる分 $x〔mol〕$ と二酸化炭素になる分 $y〔mol〕$ とすると，

黒鉛の質量について，

$$\underbrace{12x}_{\text{COになる分}} + \underbrace{12y}_{\text{CO}_2\text{になる分}} = 12.0 \Rightarrow x + y = 1.00 \qquad \cdots①$$

発生した一酸化炭素と二酸化炭素の質量について，

$$\underbrace{28x}_{\text{COの質量}} + \underbrace{44y}_{\text{CO}_2\text{の質量}} = 40.0 \qquad \cdots②$$

①，②式を解くと，$x = 0.25$ mol，$y = 0.75$ mol

黒鉛および一酸化炭素の燃焼エンタルピーは次のようになる。

$$C(黒鉛) + O_2(気) \longrightarrow CO_2(気) \quad \Delta H = -394 \text{ kJ}$$
$$\cdots ③$$

$$CO(気) + \frac{1}{2}O_2(気) \longrightarrow CO_2(気) \quad \Delta H = -283 \text{ kJ}$$
$$\cdots ④$$

また，一酸化炭素の生成エンタルピーは，③－④より，

$$C(黒鉛) + \frac{1}{2}O_2(気) \longrightarrow CO(気) \quad \Delta H = -111 \text{ kJ}$$

となるから，発生した熱量は，

$$\underset{\substack{\text{CO 1 mol あた}\\\text{りの燃焼熱}}}{111 \text{ kJ}} \times \underset{\text{物質量}}{0.25 \text{ mol}} + \underset{\substack{\text{黒鉛 1 mol あた}\\\text{りの燃焼熱}}}{394 \text{ kJ}} \times \underset{\text{物質量}}{0.75 \text{ mol}}$$

$$= 323.25 \fallingdotseq 323 \text{ kJ}$$

3 (1) 与えられた式とプロパン 1 mol あたりの燃焼エンタルピーを用いて考えるとよい。

$$3C(黒鉛) + 4H_2(気) \longrightarrow C_3H_8(気) \quad \Delta H = -105 \text{ kJ}$$
$$\cdots ①$$

$$C(黒鉛) + O_2(気) \longrightarrow CO_2(気) \quad \Delta H = -394 \text{ kJ}$$
$$\cdots ②$$

$$H_2(気) + \frac{1}{2}O_2(気) \longrightarrow H_2O(液) \quad \Delta H = -286 \text{ kJ}$$
$$\cdots ③$$

$$C_3H_8(気) + 5O_2(気) \longrightarrow 3CO_2(気) + 4H_2O(液)$$
$$\Delta H = Q \text{ (kJ)} \quad \cdots ④$$

④式から C_3H_8，O_2，CO_2，H_2O を消去して，$3 \times ② + 4 \times ③ - ①$ より，$Q = -2221$ kJ

(2) 題意より，

$$CO(気) + \frac{1}{2}O_2(気) \longrightarrow CO_2(気) \quad \Delta H = -284 \text{ kJ}$$
$$\cdots ①$$

$$C(黒鉛) + O_2(気) \longrightarrow CO_2(気) \quad \Delta H = -394 \text{ kJ}$$
$$\cdots ②$$

一酸化炭素の生成エンタルピーを Q_1 (kJ) とおくと，

$$C(黒鉛) + \frac{1}{2}O_2(気) \longrightarrow CO(気) \quad \Delta H = Q_1 \text{ (kJ)} \cdots ③$$

②－①より，$Q_1 = -110$ kJ

(3) エチレンと水素の反応エンタルピーは，

$$C_2H_4(気) + H_2(気) \longrightarrow C_2H_6(気) \quad \Delta H = -137 \text{ kJ}$$
$$\cdots ①$$

エタンと水素の燃焼エンタルピーはそれぞれ，

$$C_2H_6(気) + \frac{1}{2}O_2(気) \longrightarrow 2CO_2(気) + 3H_2O(液)$$
$$\Delta H = -1560 \text{ kJ} \quad \cdots ②$$

$$H_2(気) + \frac{1}{2}O_2(気) \longrightarrow H_2O(液) \quad \Delta H = -286 \text{ kJ}$$
$$\cdots ③$$

エチレンの燃焼エンタルピーを Q_2 (kJ) とおくと，

$$C_2H_4(気) + 3O_2(気) \longrightarrow 2CO_2(気) + 2H_2O(液)$$
$$\Delta H = Q_2 \text{ (kJ)} \quad \cdots ④$$

②－③＋①より，$Q_2 = -1411$ kJ

4 (1) 中和エンタルピーは，水溶液どうしの反応で H_2O 1 mol を生じる際のエンタルピー変化である。

5 (1) 断熱材を用いればよい。

(2) $\underset{\substack{\text{水酸化ナトリウム}\\\text{水溶液の質量}}}{(50.0 + 2.00) \text{ g}} \times \underset{\text{比熱}}{4.20 \text{ J/(g·K)}} \times \underset{\text{温度上昇}}{10.0 \text{ K}} = 2.18 \text{ kJ} \fallingdotseq 2.2 \text{ kJ}$

(3) 溶解エンタルピーは溶質（本問では水酸化ナトリウム）1 mol あたりのエンタルピー変化であるので，

$$\dfrac{-2.18 \text{ kJ}}{\dfrac{2.00}{40.0} \text{ mol}} = -43.6 \text{ kJ/mol} \fallingdotseq -44 \text{ kJ/mol}$$

6 反応エンタルピー＝（反応物の結合エネルギーの総和）－（生成物の結合エネルギーの総和）の関係を用いる。

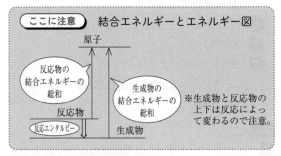

ここに注意　結合エネルギーとエネルギー図

※生成物と反応物の上下は反応によって変わるので注意。

(1) $0 - 416 \times 4 = -1664$ kJ

(2) エネルギー図から，次の計算式が立てられる。

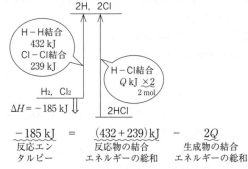

$$\underset{\substack{\text{反応エン}\\\text{タルピー}}}{-185 \text{ kJ}} = \underset{\substack{\text{反応物の結合}\\\text{エネルギーの総和}}}{(432 + 239) \text{ kJ}} - \underset{\substack{\text{生成物の結合}\\\text{エネルギーの総和}}}{2Q}$$

これを解くと，$Q = 428$ kJ

7 $\Delta G = 0$ になるときの温度を T (K) とする。$\Delta G = 0 = -46.1 \text{ kJ} - T \times (-99.4 \times 10^{-3})$ から，$T \fallingdotseq 464$ K $= 191$ ℃ となる。つまり，温度が 191 ℃以上になれば，アンモニアの乖離が進行すると考えられる。

8 光合成の化学反応式は，

$$6CO_2 + 6H_2O \longrightarrow C_6H_{12}O_6 + 6O_2$$

である。

6 化学反応と電気エネルギー

STEP 1 基本問題 p.34〜35

1 ① 還元　② 酸化　③ 化学　④ 電気
　　⑤ MnO_2　⑥ 負　⑦ 正

2 (1) 負極：$Pb + SO_4^{2-} \longrightarrow PbSO_4 + 2e^-$
　正極：$PbO_2 + 4H^+ + SO_4^{2-} + 2e^-$
　　　　　　　　　　$\longrightarrow PbSO_4 + 2H_2O$
　全体：$Pb + PbO_2 + 2H_2SO_4$
　　　　　　　　　$\longrightarrow 2PbSO_4 + 2H_2O$
　(2) ① 増　② 増　③ 減　④ 増

3 (1) 4.00×10^{-1} mol
　(2) 9.65×10^2 C，1.00×10^{-2} mol
　(3) 1.60×10^{-19} C

4 (1) 陽極：$2H_2O \longrightarrow O_2 + 4H^+ + 4e^-$
　陰極：$Cu^{2+} + 2e^- \longrightarrow Cu$
　まとめ：$2CuSO_4 + 2H_2O$
　　　　　　　$\longrightarrow 2Cu + O_2 + 2H_2SO_4$
　(2) 陽極：$Cu \longrightarrow Cu^{2+} + 2e^-$
　陰極：$Cu^{2+} + 2e^- \longrightarrow Cu$
　まとめ：Cu（陽極）$\longrightarrow Cu$（陰極）
　(3) 陽極：$4OH^- \longrightarrow O_2 + 2H_2O + 4e^-$
　陰極：$2H_2O + 2e^- \longrightarrow H_2 + 2OH^-$
　まとめ：$2H_2O \longrightarrow O_2 + 2H_2$
　(4) 陽極：$2Cl^- \longrightarrow Cl_2 + 2e^-$
　陰極：$Cu^{2+} + 2e^- \longrightarrow Cu$
　まとめ：$CuCl_2 \longrightarrow Cu + Cl_2$

5 (1) ① 16 分 5 秒　② 56 mL　③ 2
　(2) ① 陽極：1.00×10^{-2} mol，
　陰極：2.00×10^{-2} mol　② 2.00 A

6 (1) ア　(2) イ　(3) ウ　(4) ア

解説▶

1 電流の向きは電子が流れる向きと反対になる。

2 (2)① Pb が $PbSO_4$ になる。
Pb が 1 mol 反応すると，$\underset{S}{32} + \underset{O \times 4}{16 \times 4} = 96$ g 増加する。
② PbO_2 が $PbSO_4$ になる。PbO_2 が 1 mol 反応すると，
$\underset{S}{32} + \underset{O \times 2}{16 \times 2} = 64$ g 増加する。
③ 極板上に吸いとられる形で H_2SO_4 が減る。かわりに H_2O を生じるが，H_2SO_4 のほうが密度が大きく，全体としては密度は下がる。
④ H_2SO_4 の減少に伴って，$[H^+]$ も減少し，結果として，pH は増加する。

3 本冊 p.34 **Guide** の電気量の公式を用いる。
(1) 電子の物質量を n〔mol〕とすると，
$$n = \frac{38600 \text{ C}}{9.65 \times 10^4 \text{ C/mol}} = 0.400 \text{ mol}$$
(2) 電気量は，1.0 A $\times (16 \times 60 + 5)$ 秒 $= 965$ C なので，電子の物質量は，
$$\frac{965 \text{ C}}{9.65 \times 10^4 \text{ C/mol}} = 1.00 \times 10^{-2} \text{ mol}$$
(3) 1 mol つまり 6.02×10^{23} 個の電子がもつ電気量が 9.65×10^4 C であるから，
$$\frac{9.65 \times 10^4 \text{ C/mol}}{6.02 \times 10^{23} \text{ 個/mol}} \fallingdotseq 1.60 \times 10^{-19} \text{ C}$$

4 本冊 p.35 **Guide** の「確認」に沿って書いていく。すべて暗記していないと手も足も出ないので要注意。

5 (1)① 各極の反応の反応式を示すと，
　陰極：$\underset{溶液}{Cu^{2+}} + 2e^- \longrightarrow \underset{極板上}{Cu}$（電極の質量増加）
　陽極：$2H_2O \longrightarrow O_2 + 4H^+ + 4e^-$
電極の質量が増加したのは陰極で，その物質量は，
$$\frac{0.32 \text{ g}}{64 \text{ g/mol}} = 5.0 \times 10^{-3} \text{ mol}$$
回路を流れた電子の物質量 n_{e^-}〔mol〕について，
　$e^- : Cu = n_{e^-}$〔mol〕$: 5.0 \times 10^{-3}$ mol $= 2 : 1$ より，
　$n_{e^-} = 1.0 \times 10^{-2}$ mol
これを電気量の公式に代入すると，
$$\frac{1.00 \text{ A} \times t\text{〔s〕}}{9.65 \times 10^4 \text{ C/mol}} = 1.0 \times 10^{-2} \text{ mol}$$
$$t = 965 \text{ 秒} = 16 \text{ 分} 5 \text{ 秒}$$
② ①より回路を流れた電子の物質量は 1.0×10^{-2} mol であるから，生じた気体(O_2)の物質量は，陽極の反応式より，
　$e^- : O_2 = 1.0 \times 10^{-2}$ mol $: n_{O_2}$〔mol〕$= 4 : 1$
$$n_{O_2} = 2.5 \times 10^{-3} \text{ mol}$$
ここで，0 ℃，1.013×10^5 Pa における体積〔mL〕にすると，
　2.5×10^{-3} mol $\times 22400$ mL/mol $= 56$ mL
③ ①の陽極の反応で，1.0×10^{-2} mol の H^+ が生じているので，反応後，水を加えて体積を 1 L にした溶液では $[H^+] = 1.0 \times 10^{-2}$ mol/L　∴ pH は 2
(2) 各極の反応式と，これらをまとめた反応式は，
　陰極：$2H_2O + 2e^- \longrightarrow H_2 + 2OH^-$ …①
　陽極：$2H_2O \longrightarrow O_2 + 4H^+ + 4e^-$ …②
　まとめ(①×2+②)：$2H_2O \longrightarrow 2H_2 + O_2$ …③
両極から合わせて 0.672 L の気体が得られたとあるが，体積比は，③式より $H_2 : O_2 = 2 : 1$ とわかる。
　よって，各極で発生した気体の物質量は，
　陰極：$\dfrac{0.672 \text{ L}}{22.4 \text{ L/mol}} \times \dfrac{2}{3} = 2.00 \times 10^{-2}$ mol
　陽極：$\dfrac{0.672 \text{ L}}{22.4 \text{ L/mol}} \times \dfrac{1}{3} = 1.00 \times 10^{-2}$ mol
また，各極の気体と電子 e^- の物質量比は，

17

$H_2 : O_2 : e^- = 2 : 1 : 4$

回路を流れた e^- の物質量は，4.00×10^{-2} mol より，これを電気量の公式に代入すると，

$$\frac{I\text{[A]} \times (32 \times 60 + 10)\text{s}}{9.65 \times 10^4 \text{ C/mol}} = 4.00 \times 10^{-2} \text{ mol}, \quad I = 2.00 \text{ A}$$

STEP ② 標準問題   p.36〜39

1 イ

2 (1) 2.5×10^{-3} A (2) 5.1×10^{-2} g

3 (1) 負極：$H_2 \longrightarrow 2H^+ + 2e^-$

正極：$O_2 + 4H^+ + 4e^- \longrightarrow 2H_2O$

(2) ア (3) 3.95×10^5 C (4) 26.0 時間

4 一次電池：(1), (3), (4)

二次電池：(2), (5), (6)

(1) カ (2) ウ (3) オ (4) エ (5) イ

(6) ア

5 (1) A：$Cu^{2+} + 2e^- \longrightarrow Cu$

B：$2H_2O \longrightarrow O_2 + 4H^+ + 4e^-$

(2) A：電極表面を覆っていた銅がなくなる。 B：表面が銅で覆われる。

(3) 鉛：4.8 g 増，酸化鉛(IV)：3.2 g 増

(4) 29%

6 (1) ヨウ素が生成され，それがデンプンと反応したため。

(2) A：$2H_2O \longrightarrow O_2 + 4H^+ + 4e^-$

B：$Cu^{2+} + 2e^- \longrightarrow Cu$

C：$2I^- \longrightarrow I_2 + 2e^-$

D：$2H_2O + 2e^- \longrightarrow H_2 + 2OH^-$

変色した極：B (3) 1.00×10^{-2} mol

7 カ

8 (1) 陽極：$2H_2O \longrightarrow O_2 + 4H^+ + 4e^-$

陰極：$Zn^{2+} + 2e^- \longrightarrow Zn$,

$2H_2O + 2e^- \longrightarrow H_2 + 2OH^-$ (2) 29 g

9 (1) 陽極：ニッケル 陰極：銅 (2) 35 分

10 (1) 陽極：$2Cl^- \longrightarrow Cl_2 + 2e^-$

陰極：$2H_2O + 2e^- \longrightarrow H_2 + 2OH^-$

(2) 化学式：Na^+ 役割：陰極室側に Cl_2 や Cl^- が侵入してきて NaOH の純度が下がるのを防ぐ。

(3) 4.83×10^3 C (4) 13

11 (1)① 粗銅 ② 純銅 ③ 陽極泥

(2)Au，Ag 違い：イオン化傾向が銅より大きいと陽極泥にならず，小さいと陽

極泥になる。 (3) 0.002 mol

12 (1)① 水素 ② ボーキサイト

③ アルミナ ④ 氷晶石

(2) A：アルミニウムはイオン化傾向が大きく，そのイオンは還元されにくいため。

B：アルミナの融点を下げるため。

(3) 陽極：$C + O^{2-} \longrightarrow CO + 2e^-$

$C + 2O^{2-} \longrightarrow CO_2 + 4e^-$

陰極：$Al^{3+} + 3e^- \longrightarrow Al$ (4) 4.5 kg

解説 ▶

1 本冊 p.36「Hints」を参照すること。

2 (1)求める電流の値を I [A] とすると，

Q [C] $= I$ [A] $\cdot t$ [s] から，

I [A] $\times 48250$ s

$= \dfrac{0.010 \text{ g}}{16.0 \text{ g/mol}} \times 2 \times 9.65 \times 10^4 \text{ C/mol}$

となる。よって，$I = 2.5 \times 10^{-3}$ A

(2)負極では，正極で反応した Ag_2O と同じ物質量の ZnO が生じる。

$\dfrac{0.010 \text{ g}}{16.0 \text{ g/mol}} \times 81.4 \text{ g/mol}$

$= 5.08 \times 10^{-2} \text{ g} \fallingdotseq 5.1 \times 10^{-2} \text{ g}$

3 (3)1013 hPa，25 ℃ で 25.0 L の O_2 の体積を 0 ℃ に換算すると，シャルルの法則より，

$\dfrac{25.0 \text{ L}}{298 \text{ K}} = \dfrac{V \text{[L]}}{273 \text{ K}} \Longrightarrow V \fallingdotseq 22.90 \text{ L}$

よって，反応した O_2 の物質量は，$\dfrac{22.90 \text{ L}}{22.4 \text{ L/mol}}$

正極の反応式より，回路を流れた電気量[C]は，

$\dfrac{22.90}{22.4} \text{ mol} \times 4 \times 96500 \text{ C/mol} \fallingdotseq 3.95 \times 10^5 \text{ C}$

(4)1013 hPa，25 ℃ で 100 L の水素の体積を 0 ℃ に換算すると，シャルルの法則より，

$\dfrac{100 \text{ L}}{298 \text{ K}} = \dfrac{V \text{[L]}}{273 \text{ K}} \longrightarrow V \fallingdotseq 91.6 \text{ L}$

よって，反応した H_2 の物質量は，

$\dfrac{91.6 \text{ L}}{22.4 \text{ L/mol}} = \dfrac{229}{56} \text{ mol}$

$\dfrac{229}{56}$ mol の H_2 からとりだせる熱の 80% が電気エネルギーになるので，得られた電気エネルギーは，

$\left(286 \text{ kJ/mol} \times \dfrac{229}{56} \text{ mol} \right) \times \dfrac{80}{100} \fallingdotseq 935.6 \text{ kJ}$

題意より，1 W = 1 J/s であるから，稼動する時間を h（時間）とおくと，

$10.0 \text{ W} = \dfrac{935.6 \times 10^3 \text{ J}}{(3600 \times h) \text{秒}}$

$h = 25.98 \cdots$ 時間 $\fallingdotseq$ 26.0時間

5 (2)実験 1 の反応で白金電極 A はその表面を銅で

18

コーティングされ，銅電極のようにふるまう。

$$A：Cu \underset{コーティング}{\longrightarrow} \underset{溶出}{Cu^{2+} + 2e^-}$$

(3) 流れた電子の物質量は，

$$\frac{2.0\ A \times (3600 + 20 \times 60 + 25)秒}{9.65 \times 10^4\ C/mol} = 0.10\ mol$$

よって，各極の質量増加は，

鉛電極：$96\ g/mol \times 0.10\ mol \times \dfrac{1}{2} = 4.8\ g$

酸化鉛（Ⅳ）電極：$64\ g/mol \times 0.10\ mol \times \dfrac{1}{2} = 3.2\ g$

(4) 実験前の希硫酸の組成を計算する。

$$1\ L \xrightarrow[\times 1.25\ g/cm^3]{} 1250\ g \begin{array}{l} \xrightarrow{30\%} 硫酸\ 375\ g \\ \xrightarrow{70\%} 水\ 875\ g \end{array}$$

両極の反応式を1つにまとめると，

$$\underset{電解液から失われる}{Pb + PbO_2 + 2H_2SO_4} \xrightarrow{2e^-} \underset{電解液に生成する}{2PbSO_4 + 2H_2O}$$

となり，本実験では電子が 0.10 mol 流れたので，失われた硫酸と生成した水の質量は，

失われた硫酸：$98\ g/mol \times 0.10\ mol = 9.8\ g$

水　　　　：$18\ g/mol \times 0.10\ mol = 1.8\ g$

実験後の希硫酸の質量％濃度を計算すると，

$$\frac{375 - 9.8\ g}{\underset{\substack{H_2SO_4 の\\質量}}{(375 - 9.8)} + \underset{\substack{H_2O の\\質量}}{(875 + 1.8)}\ g} \times 100 = 29.4\cdots$$
$$\fallingdotseq 29\%$$

6 (2) 硫酸銅（Ⅱ）水溶液を白金電極で分解すると，

陽極：$2H_2O \longrightarrow O_2 + 4H^+ + 4e^-$

陰極：$Cu^{2+} + 2e^- \longrightarrow Cu$

であり，気体は陽極からのみ発生する。したがって，A極が陽極である。もう一方の電解槽は e^- の流れを考えるだけで，陽極と陰極は判別できる。

(3) A極の反応の量的関係より，回路を流れた電子の物質量〔mol〕は，

$$\underset{O_2 の物質量}{\frac{112\ mL}{22400\ mL/mol}} \times \underset{\substack{A極の反応式の\\係数比}}{4} = 0.0200\ mol$$

D極の反応の量的関係より，発生した気体（H_2）の物質量〔mol〕は，

$$\underset{e^- の物質量}{0.0200\ mol} \times \underset{係数比}{\frac{1}{2}} = 0.0100\ mol$$

7 燃料電池の両極で生じる反応は，

負極：$H_2 \longrightarrow 2H^+ + 2e^-$ …①

正極：$O_2 + 4H^+ + 4e^- \longrightarrow 2H_2O$ …②

であり，電気分解装置の両極で生じる反応は，

A極（陽極）：$Cu \longrightarrow Cu^{2+} + 2e^-$ …③

B極（陰極）：$Cu^{2+} + 2e^- \longrightarrow Cu$ …④

である。したがって，①式より H_2 が 1.0 mol 消費されると電子を 2.0 mol 生成し，それに伴って A極では，③式より Cu が 1.0 mol 溶けて失われる。H_2 と Cu について，体積と質量におきかえると，H_2 が 22.4 L 消費されると Cu が 64 g 溶ける。

よって，H_2 が 22.4 L 消費されたときに A極の質量が $100 - 64 = 36\ g$ になっている**カ**が正しい。

8 (2) 陽極で生じた電子の物質量について，

$$\underset{O_2 の生成量}{\frac{5.60\ L}{22.4\ L/mol}} \times \underset{O_2：e^-}{4} = 1.00\ mol$$

一方で，陰極で気体を発生するのに必要な電子の物質量を計算すると，

$$\underset{H_2 の生成量}{\frac{1.12\ L}{22.4\ L/mol}} \times \underset{H_2：e^-}{2} = 0.100\ mol$$

よって，陰極で亜鉛を析出するのに消費された電子は $1.00 - 0.100 = 0.90\ mol$ で，亜鉛の析出量〔g〕は，

$$65 \times \underset{Zn^{2+}：e^-}{\left(0.90 \times \frac{1}{2}\right)}\ mol = 29.25 \fallingdotseq 29\ g$$

9 (1) 水溶液中の Ni^{2+} イオンが銅板上に析出しなければならないので還元する極，つまり陰極に銅板を用いる。

(2) めっきに必要なニッケルの物質量は，

$$\left\{\underset{密度}{8.8\ g/cm^3} \times \underset{体積}{\left(5.0\ cm \times 5.0\ cm \times \frac{0.059}{10}\ cm\right) \times 2面}\right\} \times \underset{原子量}{\frac{1}{59}}$$
$$= 0.044\ mol$$

必要な電子の物質量は 0.088 mol であるから，かかる時間を t〔秒〕とおくと，

$$\frac{4.0\ A \times t 〔秒〕}{9.65 \times 10^4\ C/mol} = 0.088\ mol$$
$$t = 2123\ 秒 = 35分23秒$$

10 (3) 反応前後の A室内の Cl^- の物質量は，

（反応前）$1.00\ mol/L \times 0.500\ L = 0.500\ mol$

（反応後）$0.900\ mol/L \times 0.500\ L = 0.450\ mol$

となり，反応によって分解された Cl^- の物質量は 0.050 mol となる。電子の物質量も 0.050 mol で，電気量を Q〔C〕とおくと，

$$\frac{Q〔C〕}{9.65 \times 10^4\ C/mol} = 0.050\ mol \quad Q \fallingdotseq 4.83 \times 10^3\ C$$

(4) B室内でも 0.050 mol の OH^- が生じるので，

$$[OH^-] = \frac{0.050\ mol}{0.500\ L} = 1.0 \times 10^{-1}\ mol/L$$

よって，pH は $14 - 1 = 13$

11 (3) 粗銅に含まれる不純物のうち，イオンとして溶けだすものを総じて M と表す。

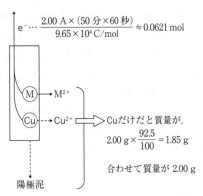

$$e^- \cdots \frac{2.00\,A \times (50\,分 \times 60\,秒)}{9.65 \times 10^4\,C/mol} \fallingdotseq 0.0621\,mol$$

M → M²⁺
Cu ··· → Cu²⁺ ⟹ Cuだけだと質量が,

$$2.00\,g \times \frac{92.5}{100} = 1.85\,g$$

合わせて質量が 2.00 g

陽極泥

ここで, 銅から生じた電子の物質量は,

$$\underbrace{\frac{1.85\,g}{63.5\,g/mol}}_{銅の物質量} \underbrace{\times\ 2}_{Cu:e^-} \fallingdotseq\ 0.0582\,mol$$

電子は銅と M からしか生じないので,

$$\underbrace{0.0621\,mol}_{\substack{粗銅で生じた\\e^-の総物質量}} = \underbrace{0.0582\,mol}_{\substack{Cuから生じた\\e^-の物質量}} + \underbrace{n\,mol}_{\substack{その他の金属から\\生じたe^-の物質量}}$$

$$n = 0.0039\,mol$$

今回は金属がすべて 2 価のイオンになるので,

$$M \longrightarrow M^{2+} + 2e^-$$

という反応式になり, M の物質量は,

$$\frac{0.0039}{2} = 0.00195 \fallingdotseq 0.002\,mol$$

12 (4) 一酸化炭素とともに生じる電子の物質量は,

$$\underbrace{\frac{1.4 \times 10^3\,g}{28\,g/mol}}_{CO の物質量} \underbrace{\times\ 2}_{CO:e^-=1:2} =\ 100\,mol$$

同様に, 二酸化炭素とともに生じる電子の物質量は,

$$\underbrace{\frac{4.4 \times 10^3\,g}{44\,g/mol}}_{CO_2 の物質量} \underbrace{\times\ 4}_{CO_2:e^-=1:4} =\ 400\,mol$$

陰極の反応で生じるアルミニウムの質量は,

$$\underbrace{(100+400)\,mol}_{e^-の物質量} \times \underbrace{\frac{1}{3}}_{\substack{Al:e^-\\=1:3}} \times \underbrace{27}_{Al の原子量} = 4500\,g = 4.5\,kg$$

7 化学反応の速度

STEP **1** 基本問題   p.40 ～ 41

1 ① 濃度   ② 温度   ③ (反応)速度式
    ④ (反応)速度定数
    ⑤ 活性化エネルギー   ⑥ 触媒

2 (1) $v = k[X]^2[Y]$ (2) 0.28 倍

3 625 倍

4 (1) ① 81 倍   ② 0.33 倍   (2) イ

5 (1) ① 平均濃度:0.87 mol/L
    反応速度:2.6×10^{-3} mol/(L·s)

---

    ② 平均濃度:0.11 mol/L
    反応速度:3.1×10^{-4} mol/(L·s)

(2) $v = k[H_2O_2]$

(3)
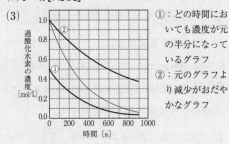

①:どの時間においても濃度が元の半分になっているグラフ

②:元のグラフより減少がおだやかなグラフ

6 (1) 発熱反応

(2) 反応エンタルピー:E_3
    活性化エネルギー:E_2 (3) イ

(4) ①
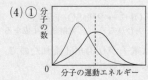

説明:熱運動が活発になり活性化エネルギー以上のエネルギーをもつ粒子の割合が増えるため。

②
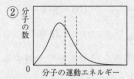

説明:活性化エネルギーが下がり, 活性化エネルギー以上のエネルギーをもつ粒子の割合が増えるため。

解説 ▶

2 (1) [X] が 2 倍のときに v が 4 倍になったので, v は [X] の 2 乗に比例し, [Y] が $\frac{1}{2}$ 倍のときに v が $\frac{1}{2}$ 倍になったので, v は [Y] に比例する。

(2) [X] は $\frac{3}{4}$ 倍, [Y] は $\frac{1}{2}$ 倍になっているので,

v は, $\underbrace{\left(\frac{3}{4}\right)^2}_{X の影響} \times \underbrace{\left(\frac{1}{2}\right)}_{Y の影響} = 0.28125 \fallingdotseq 0.28$ 倍となる。

3 理想気体の状態方程式 $PV = nRT$ を変形すると, $P = \frac{n}{V} \cdot RT = cRT$ となる(c はモル濃度)。ここから, 速度式は分圧 P_X, P_Y を用いて,

$$v = k[X]^3[Y] = k\left(\frac{P_X}{RT}\right)^3\left(\frac{P_Y}{RT}\right) = \frac{k}{(RT)^4} \cdot P_X{}^3 \cdot P_Y$$

と書き改めることができる。全圧を 5 倍にすると, それぞれの分圧も 5 倍になるため, 反応速度 v は,

$$\underbrace{5^3}_{X の影響} \times \underbrace{5}_{Y の影響} = 625 倍$$

4 (1) 反応温度と速度の変化を表にまとめると，

①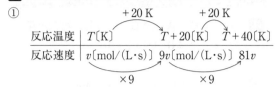

反応温度	T〔K〕	$T+20$〔K〕	$T+40$〔K〕
反応速度	v〔mol/(L·s)〕	$9v$〔mol/(L·s)〕	$81v$

よって，$9 \times 9 = 81$ 倍

　また，温度が t〔K〕上昇したときの速度増加が n 倍であるとすると，$n = 9^{\frac{t}{20}}$ で表される。

② ①で得られた式に $t = -10$〔K〕を代入すると，

$$n = 9^{-\frac{10}{20}} = \frac{1}{3} = 0.33\cdots \fallingdotseq 0.33\ \text{倍}$$

(2)(1)の①で得た式に $n = 100$ を代入すると，$100 = 9^{\frac{t}{20}}$

$9^2 < 100 < 3 \times 9^2 (= 9^{2.5})$ であるから，$2 < \dfrac{t}{20} < 2.5$

つまり，$40 < t < 50$ となり，本問の選択肢に適するのは，イ の 42 K となる。　　　（参考）$9^{\frac{42}{20}} \fallingdotseq 100.9$

5 (1)平均濃度は相加平均をとる。反応速度は濃度の変化量を反応に要した時間で割ればよい。

(2)速度式を $v = k[\text{H}_2\text{O}_2]^x$ とおくと，(1)の①，②より，

①… $2.6 \times 10^{-3}\ \text{mol/(L·s)} = k \times 0.87^x$

②… $3.1 \times 10^{-4}\ \text{mol/(L·s)} = k \times 0.107^x$

二式を辺々割ると，

$$\frac{2.6 \times 10^{-3}}{3.1 \times 10^{-4}} = \left(\frac{0.87}{0.107}\right)^x$$
$$8.38 = 8.13^x,\quad x \fallingdotseq 1$$

よって，速度式は $v = k[\text{H}_2\text{O}_2]$ と決まる。

6 (4)①

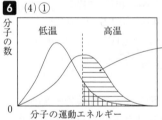

この部分の粒子が反応が可能な粒子。高温のときのほうが多い。

②

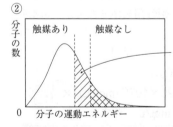

この部分の粒子が反応可能な粒子。活性化エネルギーが小さいときのほうが多い。

STEP **2** 標準問題　　　p.42〜43

1 ウ

2 (1)エ，反応速度がAより大きく，生じる酸素の体積がAの2倍である。

　　(2)ア，反応速度がAより大きく，生じる酸素の体積がAと同じである。

---

(3)ウ，反応速度はAと同じで，生じる酸素の体積がAの2倍である。

3 $v = k[\text{AB}]^2[\text{C}_2]$，単位：$\text{L}^2/(\text{mol}^2\cdot\text{s})$

4 (1) a : 0.82　b : 2.5　(2) $v = k_1[\text{A}]$

　(3) $3.0 \times 10^{-3}\ \text{s}^{-1}$

　(4) $v = k[\text{A}][\text{B}]$　(5) 1.0 L/(mol·s)

5 (1)エ　(2)ア　(3)オ　(4)イ　(5)カ　(6)ク

解説

1 ウ 活性化エネルギーの大小とエンタルピー変化の大小は全く関係がない。

3 実験1，4，5の結果より[AB]を2倍，3倍とすると v は4倍，9倍となっているので，v は$[\text{AB}]^2$に比例する。同様に実験1，2，3の結果より v は$[\text{C}_2]$に比例する。これらより　$v = k[\text{AB}]^2[\text{C}_2]$ が得られる。

4 (1)平均濃度は，相加平均をとればよい。

$$\frac{(0.97 + 0.67)}{2} = 0.82\ \text{mol/L}$$

平均反応速度は，濃度変化量を反応に要した時間で割ればよい。

$$\frac{|\,0.97 - 0.67\,|\ \text{mol/L}}{120\ \text{s}} = 2.5 \times 10^{-3}\ \text{mol/(L·s)}$$

表の単位を考慮すると，bにあてはまる数値は 2.5

(2)本文の条件より，

$$v = \underset{\text{定数}}{k}[\text{A}]^x\underset{\text{定数}}{[\text{B}]^y} = k_1[\text{A}]^x$$
$$\text{（ただし，}\ k_1 = k[\text{B}]^y = \text{定数）}$$

とみなすことができる。この式に表の結果のうち 0〜120 s，120〜240 s の平均濃度，平均反応速度を代入すると，

$$5.1 \times 10^{-10}(\text{mol/(L·s)}) = k_1 \times (1.70 \times 10^{-7})^x \quad \cdots①$$
$$3.5 \times 10^{-10}(\text{mol/(L·s)}) = k_1 \times (1.18 \times 10^{-7})^x \quad \cdots②$$

この二式で辺々割ると，$\dfrac{5.1 \times 10^{-10}}{3.5 \times 10^{-10}} = \left(\dfrac{1.70 \times 10^{-7}}{1.18 \times 10^{-7}}\right)^x$

$$1.45\cdots = 1.44\cdots^x \implies x \fallingdotseq 1$$

よって，速度式は $v = k_1[\text{A}]$ と決まる。

(3)(2)の①式に $x = 1$ を代入すると，

$$5.1 \times 10^{-10}\ \text{mol/(L·s)} = k_1 \times (1.70 \times 10^{-7}\ \text{mol/L})$$
$$k_1 = 3.0 \times 10^{-3}\ \text{s}^{-1}$$

(5)(4)の結果より，$k_1 = k[\text{B}]$

$3.0 \times 10^{-3}\ \text{s}^{-1} = k \times 3.00 \times 10^{-3}\ \text{mol/L}$，$k = 1.0\ \text{L/(mol·s)}$

---

8 化学平衡

STEP **1** 基本問題　　　p.44〜45

1 ① 正反応　② 逆反応　③ $v_1 - v_2$　④ 0

2 (1)$K = \dfrac{[\text{HI}]^2}{[\text{H}_2][\text{I}_2]}$　(2)2.8×10^{-2}

　(3)1.5 mol

3 ①右 ②右 ③右 ④右 ⑤× ⑥×

4 (1) 2.0　(2) 1.7　(3) 13.0　(4) 13.7

5 ① 0　② 0　③ $-C\alpha$　④ $+C\alpha$
　⑤ $+C\alpha$　⑥ $C(1-\alpha)$　⑦ $C\alpha$
　⑧ $C\alpha$　⑨ $\dfrac{C\alpha^2}{1-\alpha}$　⑩ 1　⑪ $C\alpha^2$
　⑫ $\sqrt{\dfrac{K_a}{C}}$　⑬ $\sqrt{CK_a}$　⑭ $-\log_{10}\sqrt{CK_a}$
　⑮ 1.6×10^{-2}　⑯ 2.8

6 (1) 緩衝液(緩衝溶液)

(2)① $CH_3COO^- + H^+$
　　　　　$\longrightarrow CH_3COOH, \ H^+$

②$CH_3COOH + OH^-$
　　　　　$\longrightarrow CH_3COO^- + H_2O, \ OH^-$

解説

2 (2) 平衡時の濃度より,

$$K = \frac{[HI]^2}{[H_2][I_2]} = \frac{(0.070)^2(mol/L)^2}{0.36\times0.49(mol/L)^2}$$
$$= \frac{1}{36} = 0.0277\cdots \fallingdotseq 2.8\times10^{-2}$$

(3) 平衡時の HI の物質量を n〔mol〕として,

	H_2	$+$	I_2	$\rightleftharpoons$	$2HI$
	10 mol		10 mol		0 mol
$+)$	$-\frac{1}{2}n$ mol		$-\frac{1}{2}n$ mol		$+n$ mol
	$10-\frac{1}{2}n$ mol		$10-\frac{1}{2}n$ mol		n mol

よって, $K = \dfrac{\left(\dfrac{n}{10}\right)^2}{\left(\dfrac{10-\frac{1}{2}n}{10}\right)\left(\dfrac{10-\frac{1}{2}n}{10}\right)} = \dfrac{1}{36}$

$\dfrac{n}{10-\frac{1}{2}n} = \dfrac{1}{6}$, $n \fallingdotseq 1.5$　$(\because K>0)$

3 ⑤, ⑥ 気体反応においては, 体積一定の下で不活性ガスを加えても, 平衡は移動しない。触媒も反応の速度を上げることができるが, 平衡は移動しない。

4 (1) $-\log_{10}0.010 = 2.0$

(2) $-\log_{10}(0.010\times\underset{\text{価数}}{2}) \fallingdotseq 1.7$

(3) $-\log_{10}\dfrac{K_W}{[OH^-]} = -\log_{10}\dfrac{1.0\times10^{-14}}{0.10} = 13.0$

(4) $-\log_{10}\dfrac{K_W}{[OH^-]} = -\log_{10}\dfrac{1.0\times10^{-14}}{0.50} \fallingdotseq 13.7$

5 ⑮ ⑫に $C=0.10$ mol/L, $K_a=2.7\times10^{-5}$ mol/L を代入する。

⑯ ⑭に $C=0.10$ mol/L, $K_a=2.7\times10^{-5}$ mol/L を代入する。

1 (1) 反応式：A $\rightleftharpoons$ B, 反応名：可逆反応

(2) ア　(3) 4.0　(4) $1.2\times10^{-2}\,s^{-1}$

(5) ア, イ, ウ

2 (1) 3.0　(2) 3.2 mol　(3) 3.3 mol

3 0.26 mol/L

4 (1) $K_c = \dfrac{[NH_3]^2}{[H_2]^3[N_2]}$　(2) $K_p = \dfrac{P_{NH_3}{}^2}{P_{H_2}{}^3 P_{N_2}}$

(3) $K_p = \dfrac{K_c}{(RT)^2}$

5 (1) ウ　(2) エ　(3) ア　(4) イ

6 (1)① $0.10\,\alpha$　② $0.10\,\alpha$　③ $0.10(1-\alpha)$

④ 1.7×10^{-5}　(2) 11.1

7 (1) 5.4　(2) $[CO_3{}^{2-}] = \dfrac{[H_2CO_3]\cdot K_1\cdot K_2}{[H^+]^2}$

(3) 5.6×10^{-11} mol/L

8 ア, オ, カ

9 (1) 酢酸は弱酸であり, 電離度が小さい上に酢酸ナトリウムによってさらに電離度が下がるため, ほとんど電離していないと見なせるから。

(2) 酢酸ナトリウムは完全電離し, 酢酸はほぼ電離しないため, 酢酸イオンはほぼすべて酢酸ナトリウムの電離によるものになってしまうため。

(3) $[H^+]: \dfrac{C_A}{C_S}\cdot K_a$, pH: $-\log_{10}\left(\dfrac{C_A}{C_S}\cdot K_a\right)$

(4)① 4.6　② 4.0　③ 1.5　(5) 0.82 g

10 (1) a：$CH_3COOH + OH^-$　b：加水分解

(2)① $\dfrac{[CH_3COOH][OH^-]}{[CH_3COO^-]}$　② $\dfrac{K_W}{K_a}$

(3) 8.8

11 (1) 2.9　(2) 滴下によって酢酸の一部が中和され酢酸ナトリウムとなり, 未反応の酢酸と共に緩衝作用を示すため。　(3) 4.9

(4) 8.7

12 (1) $K_{sp\cdot CuS} = [Cu^{2+}][S^{2-}]$

(2) $K_{sp\cdot CuS} < K_{sp\cdot ZnS}$

(3) $[S^{2-}] = 1.20\times10^{-21}\,(mol/L)^2\times\dfrac{[H_2S]}{[H^+]^2}$

(4) 1.2×10^{-8} mol/L　(5) する。

解説

1 (1) 反応式の係数比は反応量の比から決定する。反応量の比は, グラフを次ページのように読み取ることで判断できる。

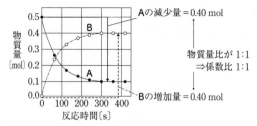

A の減少量 = 0.40 mol

物質比が 1:1
⇒係数比 1:1

B の増加量 = 0.40 mol

(3) 容積 1 L であるので，

$$K = \frac{[B]}{[A]} = \frac{0.40 \text{ mol/L}}{0.10 \text{ mol/L}} = 4.0$$

(4) 正反応の速度式は平衡時の濃度を $[A]$ とすると，

$$v = k[A] = 1.2 \times 10^{-3} \text{ mol/(L·s)}$$

$[A] = 0.10$ mol/L であるから，

$$k = \frac{v}{[A]} = \frac{1.2 \times 10^{-3} \text{ mol/(L·s)}}{0.10 \text{ mol/L}} = 1.2 \times 10^{-2} \text{ s}^{-1}$$

(5) **エ**，**オ** はいずれも温度の影響を受けるが，濃度の影響は受けない。

2 (1) 反応前後の物質量の変化をまとめると，

	H_2	$+$	I_2	$\rightleftharpoons$	$2HI$
反応前	2.0 mol		3.6 mol		0 mol
増減	− 1.2 mol		− 1.2 mol		+ 2.4 mol
反応後	0.8 mol		2.4 mol		2.4 mol

よって，反応容器の容積を V〔L〕とおくと，

$$K = \frac{[HI]^2}{[H_2][I_2]} = \frac{\left(\dfrac{2.4}{V}\right)^2}{\left(\dfrac{0.8}{V}\right)\left(\dfrac{2.4}{V}\right)} = 3.0$$

(2) 反応で生じる HI の物質量を x〔mol〕とおくと，

	H_2	$+$	I_2	$\rightleftharpoons$	$2HI$
反応前	3.0 mol		4.0 mol		0 mol
増減	$-\dfrac{1}{2}x$ mol		$-\dfrac{1}{2}x$ mol		$+x$ mol
反応後	$3.0 - \dfrac{1}{2}x$ mol		$4.0 - \dfrac{1}{2}x$ mol		x mol

よって，反応容器の容積を V〔L〕とおくと，

$$K = \frac{[HI]^2}{[H_2][I_2]} = \frac{\left(\dfrac{x}{V}\right)^2}{\left(\dfrac{3.0 - \dfrac{1}{2}x}{V}\right)\left(\dfrac{4.0 - \dfrac{1}{2}x}{V}\right)} = 3.0$$

これを解くと $x = -21 + 3\sqrt{65}$
$\sqrt{65}$ について，$8^2 = 64$，$8.1^2 = 65.61$
さらに絞り込むと，

$8.05^2 = 64.8025$，$8.06^2 = \underline{64.9636}$←最も 65 に近い

$$x = -21 + 3\sqrt{65} = 3(-7 + \sqrt{65})$$
$$\fallingdotseq 3(-7 + 8.06) = 3.18 \fallingdotseq 3.2 \text{ mol}$$

(3) (2) の平衡状態から I_2 を y〔mol〕加えたとすると，

	H_2	$+$	I_2	$\rightleftharpoons$	$2HI$
	1.4 mol		$2.4 + y$ mol		3.2 mol
	− 0.4 mol		− 0.4 mol		+ 0.8 mol
	1.0 mol		$2.0 + y$ mol		4.0 mol

よって，反応容器の容積を V〔L〕とおくと，

$$K = \frac{[HI]^2}{[H_2][I_2]} = \frac{\left(\dfrac{4.0}{V}\right)^2}{\left(\dfrac{1.0}{V}\right)\left(\dfrac{2.0 + y}{V}\right)} = 3.0$$

$$y \fallingdotseq 3.33 \text{ mol}$$

3 固体は平衡状態に影響を与えないため，平衡定数には含めない。この反応の量的関係をまとめると，

	CO_2	$+$	C	$\rightleftharpoons$	$2CO$
反応前	0.50 mol/L		考えない		0 mol/L
増減	+) − 0.15 mol/L		− 0.15 mol/L		+ 0.30 mol/L
反応後	0.35 mol/L		考えない		0.30 mol/L

よって，$K = \dfrac{[CO]^2}{[CO_2]} = \dfrac{(0.30 \text{ mol/L})^2}{0.35 \text{ mol/L}} = 0.257\cdots$

$$\fallingdotseq 0.26 \text{ mol/L}$$

4 反応式は $3H_2 + N_2 \rightleftharpoons 2NH_3$

$$[H_2] = \frac{p_{H_2}}{RT} \quad [N_2] = \frac{p_{N_2}}{RT} \quad [NH_3] = \frac{p_{NH_3}}{RT}$$

となるので，

$$K_c = \frac{[NH_3]^2}{[H_2]^3[N_2]} = \frac{p_{NH_3}^2}{p_{H_2}^3 p_{N_2}}(RT)^2$$

5 (1)，(2) この反応の反応エンタルピーとルシャトリエの原理より，温度が高いほど，アンモニアの生成率が下がる。

(3) 反応速度が大きくなるが，温度が変わらないので，アンモニアの生成率は変わらない。

(4) ルシャトリエの原理より，粒子数の少ない方向に平衡が移動するため，アンモニアの生成率は上がる。

6 (1) 電離前後の量的関係をまとめると，

	NH_3	$+$	H_2O	$\rightleftharpoons$	NH_4^+	$+$	OH^-
電離前	0.10 mol/L		過剰		0 mol/L		0 mol/L[*1]
増減	− 0.10α mol/L				+ 0.10α mol/L		+ 0.10α mol/L
電離後	0.10(1−α) mol/L ③		過剰		0.10α mol/L ①		0.10α mol/L ②

*1 水の電離によるものはごく微量なので無視した。

アンモニアの電離定数 K_b は，

$$K_b = \frac{[NH_4^+][OH^-]}{[NH_3]} = \frac{0.10\alpha \times 0.10\alpha}{0.10(1 - \alpha)}$$

ここで $\alpha = 1.3 \times 10^{-2}$ なので，$1 - \alpha \fallingdotseq 1$[*2] と近似して，

$$K_b = 1.69 \times 10^{-5} \text{ mol/L} \fallingdotseq 1.7 \times 10^{-5} \text{ mol/L}$$

*2 $1 - \alpha \fallingdotseq 1$ と近似せずに求めると，

$$K_b = 1.71 \times 10^{-5} \text{ mol/L} \text{ となる。}$$

(2) (1)② より $[OH^-] = 0.10 \times \alpha = 0.10 \times 1.3 \times 10^{-2}$ mol/L

よって，$[H^+] = \dfrac{K_w}{[OH^-]} = \dfrac{1.0 \times 10^{-14} (\text{mol/L})^2}{1.3 \times 10^{-3} \text{ mol/L}}$

$$= 1.3^{-1} \times 10^{-11} \text{ mol/L}$$

$$pH = -\log_{10}[H^+] = 11.11 \fallingdotseq 11.1$$

7 (1) 問題文に第2段階の電離は無視するとあるので, 1価の酸と同じ解き方になる。

$$[H^+] = \sqrt{[H_2CO_3] \cdot K_1}$$ より,

$$\begin{aligned}
pH &= -\log_{10}\sqrt{[H_2CO_3] \cdot K_1} \\
&= -\log_{10}\sqrt{4.0 \times 10^{-5} \times 4.5 \times 10^{-7}} \\
&= -\log_{10}(3\sqrt{2} \times 10^{-6}) \fallingdotseq \underline{5.4}
\end{aligned}$$

(2) 各段階の電離定数 K_1, K_2 は次のように表される。

$$K_1 = \frac{[H^+][HCO_3^-]}{[H_2CO_3]} \qquad \cdots ①$$

$$K_2 = \frac{[H^+][CO_3^{2-}]}{[HCO_3^-]} \qquad \cdots ②$$

②式より, $[CO_3^{2-}] = \dfrac{[HCO_3^-]}{[H^+]} \cdot K_2 \qquad \cdots ③$

①式より, $[HCO_3^-] = \dfrac{[H_2CO_3]K_1}{[H^+]} \qquad \cdots ④$

④式を③式に代入して,

$$[CO_3^{2-}] = \frac{[H_2CO_3]K_1 \cdot K_2}{[H^+]^2} \qquad \cdots ⑤$$

(3) (2)の⑤式にそれぞれの値を代入すると,

$$\begin{aligned}
[CO_3^{2-}] &= \frac{4.0 \times 10^{-5} \times 4.5 \times 10^{-7} \times 5.6 \times 10^{-11}}{18 \times 10^{-12}} \\
&= \underline{5.6 \times 10^{-11}}\ mol/L
\end{aligned}$$

9 (3) 酢酸の電離平衡について,

	CH_3COOH	$\rightleftharpoons$	CH_3COO^-	$+$	H^+
酢酸の電離前	C_A		C_S		0 [mol/L]
増減	$-C_A\alpha$		$+C_A\alpha$		$+C_A\alpha$
酢酸の電離後	$C_A(1-\alpha)$		$C_S + C_A\alpha$		$C_A\alpha$

ここで, $[CH_3COOH] = C_A(1-\alpha) \fallingdotseq C_A$

$[CH_3COO^-] = C_S + C_A\alpha \fallingdotseq C_S$

と近似できるので, 酢酸の電離定数 K_a は,

$$K_a = \frac{[CH_3COO^-][H^+]}{[CH_3COOH]} = \frac{C_S}{C_A}[H^+]$$

これを変形して,

$$[H^+] = \frac{C_A}{C_S} \cdot K_a, \quad pH = -\log_{10}\left(\frac{C_A}{C_S} \cdot K_a\right)$$

(4) ① $C_A = C_S = 0.10$ mol/L を(3)のpHの式に代入して,

$$pH = -\log_{10}\frac{0.10}{0.10} \times 2.7 \times 10^{-5} = 5 - 0.43 = 4.57 \fallingdotseq 4.6$$

② 混合後, $C_A = C_S = 0.050$ mol/L, 塩酸 0.030 mol/L となっている。塩酸の H^+ は緩衝作用によって, 失われる(CH_3COO^- と結合して CH_3COOH になる)ので,

	CH_3COOH	$\rightleftharpoons$	CH_3COO^-	$+$	H^+
緩衝する前	0.050 mol/L		0.050 mol/L		0.030* mol/L
増減	+0.030 mol/L		-0.030 mol/L		-0.030 mol/L
緩衝作用が はたらいた後	0.080 mol/L		0.020 mol/L		0* mol/L

*この H^+ には CH_3COOH の電離によるものは含まれていない。

$$\begin{aligned}
pH &= -\log_{10}\left(\frac{C_A}{C_S} \cdot K_a\right) = -\log_{10}(4.0 \times 2.7 \times 10^{-5}) \\
&= 5 - 0.43 - 0.30 \times 2 = 3.97 \fallingdotseq 4.0
\end{aligned}$$

③ 塩酸 0.030 mol/L の pH であるから,

$$pH = -\log_{10}0.030 = 2 - 0.48 = 1.52 \fallingdotseq 1.5$$

(5) A の pH, C の pH をそれぞれ pH_A, pH_C, C の酢酸濃度を C_A, 酢酸ナトリウム濃度を C_S とおくと,

$$\begin{aligned}
pH_C - pH_A &= -\log_{10}\left(\frac{C_A}{C_S} \cdot K_a\right) - \left\{-\log_{10}\left(\frac{0.10}{0.10} \cdot K_a\right)\right\} \\
&= -\log_{10}\frac{C_A}{C_S} = \underline{-1} \\
&\qquad\qquad \text{題意:} pH_C \text{は} pH_A \text{より 1 小さい}
\end{aligned}$$

$$\therefore \frac{C_A}{C_S} = 10 \Rightarrow C_S = \frac{1}{10}C_A$$

ここで, 問題で指定されている酢酸の質量と緩衝液の体積より, $C_A = 0.10$ mol/L となるので, $C_S = 0.010$ mol/L と決まる。

したがって, 必要な CH_3COONa の質量は,

$$\underbrace{0.010\ mol/L \times 1.0\ L \times 82}_{CH_3COONa\ の式量} = \underline{0.82}\ g$$

10 (2) ① K を各物質のイオン濃度で表すと,

$$K = \frac{[CH_3COOH][OH^-]}{[CH_3COO^-][H_2O]}$$

となる。$K_h = K[H_2O]$ と定義されているので,

$$\begin{aligned}
K_h &= \frac{[CH_3COOH][OH^-]}{[CH_3COO^-][H_2O]} \times [H_2O] \\
&= \frac{[CH_3COOH][OH^-]}{[CH_3COO^-]}
\end{aligned}$$

② K_a を $[CH_3COOH]$, $[CH_3COO^-]$, $[H^+]$ で表すと,

$$K_a = \frac{[CH_3COO^-][H^+]}{[CH_3COOH]}$$

これを変形すると,

$$\frac{[CH_3COOH]}{[CH_3COO^-]} = \frac{[H^+]}{K_a}$$

これを①の答えに代入し, K_w も代入する。

$$K_h = \frac{[H^+]}{K_a} \times [OH^-] = \frac{K_w}{K_a}$$

(3) 酢酸ナトリウムの濃度を C [mol/L], 生成した水酸化物イオンの濃度を x [mol/L] とおいて, 加水分解前後の物質の量的関係をまとめると,

	CH_3COO^-	$+$	H_2O	$\rightleftharpoons$	CH_3COOH	$+$	OH^-
加水分解前	C mol/L		過剰		0 mol/L		0 mol/L
増減	$-x$ mol/L		$-x$ mol/L		$+x$ mol/L		$+x$ mol/L
加水分解後	$(C-x)$ mol/L		過剰		x mol/L		x mol/L

$(C-x) \fallingdotseq C$ と近似でき, (2)①の答えに代入すると,

$$K_h = \frac{[CH_3COOH][OH^-]}{[CH_3COO^-]} = \frac{x^2}{C-x} \fallingdotseq \frac{x^2}{C}$$

さらに(2)の②の答えを利用すると,

$$K_h = \frac{x^2}{C} = \frac{K_w}{K_a}$$

pH を求めたいので, $[OH^-]$, つまり x について変形すると,

$$x = \sqrt{\frac{C \cdot K_w}{K_a}} = [OH^-]$$

$$\begin{aligned}
pH = -\log_{10}[H^+] &= -\log_{10}\frac{K_w}{[OH^-]} = -\log_{10}\sqrt{\frac{K_a \cdot K_w}{C}} \\
&= -\log_{10}\sqrt{\frac{2.7 \times 10^{-5} \times 1.0 \times 10^{-14}}{0.10}} \\
&= -\frac{1}{2}\log_{10}(2.7 \times 10^{-18})
\end{aligned}$$

$$= 8.784\cdots \fallingdotseq 8.8$$

11 (1) 酢酸の濃度を c〔mol/L〕とおくと，

↓中和点より

$$\underbrace{c\text{〔mol/L〕}\times\frac{25}{1000}\text{L}\times1\,\text{価}}_{\text{酢酸水溶液中の}H^+\text{の物質量}} = \underbrace{0.10\text{ mol/L}\times\frac{25}{1000}\text{L}\times1\,\text{価}}_{\text{NaOH水溶液中の}OH^-\text{の物質量}}$$

$$c = 0.10\text{ mol/L}$$

0.10 mol/L の酢酸水溶液の pH は，

$$\text{pH} = -\log_{10}[\text{H}^+] = -\log_{10}\sqrt{cK_a} = -\frac{1}{2}\log_{10}(2.0\times10^{-6})$$

$$= 2.85 \fallingdotseq 2.9$$

(3) 滴下開始〜中和点の間では緩衝溶液になっており，滴下量 15 mL の段階で，

	CH₃COOH	+ NaOH	→ CH₃COONa	+ H₂O
滴下前	2.5 mmol	1.5 mmol	0 mol	過剰
増減	− 1.5 mmol	− 1.5 mmol	+ 1.5 mmol	+ 1.5 mmol
滴下後	1.0 mmol	0 mol	1.5 mmol	過剰

（ただし，1mmol $= 10^{-3}$ mol）

となるので，酢酸と酢酸ナトリウムの濃度比は，

$[\text{CH}_3\text{COOH}]:[\text{CH}_3\text{COONa}] = 2:3$ だから，

$$\text{pH} = -\log_{10}\left(\frac{[\text{CH}_3\text{COOH}]}{[\text{CH}_3\text{COO}^-]}\cdot K_a\right) = -\log_{10}\left(\frac{2}{3}\times2.0\times10^{-5}\right)$$

$$= 4.88 \fallingdotseq 4.9$$

(4) $$\text{pH} = -\log_{10}\sqrt{\frac{K_a K_w}{c}} = -\log_{10}\sqrt{\frac{2.0\times10^{-5}\times1.0\times10^{-14}}{0.050}}$$

$$= -\frac{1}{2}\log_{10}(4.0\times10^{-18}) = 8.7$$

12 (2) 同じ濃度の Cu^{2+} と Zn^{2+} が溶解しているので，

$$[\text{Cu}^{2+}] = [\text{Zn}^{2+}]$$

よって， $[\text{Cu}^{2+}][\text{S}^{2-}] = [\text{Zn}^{2+}][\text{S}^{2-}]$ …①

問題文には，CuS は沈殿したとあるので，

$$[\text{Cu}^{2+}][\text{S}^{2-}] > K_{\text{sp.CuS}}$$ …②

問題文には，ZnS は沈殿しなかったとあるので，

$$[\text{Zn}^{2+}][\text{S}^{2-}] < K_{\text{sp.ZnS}}$$ …③

①〜③より，$K_{\text{sp.CuS}} < K_{\text{sp.ZnS}}$

(3) 平衡定数について，$K_a = \dfrac{[\text{H}^+]^2[\text{S}^{2-}]}{[\text{H}_2\text{S}]}$ より，

$$[\text{S}^{2-}] = K_a\cdot\frac{[\text{H}_2\text{S}]}{[\text{H}^+]^2} = 1.20\times10^{-21}\,(\text{mol/L})^2\cdot\frac{[\text{H}_2\text{S}]}{[\text{H}^+]^2}$$

(4) pH = 7 より，$[\text{H}^+] = 1.0\times10^{-7}$ mol/L が決まる。

$[\text{H}_2\text{S}] = 0.100$ mol/L とともに，(3)の式に代入すると，

$$[\text{S}^{2-}] = 1.20\times10^{-21}\times\frac{0.100}{(1.0\times10^{-7})^2}$$

$$= 1.2\times10^{-8}\text{ mol/L}$$

(5) $[\text{Zn}^{2+}] = 0.100$ mol/L

$$[\text{S}^{2-}] = 1.2\times10^{-8}\text{ mol/L}$$

であるから，$[\text{Zn}^{2+}][\text{S}^{2-}] = 1.2\times10^{-9}$ $(\text{mol/L})^2$

これは，$K_{\text{sp.ZnS}} = 2.20\times10^{-18}$ $(\text{mol/L})^2$ より大きいので，沈殿が生成している。

STEP **3** チャレンジ例題 **2**   p.50〜51

1 ① Na^+(気)$+\text{Cl}$(気)$+e^-$ ② F ③ $\dfrac{1}{2}G$

④ Na(固)$+\dfrac{1}{2}\text{Cl}_2$(気)   ⑤ Q ⑥ H

⑦ $-H+C+\dfrac{1}{2}G+A-F$

2 787 kJ/mol

3 ① $x(1-\alpha)$ ② $2\alpha x$

③ $4.2\times10^5\times\dfrac{1-\alpha}{1+\alpha}$

④ $4.2\times10^5\times\dfrac{2\alpha}{1+\alpha}$ ⑤ Py^2 ⑥ 0.40

⑦ 3：4   ⑧ $P\times\dfrac{1-\beta}{1+\beta}$ ⑨ $P\times\dfrac{2\beta}{1+\beta}$

⑩ Py ⑪ 0.75   ⑫ 75   ⑬ $\dfrac{nRT}{V}$

⑭ $\dfrac{RT}{V}$ ⑮ $(0.80+2\gamma)x$

⑯ $(0.60-\gamma)x$ ⑰ 0.27   ⑱ 33：134

4 4.2×10^4 Pa

解説▶

1 求める値は NaCl(固) ⇌ Na^+(気)$+\text{Cl}^-$(気)の変化の熱量で，右図のようになる。

$$\begin{array}{l}\text{NaCl(固)} \rightleftharpoons \text{Na}^+\text{(気)}+\text{Cl}^-\text{(気)}\\ \hphantom{xxxxxxxxxx}\downarrow Q\text{kJ}\\ \text{NaCl (固)}\end{array}$$

ここで，次のような過程に分けて考える。

NaCl(固) $\overset{❶}{\longrightarrow}$ Na(固)$+$Cl₂(気) $\overset{❷}{\longrightarrow}$ Na$^+$(気)$+$Cl$^-$(気)

   単体に分解   イオン化する

❶について，化合物 ⇌ 単体の変化であるから，

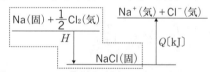

❷について，詳細を記すと，

Na(固) $\xrightarrow{}$ Na(気) $\xrightarrow{}$ Na$^+$(気)$+e^-$
   (i)昇華   (ii)イオン化

$\dfrac{1}{2}$Cl₂(気) $\xrightarrow{}$ Cl(気) $\xrightarrow{}$ Cl$^-$(気)
   (iii)解離   (iv)イオン化

昇華，解離は吸熱反応であり，陽イオンになるときは吸熱，陰イオンになるときは発熱であるから，

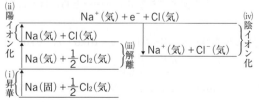

となる。エネルギー図を1つにまとめると，解答のような循環過程になる。

2 ①〜⑤はそれぞれ，① Na の昇華エンタルピー，② Na のイオン化エネルギー，③ Cl−Cl 間の結合エ

ネルギー，④Cl の電子親和力，⑤NaCl の生成エンタルピーである。

求めたい格子エネルギーを Q〔kJ/mol〕とすると，

$$NaCl(固) \longrightarrow Na^+(気)+Cl^-(気) \quad \Delta H = Q〔kJ〕$$

よって，

$$Q = 411 + 107 + \frac{1}{2} \times 244 + 496 - 349$$
$$= 787 \text{ kJ/mol}$$

3 (1)平衡前後の X，Y の量的関係をまとめると，

	X	$\rightleftarrows$	2Y	total
反応前	x〔mol〕		0 mol	x〔mol〕
増減	$-x\alpha$〔mol〕		$+2ax$〔mol〕	
反応後	$x(1-\alpha)$〔mol〕		$2ax$〔mol〕	$x(1+\alpha)$〔mol〕

よって，X，Y の分圧 P_x，P_y は，

$$P_x = \underset{全圧}{4.2 \times 10^5 \text{ Pa}} \times \underset{モル分率}{\frac{1-\alpha}{1+\alpha}}, \quad P_y = \underset{全圧}{4.2 \times 10^5 \text{ Pa}} \times \underset{モル分率}{\frac{2\alpha}{1+\alpha}}$$

これを圧平衡定数の式に代入すると，

$$K_p = \frac{P_y^2}{P_x} = \frac{\left(4.2 \times 10^5 \times \frac{2\alpha}{1+\alpha}\right)^2}{4.2 \times 10^5 \times \frac{1-\alpha}{1+\alpha}} = 3.2 \times 10^5 \text{ Pa}$$

これを解くと $\alpha = 0.40$ が得られる。つまり，平衡時の X，Y の物質量 n_x，n_y はそれぞれ次のようになる。

$$n_x = x(1-0.40) = 0.60x, \quad n_y = 2 \times 0.40 \times x = 0.80x$$

したがって，$n_x : n_y = 0.60x : 0.80x = 3 : 4$

(2)新しい平衡状態における解離度を β とおくと，

$n_x = x(1-\beta)$〔mol〕，$n_y = 2\beta x$〔mol〕 が得られ，X，Y の分圧 P_x，P_y は，

$$P_x = \underset{全圧}{P} \times \underset{モル分率}{\frac{1-\beta}{1+\beta}}, \quad P_y = \underset{全圧}{P} \times \underset{モル分率}{\frac{2\beta}{1+\beta}}$$

$\frac{P_y}{P_x} = 6.0$ の式に代入して $\beta = 0.75$ を得る。

(3)理想気体の状態方程式より $P = \frac{nRT}{V}$ が得られ，

これを，圧平衡定数の式に代入すると，

$$K_p = \frac{P_y^2}{P_x} = \frac{\left(\frac{n_y RT}{V}\right)^2}{\frac{n_x RT}{V}} = \frac{RT}{V} \times \frac{n_y^2}{n_x}$$

ここで，本問には R や T の値が示されていないので，これらの文字を消去できる計算方法をとらなければならない。

(1)の状態のとき，$V = 1.0$ L　$n_x = 0.60x$，$n_y = 0.80x$

であるから，$K_p = \frac{RT}{1.0} \times \frac{(0.80x)^2}{0.60x}$ ……①

また，$V = 5.0$ L にしたとき，(1)のときからの解離度の増加量を γ とおくと，

	X	$\rightleftarrows$	2Y
(1)のとき	$0.60x$		$0.80x$
増減	$-\gamma x$		$+2\gamma x$
	$(0.60-\gamma)x$		$(0.80+2\gamma)x$

この平衡状態における平衡定数について，

$$K_p = \frac{RT}{5.0} \times \frac{\{(0.80+2\gamma)x\}^2}{(0.60-\gamma)x}$$ ……②

①＝②より，

$$\frac{RT}{1.0} \times \frac{0.80^2}{0.60} = \frac{RT}{5.0} \times \frac{(0.80+2\gamma)^2}{0.60-\gamma}$$
$$\gamma \fallingdotseq 0.27$$

つまり，新たな平衡状態における解離度 $(\alpha + \gamma) = 0.67$ となるため，$n_x : n_y = 33 : 134$

（なお，$33 : 67 \fallingdotseq 1 : 2$ と近似すれば $n_x : n_y \fallingdotseq 1 : 4$）となる。

4 平衡状態に至る前後の反応の量的関係をまとめると，

	N_2O_4	$\rightleftarrows$	$2NO_2$
最初	8.0×10^{-2} mol		0 mol
増減	$-8.0 \times 10^{-2} \times 0.20$ mol		$+8.0 \times 10^{-2} \times 0.20 \times 2$ mol
平衡時	6.4×10^{-2} mol		3.2×10^{-2} mol

それぞれの気体の分圧〔Pa〕を計算すると，

$$P_{N_2O_4} = \frac{6.4 \times 10^{-2} \text{ mol} \times 8.3 \times 10^3 \times 313 \text{ K}}{1.0 \text{ L}} \fallingdotseq 1.66 \times 10^5$$

$$P_{NO_2} = \frac{3.2 \times 10^{-2} \text{ mol} \times 8.3 \times 10^3 \times 313 \text{ K}}{1.0 \text{ L}} = \frac{1}{2} P_{N_2O_4}$$

したがって，圧平衡定数は，

$$K_p = \frac{P_{NO_2}^2}{P_{N_2O_4}} = \frac{1}{4} P_{N_2O_4}$$
$$= 4.15 \times 10^4 \fallingdotseq 4.2 \times 10^4 \text{ Pa}$$

STEP ③ チャレンジ問題 2　　　p.52〜55

1 499 kJ/mol

2 (1)電極：**水素**　反応式：$H_2 \longrightarrow 2H^+ + 2e^-$

(2)① 3.6×10^3 J　② 1.9×10^{-2} mol

(3)**67%（66%）**

3 (1)正極：$PbO_2 + 4H^+ + 2e^- + SO_4^{2-}$
$\longrightarrow PbSO_4 + 2H_2O$

負極：$Pb + SO_4^{2-} \longrightarrow PbSO_4 + 2e^-$

(2)**負極・不純物を含む銅が溶け出したことからb極に正極をつないでいるため。**

(3)陽極：$2H_2O \longrightarrow O_2 + 4H^+ + 4e^-$

陰極：$Ag^+ + e^- \longrightarrow Ag$

(4)6.00×10^{-2} mol　(5)3.00×10^{-2} mol

(6)**ニッケル：14%，銀：0.63%**

(7)**0.35 cm³**

4 (1) A：$\sqrt{\frac{T}{M}}$　B：1.0　(2)**エ**　(3)**エ，S は E_a が大きいほど小さくなり，T が大きいほど大きくなるから。**（31字）

(4)① $-\frac{A}{T} + B$　② 3.2

5 (1) a：56　b：無　c：赤

(2) 水の電離度はきわめて小さく，電離による水分子の減少は無視しても差しつかえないため。

(3) 8.04〜9.95　(4) 1.5×10⁻³ mL

$$\frac{3.6\times10^3}{1.87\times10^{-2}}\underset{\substack{\text{単位変換}\\ \text{kJ}\to\text{J}}}{\div(286\times10^3)}\times100=67.3\cdots\fallingdotseq67\%$$

※H₂ の物質量を 1.9×10⁻² mol と考えると，66％となる。

解説 ▶

1 本文に記されている反応は次のとおりである。

$C_6H_6(気)+\dfrac{15}{2}O_2(気)\longrightarrow 6CO_2(気)+3H_2O(気)$
$\Delta H=-3177\ \text{kJ}$ ……Ⅰ

$6C(黒鉛)+3H_2(気)\longrightarrow C_6H_6(液)\quad \Delta H=49\ \text{kJ}$ ……Ⅱ

$C_6H_6(液)\longrightarrow C_6H_6(気)\quad \Delta H=-32\ \text{kJ}$ ……Ⅲ

$6C(黒鉛)+6H_2(気)\longrightarrow C_6H_{12}(液)\quad \Delta H=-156\ \text{kJ}$ ……Ⅳ

これらをエネルギー図にまとめると，次のようになる。

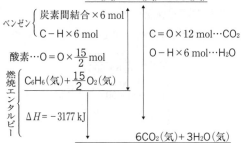

(反応エンタルピー)＝(反応物の結合エネルギーの総和)−(生成物の結合エネルギーの総和)より，

$$\text{(炭素間結合)}\times6+\underset{\text{C-H}}{411}\times6+\underset{\text{O=O}}{494}\times\frac{15}{2}+\underset{\text{燃焼}}{3177}$$
$$=\underset{\text{C=O}}{799}\times12+\underset{\text{O-H}}{459}\times6$$

よって，(炭素間結合)＝499 kJ/mol

2 (2)① 定義より 12 W＝12 J/s であり，本問では 5 分間に発生したエネルギーを問うているので，

$$12\ \text{J/s}\times(60\times5)\text{s}=3.6\times10^3\ \text{J}$$

② 定義より 12 W＝12 V・A で，電圧が 1.0 V であったので，$\dfrac{12\ \text{W}}{1.0\ \text{V}}=12\ \text{A}$ の電流が流れたことがわかる。よって，電池で発生した e⁻ の物質量は，

$$\frac{12\ \text{A}\times(60\times5)\text{s}}{9.65\times10^4\ \text{C/mol}}=\frac{36}{965}\ \text{mol}$$

(1)より，H₂：e⁻＝1：2 だから，H₂ の物質量は，

$$\frac{36}{965}\times\frac{1}{2}=0.01865\cdots\fallingdotseq1.9\times10^{-2}\ \text{mol}$$

(3)(2)の①と②を統合すると，図の燃料電池で H₂ 1 mol から得られる電気エネルギーは，$\dfrac{3.6\times10^3}{1.87\times10^{-2}}$ J/mol とわかる。求める割合は，

3 (2)問題文に書いてあることを図にまとめていくと，次のようになる。

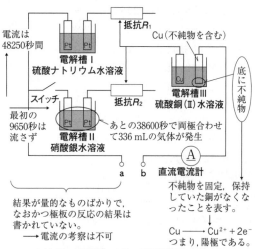

（なお，電解槽Ⅲは銅の電解精錬とほぼ同じセット）

つまり，電解槽Ⅲの不純物を含む銅から導線，**b** 極のほうに電子が流れていくことがわかる。

(3)(4)電解槽Ⅱ（両方とも白金電極，硝酸銀水溶液），

陽極：$2H_2O\longrightarrow O_2+4H^++4e^-$

陰極：$Ag^++e^-\longrightarrow Ag$

という反応が起こる。問題文に電解槽Ⅱから 336 mL の気体が 38600 秒間で発生したと記されているが，これはすべて陽極から発生した酸素のことになる。

$$336\ \text{mL}\underset{\div22400\ \text{mL}}{\longrightarrow}1.50\times10^{-2}\ \text{mol}\underset{O_2:e^-=1:4}{\longrightarrow}6.00\times10^{-2}\ \text{mol}$$

(5)(a)0 秒〜9650 秒

$$\frac{0.200\ \text{A}\times9650\ \text{s}}{9.65\times10^4\ \text{C/mol}}=2.00\times10^{-2}\ \text{mol}$$

(b)9650 秒〜48250 秒の 38600 秒間

$$\underset{\substack{\text{電源から出てきた}\\ \text{電子の物質量}}}{\frac{0.200\ \text{A}\times38600\ \text{s}}{9.65\times10^4\ \text{C/mol}}}-\underset{\substack{\text{Ⅱへ流れていった}\\ \text{電子の物質量(4)より}}}{6.00\times10^{-2}\ \text{mol}}=2.00\times10^{-2}\ \text{mol}$$

よって，電解槽Ⅰに流れた電子の総物質量は，

$$2.00\times10^{-2}+2.00\times10^{-2}=4.00\times10^{-2}\ \text{mol}$$

電解槽Ⅰの各極で生じる気体の物質量は，

陽極：$2H_2O\longrightarrow O_2+4H^++4e^-$

気体の発生量は $4.00\times10^{-2}\times\dfrac{1}{4}=1.00\times10^{-2}\ \text{mol}$

陰極：$2H_2O+2e^-\longrightarrow H_2+2OH^-$

気体の発生量は $4.00\times10^{-2}\times\dfrac{1}{2}=2.00\times10^{-2}\ \text{mol}$

合計すると $1.00\times10^{-2}+2.00\times10^{-2}=3.00\times10^{-2}\ \text{mol}$

(6) 問題文に記されていること
をまとめると右の図のようにな
る。この段階で銀の含有率は，

$$\frac{0.020\,\text{g}}{3.16\,\text{g}}\times100\fallingdotseq0.63\%$$

と求められる。同時に溶けた
Cu と Ni の質量の合計は，3.16 g
−0.020 g＝3.14 g　となる。これ
を，溶けた Cu の物質量 n_{Cu}〔mol〕，
Ni の物質量 n_{Ni}〔mol〕を用いて表すと，

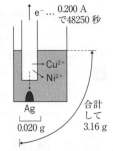

$$\underbrace{63.5n_{\text{Cu}}}_{\text{銅の質量}}+\underbrace{58.7n_{\text{Ni}}}_{\text{ニッケルの質量}}=3.14 \qquad\cdots①$$

また，陽極での反応を式にすると，

$$\text{Cu}\longrightarrow\text{Cu}^{2+}+2\text{e}^-,\quad\text{Ni}\longrightarrow\text{Ni}^{2+}+2\text{e}^-$$

であり，e^- の物質量は，

$$\underbrace{\frac{0.200\,\text{A}\times48250\,\text{s}}{9.65\times10^4\,\text{C/mol}}}_{\substack{\text{陽極で反応にかかわった}\\ \text{e}^-\text{の物質量}\\ \Rightarrow\text{回路を流れた e}^-\text{の}\\ \text{物質量に等しい。}}}=\underbrace{2n_{\text{Cu}}}_{\substack{\text{Cu から生じる}\\ \text{e}^-\text{の物質量}}}+\underbrace{2n_{\text{Ni}}}_{\substack{\text{Ni から生じる}\\ \text{e}^-\text{の物質量}}} \qquad\cdots②$$

これを整理すると，$n_{\text{Cu}}+n_{\text{Ni}}=5.00\times10^{-2}\,\text{mol}$　…③

①，③式より，$n_{\text{Ni}}=7.29\cdots\times10^{-3}\,\text{mol}$

よって，$\dfrac{58.7\times7.29\times10^{-3}}{3.16\,\text{g}}\times100=13.5\cdots\fallingdotseq14\%$

(7) 面心立方格子なので，単位格子中に銅原子が 4 個
含まれる。

$$\text{密度〔g/cm}^3\text{〕}=\frac{\text{単位格子の質量〔g〕}}{\text{単位格子の体積〔cm}^3\text{〕}}=\frac{\dfrac{63.5}{6.02\times10^{23}}\times4\,\text{g}}{4.7\times10^{-23}\,\text{cm}^3} \qquad\cdots④$$

また，析出した銅は，

$$\underbrace{\frac{0.200\,\text{A}\times48250\,\text{s}}{9.65\times10^4\,\text{C/mol}}}_{\substack{\text{陰極に流れこんだ電子の}\\ \text{物質量}\\ (\Rightarrow(6)\text{の②式の左辺と同じ})}}\times\underbrace{\frac{1}{2}}_{\substack{\text{e}^-:\text{Cu}\\ =2:1}}=5.00\times10^{-2}\,\text{mol}$$

であるからその質量は，$63.5\times5.00\times10^{-2}\,\text{g}$　…⑤

④，⑤より析出した銅の体積は，

$$\text{体積〔cm}^3\text{〕}=\frac{\text{質量〔g〕}}{\text{密度〔g/cm}^3\text{〕}}=\frac{63.5\times5.00\times10^{-2}\text{〔g〕}}{\dfrac{63.5}{6.02\times10^{23}}\times4}{4.7\times10^{-23}}\text{〔g/cm}^3\text{〕}$$

$$=0.353\cdots\fallingdotseq0.35\,\text{cm}^3$$

4 (1)「運動エネルギーは気体分子の質量と気体分子
の平均速度の 2 乗の積」で表されるので，

$$\text{運動エネルギー}=\text{質量}\times(\text{平均速度})^2\propto\text{温度}$$
$$(\text{もしくは}=K\times\text{温度}\quad K\text{は比例定数})$$
$$\therefore M\cdot v^2\propto T\quad(\text{もしくは}=kT\quad k\text{は比例定数})$$
$$v\propto\sqrt{\frac{T}{M}}\left(\text{もしくは}=\sqrt{k}\cdot\sqrt{\frac{T}{M}}=k'\sqrt{\frac{T}{M}}\right)$$

また，T を 600 K から 620 K に変化させたので，v の

上昇率について，

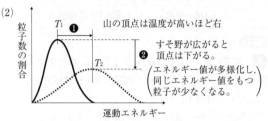

$$\frac{v(620\,\text{K})}{v(600\,\text{K})}=\frac{\sqrt{\dfrac{620}{M}}}{\sqrt{\dfrac{600}{M}}}=\sqrt{\frac{620}{600}}=\sqrt{1.03\cdots}$$

$1.0^2<1.03<1.05^2$ であるから，$\sqrt{1.03\cdots}\fallingdotseq1.0$

(2)

粒子数の割合（縦軸），運動エネルギー（横軸）

山の頂点は温度が高いほど右

すそ野が広がると
頂点は下がる。

（エネルギー値が多様化し，
同じエネルギー値をもつ
粒子が少なくなる。）

(4)① 縦軸＝$\log_e k$　横軸＝$\dfrac{1}{T}$ で，関数が直線であるから，

$$\underbrace{\log_e k}_{\text{縦軸}}=\underbrace{-A}_{\text{傾き}}\times\underbrace{\left(\frac{1}{T}\right)}_{\text{横軸}}+\underbrace{B}_{\text{切片}}$$

② 題意より，

$$\log_e k_1=-A\left(\frac{1}{606}\right)+B \qquad\cdots①$$
$$\log_e k_2=-A\left(\frac{1}{626}\right)+B \qquad\cdots②$$

$\dfrac{k_2}{k_1}$ をつくりたいので②−①より，

$$\log_e k_2-\log_e k_1=A\left(\frac{626-606}{626\times606}\right)$$
$$\log_e \frac{k_2}{k_1}=\frac{21890\times20}{626\times606}\fallingdotseq1.15$$
$$\frac{k_2}{k_1}\fallingdotseq e^{1.15}=10^{0.4343\times1.15}$$
$$\fallingdotseq10^{0.50}$$
$$=\sqrt{10}\fallingdotseq3.2$$

5 (1) 水について 1 L 中に含まれる分子の物質量は，

$$\underbrace{1\,\text{L}\times1000}_{\substack{\text{単位変換}\\ (\text{L}\to\text{cm}^3)}}\times\underbrace{1.0\,\text{g/cm}^3}_{\text{密度}}\div\underbrace{18}_{\text{分子量}}=55.5\cdots\fallingdotseq56\,\text{mol}$$

(2) 水の電離は 25 ℃純水中で，

	H_2O	$\rightleftharpoons$	H^+	+	OH^-
電離前	56 mol/L		0 mol/L		0 mol/L
増減	-1.0×10^{-7} mol/L		$+1.0\times10^{-7}$ mol/L		$+1.0\times10^{-7}$ mol/L
電離後	$56-1.0\times10^{-7}$ mol/L		1.0×10^{-7} mol/L		1.0×10^{-7} mol/L

電離後の$[H_2O]$ の値は 55.9999999 mol/L と計算され
るが，有効数字を 2 桁にすると，56 mol/L に戻ってし
まう。

(3) 加えられたフェノールフタレインの濃度を C とお
くと，電離度 α のときの電離前後の量的関係は，

	HA	$\rightleftharpoons$	H^+	+	A^-
電離前	C mol/L		? mol/L		0 mol/L
増減	$-C\alpha$ mol		$+C\alpha$ mol/L		$+C\alpha$ mol/L
電離後	$C(1-\alpha)$ mol/L		? mol/L		$C\alpha$ mol/L

他の試薬によって
決定される。

電離定数について,
$$K_a = \frac{[\text{H}^+][\text{A}^-]}{[\text{HA}]} = \frac{[\text{H}^+]\,C\alpha}{C(1-\alpha)} = \frac{[\text{H}^+]\alpha}{1-\alpha} \quad \cdots ①$$

本問では $\alpha = 0.10 \sim 0.90$ となる pH を求めればよいので,①式を変形して,
$$[\text{H}^+] = \frac{K_a(1-\alpha)}{\alpha} \quad \cdots ②$$
$$\text{pH} = \log_{10}\frac{\alpha}{K_a(1-\alpha)} \quad \cdots ③$$

$\alpha = 0.10$,$K_a = 1.0 \times 10^{-9}$ のとき,
$$\text{pH} = \log_{10}\left(1.0 \times 10^9 \times \frac{1}{9}\right) \fallingdotseq 8.04$$

$\alpha = 0.90$,$K_a = 1.0 \times 10^{-9}$ のとき,
$$\text{pH} = \log_{10}(1.0 \times 10^9 \times 9) \fallingdotseq 9.95$$

(4) 中和点での水酸化ナトリウム水溶液の体積を v〔mL〕とおくと,中和の量的関係について,
$$\underbrace{0.20 \text{ mol/L} \times \frac{15}{1000}\text{ L}}_{\substack{\text{HCl から得られる} \\ \text{H}^+\text{の物質量}}} = \underbrace{0.20 \text{ mol/L} \times \frac{v}{1000}\text{ L}}_{\substack{\text{NaOH から得られる} \\ \text{OH}^-\text{の物質量}}}$$
$$v = 15 \text{ mL} \quad \cdots ④$$

一方で,フェノールフタレインが電離度 $\alpha = 0.5$ になるときの $[\text{H}^+]$ について,(3)の②式より,
$$[\text{H}^+] = \underbrace{1.0 \times 10^{-9}\text{ mol/L}}_{K_a} \times \frac{1-0.5}{0.5} = 1.0 \times 10^{-9}\text{ mol/L}$$

つまり $[\text{OH}^-]$ について,
$$[\text{OH}^-] = \frac{K_w}{[\text{H}^+]} = \frac{1.0 \times 10^{-14}\,(\text{mol/L})^2}{1.0 \times 10^{-9}\text{ mol/L}}$$
$$= 1.0 \times 10^{-5}\text{ mol/L}$$

$[\text{OH}^-] = 1.0 \times 10^{-5}$ mol/L になるときの水酸化ナトリウムの滴下量を V〔mL〕とすると,

	HCl	+	NaOH	⟶	NaCl	+	H$_2$O
滴下前	$0.20 \times \frac{15}{1000}$ mol		$0.20 \times \frac{V}{1000}$ mol		0 mol		(過剰)
増減	$-0.20 \times \frac{15}{1000}$ mol		$-0.20 \times \frac{15}{1000}$ mol		$+0.20 \times \frac{15}{1000}$ mol		
	0 mol		$0.20 \times \frac{V-15}{1000}$ mol		$0.20 \times \frac{15}{1000}$ mol		(過剰)

反応後の溶液の $[\text{OH}^-]$ について,
$$\frac{0.20 \times \frac{V-15}{1000}\text{ mol}}{\frac{15+V}{1000}\text{ L}} = 1.0 \times 10^{-5}\text{ mol/L}$$
$$V = \frac{30 + 1.5 \times 10^{-3}}{2 - 1.0 \times 10^{-4}}\text{ mL} \quad \cdots ⑤$$

④,⑤より
$$V - v = \frac{30 + 1.5 \times 10^{-3}}{2 - 1.0 \times 10^{-4}} - 15 = 1.5 \times 10^{-3}\text{ mL}$$

9　元素の分類,水素,18 族元素

STEP ① 基本問題　p.56 ~ 57

1 ① メンデレーエフ　② 原子量
③ 周期表　④ 周期　⑤ 族
⑥ 最外電子殻　⑦ 価電子数　⑧ 典型
⑨ 遷移　⑩ アルカリ金属
⑪ アルカリ土類金属　⑫ ハロゲン
⑬ 貴ガス
(1),(2)

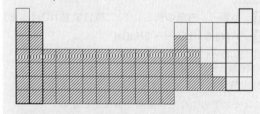

1	2		1 か 2		3	4	5	6	7	0

2 (1) Na, Mg, Al　(2) Ar　(3) S, Cl　(4) Si
(5) Ar　(6) Na, Mg, Al

3 (1) a　(2) a　(3) d

4 (1)① 大き　② $\text{Zn} + \text{H}_2\text{SO}_4 \longrightarrow \text{ZnSO}_4 + \text{H}_2$
(2)③ 陰
④ $2\text{H}_2\text{O} + 2\text{NaCl} \longrightarrow 2\text{NaOH} + \text{Cl}_2 + \text{H}_2$
(3)⑤ 両
⑥ $2\text{Al} + 6\text{H}_2\text{O} + 2\text{NaOH}$
$\longrightarrow 2\text{Na}[\text{Al}(\text{OH})_4] + 3\text{H}_2$
(4)⑦ 水蒸気　⑧ $\text{CH}_4 + \text{H}_2\text{O} \longrightarrow \text{CO} + 3\text{H}_2$

5 (1) アルゴン　(2) ヘリウム　(3) ネオン

解説▶

2 (6)「水を還元する＝水に電子を与える」ということであるから,電子を放出する能力の高い(＝陽性の強い,陽イオンになりやすい)元素が該当する。

4 (3) 本冊 p.69 **5** 参照。
(4) 水蒸気改質ともよばれ,水素の工業的製法としては主要である。

5 (1) アルゴンは大気中の含有率が 3 番目に多い。

STEP ② 標準問題　p.58 ~ 59

1 (1) ×　(2) ×　(3) ×　(4) ×　(5) ○
(6) ○　(7) ○　(8) ○　(9) ×　(10) ×

2 (1) ○　(2) ×　(3) ×　(4) ○　(5) ○

(6)○　(7)✕

3 ア，$2Na + 2H_2O \longrightarrow 2NaOH + H_2$

ウ，$Zn + H_2SO_4 \longrightarrow ZnSO_4 + H_2$

エ，$Fe + 2HCl \longrightarrow FeCl_2 + H_2$

オ，$2H_2O \longrightarrow 2H_2 + O_2$

4 (1)○　(2)○　(3)○　(4)○　(5)✕

(6)○　(7)○　(8)✕

5 (1)イ，NH_3　(2)ア，CH_4　(3)ウ，HF

(4)エ，H_2O

6 ア，イ

解説▶

1 (3)誤り。有色の例として，二酸化窒素 NO_2（赤褐）。

2 (1)$Na_2O + H_2O \longrightarrow 2NaOH$

(2) $\underset{\text{両性酸化物}}{ZnO} + \underset{\text{酸}}{2HCl} \longrightarrow \underset{\text{塩}}{ZnCl_2} + \underset{\text{水}}{H_2O}$（中和反応）

(3)水酸化物イオンの濃度が高いことが条件であり，アンモニアのような弱塩基では反応しない。

(4) $\underset{\text{塩基性酸化物}}{CuO} + \underset{\text{酸}}{H_2SO_4} \longrightarrow \underset{\text{塩}}{CuSO_4} + \underset{\text{水}}{H_2O}$（中和反応）

(5), (6)$H_2O + CO_2 \longrightarrow H_2CO_3$（炭酸）

$H_2O + SO_3 \longrightarrow H_2SO_4$（硫酸）

これらのような酸素原子を含む酸をオキソ酸という。オキソ酸の強さには，次のような規則がある。

> **ここに注意** オキソ酸 H_nXO_m の酸性の強さ
> X の陰性が強いほうが酸性は強い。
> O の数 m が多いほうが酸性は強い。

3 イ $2Mg + O_2 \longrightarrow 2MgO$

カ Fe, Ni, Al は濃硝酸との間で不動態となってしまい，反応しない。不動態の説明は p.33 **ここに注意** を参照。

4 (1), (6)酸としてはたらく例は，

$NH_3 + H_2O \longrightarrow NH_4^+ + OH^-$

などがあり，塩基としてはたらく例は，

$HCl + H_2O \longrightarrow Cl^- + H_3O^+$

などがある。

(2)水素結合は F，O，N といった電気陰性度の大きな元素を含まないと形成できないので，水 H_2O にはあり，メタン CH_4 にはない。

(4)遷移元素のイオンは水溶液中では水と配位結合をつくることによって発色しているものが多い。

(8) **3** アのようにイオン化傾向の大きい金属との反応においては酸化剤としてはたらく。

5

分子式	CH_4	NH_3	H_2O	HF
形状	正四面体	三角錐	折れ線	
水素結合	無	有	有	有
沸点	$-161℃$	$-33.4℃$	$100℃$	$19.5℃$
水溶液	溶けにくい	弱塩基性	両性※	弱酸性

※酸としても塩基としてもはたらく（**4** (1), (6)参照）

6 ア アルゴンは原子量が 40 であるので，空気（平均分子量 28.8）より重い。

カ ヘリウムの沸点は $-269℃$（4 K）である。

---

10 17族元素，16族元素

STEP ① 基本問題　p.60〜61

1 ①17　②フッ素　③塩素　④臭素
⑤ヨウ素　⑥7　⑦1　⑧陰　⑨小さ

2 ①酸化　②小さ　③$2Br^- + I_2$
④塩化水素(HCl)　⑤小さ
⑥フッ素(F_2)　⑦酸素(O_2)
⑧2　⑨2　⑩$4HF + O_2$

3 ①F_2　②Cl_2　③Br_2　④淡黄色
⑤赤褐色　⑥黒紫色　⑦気体　⑧液体
⑨固体

4 (1)①フッ化水素
②$SiO_2 + 6HF \longrightarrow H_2SiF_6 + 2H_2O$
(2)③塩化水素
④$NaCl + H_2SO_4 \longrightarrow NaHSO_4 + HCl$
(3)⑤次亜塩素酸
⑥$H_2O + Cl_2 \longrightarrow HCl + HClO$
(4)⑦塩素
⑧$CaCl(ClO)\cdot H_2O + 2HCl$
$\longrightarrow CaCl_2 + Cl_2 + 2H_2O$
[別解；$Ca(ClO)_2 \cdot 2H_2O + 4HCl$
$\longrightarrow CaCl_2 + 4H_2O + 2Cl_2$]

5 ①斜方硫黄　②ゴム状硫黄　③S_8
④環状分子　⑤鎖状分子　⑥黄色
⑦黄色

6 (1)SO_2　(2)H_2S　(3)SO_2

7 ① **不揮発性**　② NaHSO$_4$＋HCl

　　③ **強酸性**　④ NaHSO$_4$＋H$_2$O＋SO$_2$

　　⑤ **酸化作用**　⑥ 2

　　⑦ CuSO$_4$＋2H$_2$O＋SO$_2$　⑧ **脱水作用**

　　⑨ 12C＋11H$_2$O

解説▶

2　ハロゲンの単体と水素との反応は，まとめると次のようになる。

反応式	反応の様子
H$_2$＋F$_2$ ⟶ 2HF	冷暗所でも爆発的に反応
H$_2$＋Cl$_2$ ⟶ 2HCl	紫外線照射で爆発的に反応
H$_2$＋Br$_2$ ⟶ 2HBr	加熱と触媒によって反応
H$_2$＋I$_2$ ⟶ 2HI	逆反応も起こりやすい

3　全元素の単体の中で，常温・常圧下における状態が液体なのは臭素と水銀だけである。

4　(1) この反応からわかるように<u>フッ化水素酸はガラスびんに入れて保存することはできないので，ポリエチレン容器(ポリびん)に入れて保存する。</u>

(2) 揮発酸の遊離とよばれる種類の反応である。

$$H_2SO_4 + NaCl \longrightarrow NaHSO_4 + HCl$$
$$\underset{\text{H}^+\text{の押しつけ}}{\underbrace{}}$$

加熱によって，塩化水素を強制的に水溶液から排除することで，塩化水素だけが得られるというしくみになる。

(3) 水とハロゲン単体の反応も原子番号の小さいもののほうが反応性が高い(**2** も参照)。

塩素を水に溶かした塩素水は塩化水素 HCl と次亜塩素酸 HClO の混合物になっており，弱酸性を示す。また，次亜塩素酸 HClO に含まれる塩素原子の酸化数が +1 になっており，これが強い酸化力を有するため，<u>塩素水は酸化漂白剤，消毒薬として用いられる。</u>

(4) さらし粉(晒し粉)は石灰水に塩素を通じて得る。

$$Ca(OH)_2 + Cl_2 \longrightarrow CaCl(ClO)\cdot H_2O$$

さらし粉は消毒，殺菌，漂白に用いられる。実験室では ClO$^-$ の量が多い高度さらし粉 Ca(ClO)$_2$・2H$_2$O が用いられることのほうが多い。

6　(1), (3) SO$_2$ の発生方法をまとめておく。

ここに注意　SO$_2$ の発生方法

❶ 銅(または銀)と熱濃硫酸の反応

濃硫酸の酸化力を利用した酸化還元反応

$$\underset{0}{Cu} + 2H_2\underset{+6}{S}O_4 \longrightarrow Cu\underset{+2}{S}O_4 + 2H_2O + \underset{+4}{S}O_2$$

❷ 亜硫酸塩，亜硫酸水素塩と希硫酸の反応

弱酸の遊離。H$_2$SO$_3$ を生じ，それが分解する。

$$Na_2SO_3 + H_2SO_4 \longrightarrow H_2O + SO_2 + Na_2SO_4$$
$$\underset{\text{H}^+\text{の押しつけ}}{}$$

$$NaHSO_3 + H_2SO_4 \longrightarrow H_2O + SO_2 + NaHSO_4$$
$$\underset{\text{H}^+\text{の押しつけ}}{}$$

❸ 硫黄もしくは黄鉄鉱の燃焼

$$S + O_2 \longrightarrow SO_2$$

$$4FeS_2 + 11O_2 \longrightarrow 2Fe_2O_3 + 8SO_2$$

(2) 硫化水素の発生も弱酸の遊離によるもの。

$$FeS + H_2SO_4 \longrightarrow H_2S + FeSO_4$$
$$\underset{\text{H}^+\text{の押しつけ}}{}$$

7　硫酸の性質には次のようなものがある。

ここに注意　硫酸の性質

❶ 不揮発性

・塩化ナトリウムとの反応で塩化水素を生成する。

$$NaCl + H_2SO_4 \longrightarrow HCl + NaHSO_4$$

・硝酸ナトリウムとの反応で硝酸を生成する。

$$NaNO_3 + H_2SO_4 \longrightarrow HNO_3 + NaHSO_4$$

❷ 強酸性

・弱酸の塩との反応で弱酸性気体(二酸化硫黄，硫化水素など)を発生する。

$$FeS + H_2SO_4 \longrightarrow H_2S + FeSO_4$$
$$\underset{\text{H}^+\text{の押しつけ}}{}$$

・イオン化傾向が水素より大きい金属との反応で水素を生成する。

$$\underset{0}{Zn} + H_2\underset{+1}{S}O_4 \longrightarrow Zn\underset{+2}{S}O_4 + \underset{0}{H_2}$$

この反応は酸化還元反応であるが，水素イオンが反応に携わっている(還元されている)ので，強酸性に分類される。

　　　※この性質のみ濃硫酸より希硫酸のほうが強い。

❸ 酸化作用

銅，銀との反応で二酸化硫黄を生成する。

$$\underset{0}{Cu} + 2H_2\underset{+6}{S}O_4 \xrightarrow{\text{加熱}} Cu\underset{+2}{S}O_4 + \underset{+4}{S}O_2 + 2H_2O$$

この反応では硫酸に含まれる硫黄原子の酸化数が変化するので，硫酸独自の酸化作用として分類される。

通常，加熱して反応させる。

❹ 脱水作用

・糖類 C$_m$H$_{2n}$O$_n$ との反応で H$_2$O を生成する。

$$C_mH_{2n}O_n \longrightarrow mC + nH_2O$$

・その他，有機化合物の脱水反応に用いられる。

1 (1)× (2)× (3)× (4)○ (5)○

(6)×

2 (1)MnO_2・ウ

(2) I 液体：**水**

はたらき：**未反応の塩化水素を除去する。**

II 液体：**濃硫酸**

はたらき：**塩素を乾燥させる。**

(3)方法：**下方置換(法)**　①**青変する。**

②**赤変したのち漂白される。**

3 (1)**弱い** (2)**無色・刺激臭** (3)**塩化水素**

(4)○ (5)**ポリエチレン容器(ポリびん)**

4 (1)①○ ②○ ③**同素体** ④**オゾン**

(2)①○ ②○ (3)①**酸化力**

②**ヨウ化カリウムデンプン**

(4)①○ ②**触媒**

5 (1)①**刺激臭** ②○ (2)**二酸化硫黄**

(3)①**硫化水素** ②○ (4)①○

②**弱酸性** (5)①○ ②○

6 (1)A：SO_2　B：SO_3　記号：③

(2)ウ・② (3)**250 kg**

解説▶

1 (4)正しい。ヨウ素が液体に溶けたときの色や状態などは，次のとおりである。

溶媒	状態
水	極性溶媒には溶けない。
ヨウ化カリウム水溶液	ヨウ化物イオンと結合して，三ヨウ化物イオンI_3^-を生じて溶ける。$I_2 + I^- \longrightarrow I_3^-$　溶液は褐色。
ヘキサン	無極性溶媒には分散して溶ける。紫色。(ベンゼン溶液は褐色)

実験室で使われる「ヨウ素液」はヨウ素をヨウ化カリウム水溶液に溶かしたものである。

2 (1)この反応の化学反応式は，

$$\underset{+4}{Mn}O_2 + 4H\underset{-1}{Cl} \longrightarrow \underset{+2}{Mn}Cl_2 + 2H_2O + \underset{0}{Cl_2}$$

(3)① ヨウ化カリウムデンプン紙はヨウ化カリウムとデンプンを溶かした水をしみこませた紙のこと。塩素，オゾンといった酸化力の強い気体を検出する際に用いられる試験紙である。

---

3 (4)ハロゲン化銀の重要な性質は次のとおり。

化学式	色	水溶性	アンモニア水に対して
AgF	(黄)※	溶ける	溶ける
AgCl	白	溶けない	溶ける
AgBr	淡黄	溶けない	溶けにくい
AgI	黄	溶けない	溶けない

また，いずれも(AgFも含めて)光に当てると分解し，銀を生じる。この性質を感光性という。

$$2AgX \longrightarrow 2Ag + X_2 \qquad (X：F, Cl, Br, I)$$

5 (2), (5)硫化水素は還元剤としてはたらき，単独で酸化剤としてはたらくことはない。二酸化硫黄は還元剤としてはたらくのが標準的だが，反応相手が強い還元剤であれば(具体的にはH_2SやI^-など)，酸化剤として反応する。

6 (1)それぞれの反応式と硫黄原子の酸化数の変化

段階① $\underset{0}{S} + O_2 \longrightarrow \underset{+4(増加)}{SO_2}$　　　①式

$(4Fe\underset{-2}{S_2} + 11O_2 \longrightarrow 2Fe_2O_3 + 8\underset{+4}{SO_2})$

段階② $2\underset{+4}{SO_2} + O_2 \longrightarrow 2\underset{+6(増加)}{SO_3}$　　　②式

段階③ $\underset{+6}{SO_3} + H_2O \longrightarrow H_2\underset{+6(変化なし)}{SO_4}$　　　③式

硫黄を原料にした場合，反応式を1つにまとめると①式×2＋②式＋③式×2より，

$$2S + 3O_2 + 2H_2O \longrightarrow 2H_2SO_4 \qquad ④式$$

(3)(1)の④式の係数比より$S：H_2SO_4 = 1\,mol：1\,mol$であるから，

$$\underset{Sの物質量}{\frac{80 \times 10^3}{32}} \times \underset{係数比}{\frac{1}{1}} \times \underset{\substack{H_2SO_4の\\分子量}}{98} \div \frac{98}{100} = 250 \times 10^3\,g = 250\,kg$$

---

11 15族元素，14族元素，気体のまとめ

1 窒素：**ア，ウ，エ，キ**

アンモニア：**ア，イ，オ，カ，ク**

2 ①**NO_2** ②**NO** ③**赤褐色** ④**無色**

⑤**硝酸** ⑥**強酸** ⑦**にくい(ない)**

⑧**下方置換** ⑨**水上置換** ⑩**酸** ⑪**酸化**

3 (1)①**P_4** ②**赤**

(2)③**自然発火** ④**$P_4 + 5O_2 \longrightarrow P_4O_{10}$**

(3)⑤**吸湿**

(4)⑥**リン酸**

⑦**$P_4O_{10} + 6H_2O \longrightarrow 4H_3PO_4$**

(5)⑧**肥料**

⑨ $Ca_3(PO_4)_2+2H_2SO_4$
$\longrightarrow Ca(H_2PO_4)_2+2CaSO_4$

4 (1)ダイヤモンド　(2)フラーレン
(3)黒鉛(グラファイト)
(4)カーボンナノチューブ

5 ① CO_2　② CO　③無色無臭
④無色無臭　⑤炭酸　⑥弱酸
⑦にくい(ない)　⑧無　⑨有　⑩下方
置換　⑪水上置換　⑫石灰水　⑬還元

6

	気体	反応の種類	捕集方法
(1)	HCl	ウ	B
(2)	NH_3	イ	A
(3)	O_2	ア	C
(4)	Cl_2	ア	B

③硝酸ナトリウム　④○
(7)① 2.24×10^5 L　② 1.0×10^2 kg

2 (1)フラーレン　(2)○　(3)黒鉛
(4)フラーレン　(5)○

3 (1)ダイヤモンド　(2)太陽電池　(3)ヘキ
サフルオロケイ酸　(4)酸性酸化物
(5)○　(6)①無　②○

4 (1) $NH_4NO_2 \longrightarrow N_2+2H_2O$・イ
(2) $NaCl+H_2SO_4 \longrightarrow NaHSO_4+HCl$・ア
(3) $2NaHCO_3 \longrightarrow Na_2CO_3+H_2O+CO_2$・エ

5 エ

6 (1)記号：ウ　変化：青変する。
(2)記号：ア　変化：白煙を生じる。
(3)記号：ウ，エ　変化：白く濁る。

解説▶

2 ⑤，⑩ 水との反応は，

⑦ 水に溶けず，塩基との反応もしないため，一酸化窒素は酸性酸化物には含めない。

3 本問では黄リンの反応であるから④の解答では P_4 を用いたが，特にどちらの同素体の反応であるかをこだわらない場合は化学式に P(組成式と考えればよい)を用いる。
⑤～⑦潮解性については本冊 p.68 **Guide** を参照。

5 ⑦ 一酸化炭素は水に溶けず，塩基と反応することもないため，酸性酸化物には含めない。
⑫ 中和反応に分類される。

$$Ca(OH)_2 + CO_2 \longrightarrow CaCO_3 + H_2O$$
塩基　　酸性酸化物　　　塩　　　水

STEP **2** 標準問題　　　　p66～67

1 (1) A：$N_2+3H_2 \longrightarrow 2NH_3$
B：$4NH_3+5O_2 \longrightarrow 4NO+6H_2O$
C：$2NO+O_2 \longrightarrow 2NO_2$
D：$3NO_2+H_2O \longrightarrow 2HNO_3+NO$
(2)$NH_3+2O_2 \longrightarrow H_2O+HNO_3$
(3) A：ハーバー・ボッシュ法(ハーバー法)
B～D：オストワルト法
(4)段階：A，触媒：イ ／ 段階：B，
触媒：ア
(5)イ，ウ，エ　(6)①○　②○

解説▶

1 (2)(1)より，C式×3+D式×2で NO_2 を消去すると，
$6NO+3O_2+2H_2O \longrightarrow 4HNO_3+2NO$
整理して，$4NO+3O_2+2H_2O \longrightarrow 4HNO_3$　…E
B式 + E式で NO を消去すると，
$4NH_3+8O_2+4NO+2H_2O \longrightarrow 4NO+6H_2O+4HNO_3$
整理して，$NH_3+2O_2 \longrightarrow HNO_3+H_2O$
(5)濃硝酸で溶かすことができない金属は，次の2つのグループ(5種類)である。

> **ここに注意** 　濃硝酸で溶かせない金属
> ① イオン化傾向が極めて小さい金属
> 　　　⇒ 白金，金
> ② 不動態を形成する金属
> 　　　⇒ 鉄，ニッケル，アルミニウム
> ※不動態…緻密な酸化物の膜に覆われて，酸化反応が進まなくなった状態をいう。
> **注意!** 生じた緻密な酸化物の膜のことを不動態というのではない。
> 「不動態は　手　に　ある。」
> 　　　Fe, Ni, Al

(7)①(2)の反応式より，必要とする空気の体積は，
$$1000\,\text{mol}\times\frac{2}{1}\times22.4\,\text{L/mol}\times\frac{100\%}{20\%}=2.24\times10^5\,\text{L}$$
係数比　　mol→L　　O_2：空気

O_2 の体積

② 硝酸の分子量は 63 である。(2)の反応式より，
$$1000\,\text{mol}\times\frac{1}{1}\times63\times10^{-3}\div\frac{63}{100}=1.0\times10^2\,\text{kg}$$

2 (1)フラーレンは分子間が分子間引力で引き合っている。

33

この結合は共有結合　この間が分子間引力

3 (4)酸性酸化物である。

4 (3)水を生成するので，試験管の口を下げて，加熱部に流れ込まないようにする必要がある。加熱部に流れ込むと試験管が割れてしまう。なお，同じ注意が塩化アンモニウムを利用したアンモニアの発生でもいえる。

5 発生する気体は，ア：NH_3，イ：CO_2，ウ：H_2S，エ：H_2，である。

乾燥剤 ＼ 乾燥させる気体		NH_3	H_2, N_2 O_2	CO_2, SO_2 NO_2, Cl_2 HCl, H_2S
		塩基性	中性	酸性
酸化カルシウム ソーダ石灰	CaO CaO と $NaOH$ の混合物 塩基性	○	○	×
塩化カルシウム	$CaCl_2$ 中性	×*1	○	○
十酸化四リン 濃硫酸	P_4O_{10} H_2SO_4 酸性	×	○	○ (H_2S は×)*2

＊1 $CaCl_2$ と NH_3 が反応して，$CaCl_2 \cdot 8NH_3$ が生成してしまう。
＊2 H_2S が還元剤としてはたらいてしまう。

×になる理由は＊のものを除けばすべて中和反応である。

6 気体の識別方法には次のようなものがある。

> **ここに注意** 気体の識別
> ① 色
> 　Cl_2 黄緑　　NO_2 赤褐　　O_3 淡青
> ② 空気に触れると変色
> 　NO(無)が NO_2(赤褐)
> ③ 試験紙
> 　ヨウ化カリウムデンプン紙…Cl_2, O_3(青変)
> 　（I_2 を生じた後，ヨウ素デンプン反応を生じる）
> 　酢酸鉛(II)をしみこませた紙…H_2S(黒変)
> 　（PbS の生成）
> ④ 気体反応で白煙
> 　$NH_3 + HCl$（NH_4Cl の生成）
> ⑤ 水溶液で白濁
> 　石灰水…CO_2（$CaCO_3$ の生成）
> 　SO_2 水溶液…H_2S（S の生成）
> 　H_2S 水溶液…O_3, Cl_2, SO_2（S の生成）

12 典型元素

STEP 1 基本問題　　　　p.68〜69

1 ①アルカリ ②1 ③1 ④陽
　　⑤大き ⑥酸化 ⑦4 ⑧1

⑨$2Na_2O$ ⑩2 ⑪2 ⑫$2NaOH + H_2$
⑬灯油 ⑭軟らか ⑮低

2 (1)① CaO ② $Ca(OH)_2$ ③ $CaCl_2$
　④ $CaCO_3$ ⑤ $Ca(HCO_3)_2$

(2) A : $CaO + H_2O \longrightarrow Ca(OH)_2$
　B : $Ca(OH)_2 + 2HCl \longrightarrow CaCl_2 + 2H_2O$
　C : $Ca(OH)_2 + CO_2 \longrightarrow CaCO_3 + H_2O$
　D : $CaCO_3 + H_2O + CO_2 \longrightarrow Ca(HCO_3)_2$
　E : $CaCO_3 + 2HCl \longrightarrow CaCl_2 + H_2O + CO_2$

(3)① E ② C ③ D

3 ①赤色 ②黄色 ③赤紫色 ④橙赤色
　⑤赤(紅)色 ⑥黄緑色

4 (1)ク，ケ (2)ア，イ，ウ，オ，カ

5 (1)① Al_2O_3 ② Al^{3+} ③ $Al(OH)_3$
　④ $[Al(OH)_4]^-$

(2) A : $2Al + 6HCl \longrightarrow 2AlCl_3 + 3H_2$
　B : $2Al + 6H_2O + 2NaOH$
　　　　　$\longrightarrow 3H_2 + 2Na[Al(OH)_4]$
　C : $Al_2O_3 + 6HCl \longrightarrow 2AlCl_3 + 3H_2O$
　D : $Al_2O_3 + 3H_2O + 2NaOH$
　　　　　$\longrightarrow 2Na[Al(OH)_4]$
　E : $Al^{3+} + 3OH^- \longrightarrow Al(OH)_3$
　F : $[Al(OH)_4]^- + H^+ \longrightarrow Al(OH)_3 + H_2O$

解説

2 D 鍾乳洞の形成の反応。鍾乳洞とは二酸化炭素が溶け込んだ雨水(炭酸水)の影響で石灰岩が溶解し，空洞となったもののことをいう。鍾乳洞の中で石灰岩を溶かし込んだ雨水($Ca(HCO_3)_2$ 水溶液)が蒸発する際に再び，石灰岩が再生する。

$Ca(HCO_3)_2 \longrightarrow CaCO_3 + H_2O + CO_2$

これによって，石灰岩が鍾乳洞の中で氷柱状に垂れてきたものを鍾乳石という。

4

	Na	Ca	Mg
ア	○	○	×
イ	○	○	×
ウ	○	○	×
エ	×	○	○
オ	×	○	×
カ	○	○	×
キ	×	×	×
ク	○	×	×
ケ	○	×	×

5 OH⁻ の濃度が低いと錯イオンをつくれないので，アンモニア水のような弱塩基の水溶液ではアルミニウムを溶かすことはできない。

1 (1)① $NaCl$　②CO_2　③NH_3
　　④$NaHCO_3$　⑤NH_4Cl　⑥Na_2CO_3
　　⑦$CaCO_3$　⑧CaO　⑨$CaCl_2$
　　A：$NaCl+CO_2+NH_3+H_2O$
　　　　　　　　　$\longrightarrow NH_4Cl+NaHCO_3$
　　B：$2NaHCO_3 \longrightarrow Na_2CO_3+H_2O+CO_2$
　　(2)5.9 kg

2 (1)CaO　(2)$Ca(OH)_2$
　　(3)$CaSO_4 \cdot 2H_2O$　(4)$CaCO_3$　(5)$CaCl_2$
　　(6)$MgCl_2$　(7)$BaSO_4$

3 0.314 g

4 (1)×　(2)○　(3)×　(4)○　(5)×
　　(6)○

5 イ，ウ，オ

6 (1)アルマイト　(2)ジュラルミン
　　(3)酸化鉛(Ⅳ)

7 (1)キ　(2)ク　(3)ウ　(4)イ

解説▶

1

(2) $\underbrace{\dfrac{5.3 \times 10^3\,\text{g}}{106}}_{\substack{Na_2CO_3\,\text{の} \\ \text{物質量}}} \times \underbrace{\dfrac{2}{1}}_{\substack{Na_2CO_3 : NaHCO_3 \\ =1:2}} \times \underbrace{\dfrac{1}{1}}_{\substack{NaHCO_3 : NaCl \\ =1:1}} \times \underbrace{58.5}_{\substack{NaCl\,\text{の} \\ \text{式量}}}$

　　NaHCO₃ の物質量
　　$= 5.85 \times 10^3\,\text{g} \fallingdotseq 5.9\,\text{kg}$

2 (6)にがりは豆腐の製造において，豆乳中のタンパク質などを凝析させる電解質として用いられる。

3 硫酸カルシウム二水和物を加熱すると，次の反応が起きて焼きセッコウになる。

　$CaSO_4 \cdot 2H_2O \longrightarrow CaSO_4 \cdot \dfrac{1}{2}H_2O + \dfrac{3}{2}H_2O$

この反応で失われた水(水蒸気)の質量は，

　$\dfrac{2.00}{172} \times \dfrac{3}{2} \times 18.0 = 0.3139\cdots \fallingdotseq 0.314\,\text{g}$

4 (1)常温の水と反応できるのはアルカリ金属，一部のアルカリ土類金属のみ。
(3)アルミニウムは濃硝酸とは不動態を形成するので溶けない。

5 ア K^+ が含まれているので赤紫色の炎色反応。
イ $Al^{3+}+3H_2O \rightleftharpoons Al(OH)_3+3\underline{H^+}$(塩の加水分解)
ウ 水に難溶な $BaSO_4$ を生じる。

7 (1)石灰水を白く濁らせる気体は二酸化炭素であるから，この段階で**ウ**か**キ**になる。炎色反応が黄色なのは，Na^+ が含まれている**キ**である。
(2)水に溶け，中性の水溶液になるのは**エ**か**ク**。塩化バリウムで沈殿を生じるのは $SO_4{}^{2-}$ を含む**ク**である。
(3)塩酸で気体を発生するのは $CO_3{}^{2-}$ を含む**ウ**。
(4)水に溶け，酸性を示すのは**イ**のみである。

13 遷移元素，無機物質と人間生活

1 ①，②3，12(順不同)　③金属　④高
　　⑤大き　⑥酸化数　⑦有

2 ①CuO　②Cu^{2+}　③$Cu(OH)_2$
　　④$[Cu(NH_3)_4]^{2+}$　⑤CuS
　　⑥Ag^+　⑦Ag_2CrO_4　⑧Ag_2O
　　⑨$[Ag(NH_3)_2]^+$　⑩$AgCl$
　　⑪$[Ag(S_2O_3)_2]^{3-}$
　　⑫Fe^{2+}　⑬Fe^{3+}　⑭$Fe(OH)_2$
　　a：$Cu+2H_2SO_4$
　　　　　　　$\longrightarrow CuSO_4+2H_2O+SO_2$
　　b：$Cu(OH)_2+4NH_3$
　　　　　　　$\longrightarrow [Cu(NH_3)_4]^{2+}+2OH^-$
　　c：$Cu(OH)_2 \longrightarrow CuO+H_2O$
　　d：$Ag+2HNO_3$
　　　　　　　$\longrightarrow AgNO_3+H_2O+NO_2$
　　e：$2Ag^++2OH^- \longrightarrow Ag_2O+H_2O$
　　f：$Ag_2O+H_2O+4NH_3$
　　　　　　　$\longrightarrow 2[Ag(NH_3)_2]^++2OH^-$
　　A：濃青　B：血赤

3 ①コークス　②石灰石
　　③一酸化炭素(CO)　④Fe_3O_4　⑤FeO
　　⑥スラグ　⑦銑鉄　⑧酸素(O_2)
　　⑨鋼(こう)

4 ①両性　②水素　③白　④水酸化亜鉛
　　⑤無　⑥テトラアンミン亜鉛(Ⅱ)
　　⑦無　⑧テトラヒドロキシド亜鉛(Ⅱ)酸

5 ①ステンレス(ステンレス鋼)
　　②クロム酸　③黄　④黄　⑤暗赤
　　⑥黄　⑦酸　⑧橙　⑨触媒　⑩酸化剤
　　⑪正極

35

解説▶

4 Al, Zn, Sn, Pb は酸とも塩基とも反応する両性金属である。この問題に関連する反応は次の通りである。

亜鉛と塩酸の反応：

$Zn + 2HCl \longrightarrow ZnCl_2 + H_2$

亜鉛と水酸化ナトリウム水溶液の反応：

$Zn + 2NaOH + 2H_2O \longrightarrow Na_2[Zn(OH)_4] + H_2$

亜鉛イオンと少量のアンモニア水の反応：

$Zn^{2+} + 2OH^- \longrightarrow Zn(OH)_2$

上記の反応で生じた水酸化亜鉛と過剰量のアンモニア水の反応：

$Zn(OH)_2 + 4NH_3 \longrightarrow [Zn(NH_3)_4]^{2+} + 2OH^-$

亜鉛イオンと少量の水酸化ナトリウム水溶液の反応：

$Zn^{2+} + 2OH^- \longrightarrow Zn(OH)_2$

上記の反応で生じた水酸化亜鉛と過剰量の水酸化ナトリウム水溶液との反応

$Zn(OH)_2 + 2NaOH \longrightarrow Na_2[Zn(OH)_4]$

ただし，$Na_2[Zn(OH)_4]$は，水溶液中でNa^+と$[Zn(OH)_4]^{2-}$に電離している。

STEP ② 標準問題　　　　　　　p.74～75

1 イ

2 (1)ヘキサシアニド鉄(Ⅲ)酸イオン，
$[Fe(CN)_6]^{3-}$，エ

(2)ジアンミン銀(Ⅰ)イオン，
$[Ag(NH_3)_2]^+$，ア

(3)テトラヒドロキシドアルミン酸イオン，
$[Al(OH)_4]^-$，ウ

(4)テトラアンミン銅(Ⅱ)イオン，
$[Cu(NH_3)_4]^{2+}$，イ

(5)テトラアンミン亜鉛(Ⅱ)イオン，
$[Zn(NH_3)_4]^{2+}$，ウ

(6)ヘキサシアニド鉄(Ⅱ)酸イオン，
$[Fe(CN)_6]^{4-}$，エ

3 (1) A：青白，$Cu(OH)_2$　B：黒，CuO
C：深青，$[Cu(NH_3)_4]^{2+}$
D：赤褐，NO_2　E：無，Ag^+　F：白，
AgCl　G：無，$[Ag(NH_3)_2]^+$
H：淡黄，AgBr　I：無，
$[Ag(S_2O_3)_2]^{3-}$　J：黒，Ag

(2)緑青

4 (1) A：不動態　B：トタン　C：ブリキ

D：淡緑　E：黄　F：濃青　G：黒
H：緑白

(2)イオン化傾向が Fe よりも大きな Zn が物理的に Fe と空気の接触を防ぎながら，さらに Fe よりも先に酸化されていくことで Fe を守る。

(3)$2FeCl_2 + Cl_2 \longrightarrow 2FeCl_3$

(4)$K_4[Fe(CN)_6]$

5 (1)Al, Cu, Mg, Mn, オ

(2)Ni, Cr, Fe, ウ　(3)Cu, Zn, エ

(4)Fe, Cr, Ni, キ　(5)Ti, Ni, ア

(6)Sn, Cu, カ　(7)Cu, Sn, イ

※いずれも金属は順不同だが，本解答では主成分の金属を一番最初に配置した。

6 (1)カ　(2)ウ　(3)ア　(4)オ　(5)エ
(6)イ

解説▶

1 ウ 誤り。鉄，銅は遷移元素，鉛は典型元素である。
エ 誤り。遷移元素を含む化合物は有色のものが多い。

4 B，C トタンは鉄を亜鉛(あえん)でコーティングしたもの。(「ん」終わりでまとめておくとよい。)
ブリキは鉄をスズでコーティングしたもの。

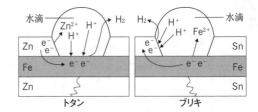

---

14 金属イオンの反応

STEP ① 基本問題　　　　　　　p.76～77

1 (1)① 白　② $Pb^{2+} + 2Cl^- \longrightarrow PbCl_2$
③ 熱水

(2)① 白　② $Ag^+ + Cl^- \longrightarrow AgCl$　③ 黒

2 (1)

①, ②, ③　Al^{3+}, $Al(OH)_3$(白),
$[Al(OH)_4]^-$(無)

④, ⑤, ⑥　Zn^{2+}, $Zn(OH)_2$(白),
$[Zn(OH)_4]^{2-}$(無)

(①～③と④～⑥の組み合わせがそっくり入れ替わっていてもよい。)

(2)

①, ②, ③ Ag^+, Ag_2O（褐）,
$[Ag(NH_3)_2]^+$（無）

④, ⑤, ⑥ Cu^{2+}, $Cu(OH)_2$（青白）,
$[Cu(NH_3)_4]^{2+}$（深青）

⑦, ⑧, ⑨ Zn^{2+}, $Zn(OH)_2$（白）,
$[Zn(NH_3)_4]^{2+}$（無）

（①〜③と④〜⑥と⑦〜⑨の組み合わせがそっくり入れ替わっていてもよい。）

(3) ①, ② Fe^{2+}, $Fe(OH)_2$（緑白, もしくは淡緑）

3 ① 大き ② 小さ ③ 生じない
④ 中性〜塩基 ⑤ 酸 ⑥ 黒 ⑦ 白

4 (1)① 硫酸 ② 白 (2)③ 炭酸 ④ 白
⑤ 二酸化炭素 (3)⑥ チオシアン酸

5 ① $AgCl$ ② 白 ③ CuS ④ 黒 ⑤ ZnS
⑥ 白

解説▶

2 (1)に該当するのは両性金属である。

> ┌─ ここに注意 ─┐ 金属イオンごとの反応のまとめ
> （本冊 p.76 *Guide* の続き）
>
> 《第五属》
> Ca^{2+} Ba^{2+}（いずれも同じ反応）
> ・硫酸イオンで沈殿
> 　SO_4^{2-} … $CaSO_4$, $BaSO_4$（いずれも白）
> 　※強酸には溶けない。
> ・炭酸イオンで沈殿
> 　CO_3^{2-} … $CaCO_3$, $BaCO_3$（いずれも白）
> 　※強酸に溶けて二酸化炭素を発生する。
> ・（Ca^{2+} のみ）シュウ酸イオンで沈殿
> 　$C_2O_4^{2-}$ … CaC_2O_4（白）
> 　　※ BaC_2O_4 は水に溶ける。
> ・炎色反応
> 　Ca^{2+} 橙赤, Ba^{2+} 黄緑
>
> 《第六属》
> アルカリ金属元素
> ・沈殿をつくらない。
> ・炎色反応
> 　Li^+ 赤, Na^+ 黄, K^+ 赤紫
> 　※ K^+ は紫と表記しないように注意。

> ┌─ ここに注意 ─┐ 金属イオンと特異な反応をするもの
> ・クロム酸イオン CrO_4^{2-}
> 　Ag^+ … Ag_2CrO_4, 暗赤色沈殿
> 　Ba^{2+} … $BaCrO_4$, 黄色沈殿
> 　Pb^{2+} … $PbCrO_4$, 黄色沈殿
> ・チオ硫酸ナトリウム $Na_2S_2O_3$
> 　Ag^+ … $[Ag(S_2O_3)_2]^{3-}$, 無色溶液
> ・ヘキサシアニド鉄(II)酸カリウム $K_4[Fe(CN)_6]$
> 　Fe^{3+} … 濃青色沈殿
> ・ヘキサシアニド鉄(III)酸カリウム $K_3[Fe(CN)_6]$
> 　Fe^{2+} … 濃青色沈殿
> ・臭化物イオン Br^-
> 　Ag^+ … $AgBr$, 淡黄色沈殿
> ・光照射
> 　ハロゲン化銀 … 黒色

5 ③〜⑥ 硫化水素を通じる際はその直前の操作も確認して, 酸性下の硫化水素なのか, 塩基性下の硫化水素なのかを把握しなければならない。本問では, ろ液 A は直前の操作で塩酸が加えられているので酸性溶液で, A→Bの硫化水素は酸性下の硫化水素ということになる。B→Cの硫化水素は操作説明の通り塩基性下の硫化水素の反応である。

STEP **2** 標準問題	p.78〜79

1 (1) $AgCl$・白, $PbCl_2$・白 (2) $CaSO_4$・白, $PbSO_4$・白 (3) Ag_2O・褐, $Fe(OH)_2$・緑白 (4) Ag_2S・黒, CuS・黒
(5) FeS・黒, ZnS・白 (6) $Al(OH)_3$・白, $Fe(OH)_2$・緑白 (7) $BaCO_3$・白, $CaCO_3$・白

2 (1) オ, CuS・黒 (2) エ, $BaSO_4$・白
(3) イ, $Fe(OH)_2$・緑白 (4) ウ, $AgCl$・白
(5) ア, $Pb(OH)_2$・白 (6) カ, ZnS・白

3 (1) イ (2) ア (3) ウ

4 (1) イ (2) ア (3) オ (4) エ (5) カ (6) ウ
a：濃青 b：血赤 c：白 d：褐
e：暗赤 f：白 g：白 h：青白
i：深青 j：黄緑 k：白 l：黄 m：黄

5 (1) A：塩化銀・白 B：硫化銅(II)・黒
C：水酸化鉄(III)・赤褐 D：水酸化アルミニウム・白
(2) 前の作業で通じた硫化水素を追い出すため。

(3) 理由：硫化水素によって還元されてしまった鉄イオンを Fe^{3+} に戻すため。

変化：淡緑色→黄色

解説▶

ここに注意 よく使う沈殿剤

Ag^+, Pb^{2+}	… Cl^-
Cu^{2+}	… 酸性下硫化水素, OH^-
Fe^{2+}, Fe^{3+}	… OH^-, NH_3
両性金属	… NH_3
Zn^{2+}	… 塩基性下硫化水素
アルカリ土類金属	… SO_4^{2-}, CO_3^{2-}
アルカリ金属	… 沈殿させられない

3 (1)「塩化カルシウム水溶液を加えると白色沈殿を生じた。」とあるので，CO_3^{2-} を含む**イ**か SO_4^{2-} を含む**オ**が候補となる。「沈殿が希塩酸に溶けた」とあるので，ここで沈殿に含まれているのが CO_3^{2-} であると確定する。

(2)「硝酸銀（I）水溶液を加えると淡黄色の物質を生じた。」とあるが，Ag^+ の関連物質で淡黄色を示すのは $AgBr$ である。

(3)「塩化鉛（II）水溶液を加えると黄色沈殿を生じた。」とあるが，Pb^{2+} の関連物質で黄色を示すのは $PbCrO_4$ である。

4 (1) ヘキサシアニド鉄（II）酸カリウムやチオシアン酸カリウムとの反応から Fe^{3+} の水溶液と決定できる。

(5) 炎色反応を示すことからアルカリ金属，アルカリ土類金属，銅（II）のいずれかになるが，硫酸と反応して沈殿を生じるのは Ca^{2+}，Ba^{2+} のみである。また，アルカリ土類金属の中でもクロム酸イオンと反応して沈殿を生じるのは Ba^{2+} のみである。

(6) 沈殿させることができないのでアルカリ金属である。

5 (1) 沈殿 **B** が生じたときのろ液では，Fe^{3+} が H_2S によって還元される。

$$2Fe^{3+}+S^{2-} \longrightarrow 2Fe^{2+}+S$$

沈殿 **C** が生じたときのろ液では，Al^{3+} が $[Al(OH)_4]^-$ となっている。

STEP ③ チャレンジ例題 3　　　　p.80〜81

1 ① 酸素　② 水　③ アルカリ金属
④ 酸素　⑤ 十酸化四リン　⑥ 水
⑦ $2H_2O_2 \longrightarrow 2H_2O+O_2$　⑧ 酸素
⑨ 冷却　⑩ 二酸化ケイ素

⑪ $SiO_2+6HF \longrightarrow H_2SiF_6+2H_2O$
⑫ ポリエチレン　⑬ 液　⑭ 揮発　⑮ 気
⑯ ヨウ素　⑰ 昇華　⑱ イ，エ

2 (1) カ　(2) ウ，ク，コ，サ　(3) ア，サ
(4) イ，カ，ケ　(5) ケ，コ　(6) ク，コ

3 (1)① 3　② +4　③ −2　④ SiO_3^{2-}
⑤ 2　⑥ Na_2SiO_3
(2)⑦ 2.5　⑧ $Si_2O_5^{2-}$　⑨ 2
⑩ $Na_2Si_2O_5$　⑪ 減少　⑫ 石英

4 (1) Si は価電子が 4 つであるが，Al は価電子が 3 つしかなく，O^{2-} イオンを形成するには電子が足りなくなるため。
(2) $x=1$，$y=1$，$z=6$

解説▶

2 (1) アンモニアは鼻やのどの粘膜を刺激する。

(2) ナトリウムは水に触れると発火する。

また酸とも反応し，水素を発生する。発生した水素による容器の破損や引火時の爆発の危険がある。

(3) 黄リンは空気中の酸素と反応し，自然発火するので，水中に保管する。

$$P_4+5O_2 \longrightarrow P_4O_{10}$$

また毒性が強いので，必ずピンセットで扱う。

(4) 濃硝酸は光や熱によって分解するため，褐色ビンに入れて冷暗所で保管する。また揮発性のある酸なので，換気に注意する。

(5) 強酸の存在下では，さらし粉に含まれる次亜塩素酸イオンと塩化物イオンの酸化還元反応から，塩素が発生するため，取り扱いに注意する。

$$CaCl(ClO) \cdot H_2O + 2H^+ \longrightarrow Ca^{2+} + Cl_2 + 2H_2O$$
　　　　-1 $+1$　　　　　　　　　　　　 0

(6) 酸化カルシウムは水に触れると激しい発熱を伴う。

3

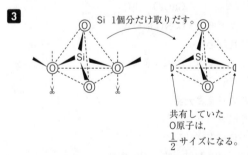

Si 1個分だけ取りだす。

共有していた O 原子は，$\frac{1}{2}$ サイズになる。

(1)① 図 2 の構造から Si 原子 1 個分に相当する単位構造を取りだすと，酸素原子は $\frac{1}{2}$ サイズ×2 個と完全な球×2 個の合計 3 個が含まれることになる。

(2) Si 原子 1 個に対して，$\frac{1}{2}$ サイズが 3 個と完全な球

38

が1個の合わせて $\frac{5}{2}$ 個が結合しているこになる。酸化数は(1)と同じで Si が +4, O が −2 であるから，電荷について，

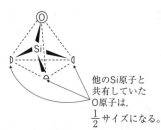

他のSi原子と共有していたO原子は，$\frac{1}{2}$ サイズになる。

$$\underbrace{(+4) \times 1}_{Si} + \underbrace{(-2) \times \frac{5}{2}}_{O} = -1$$

と計算される。つまり，図3の単位構造について $SiO_{2.5}{}^-$ という式が得られる。小数を整数になるように全体を2倍して，$Si_2O_5{}^{2-}$ となる。

⑪ (1)から(2)で Si−O−Si 結合の数が増加したのに伴って，Na_2SiO_3 から $Na_2Si_2O_5$ に化学式が変化し Na と Si の比率は 2:1 から 1:1 に変化している。

4 (2) SiO_2 の Si の25%が Al に置き換わったと書かれているので，Al：Si = 25%：75% = 1:3 である。

∴ Al_2O_3：SiO_2 = 1:6

また，Al：Na = 1:1 であるので，

Na_2O：Al_2O_3 = 1:1

以上より，Na_2O：Al_2O_3：SiO_2 = 1:1:6

STEP ③ チャレンジ問題 3 p.82〜83

1 (1)① A ② B，E ③ D ④ A
⑤ B，F

(2)① 白煙を生じる。$NH_3 + HCl \longrightarrow NH_4Cl$

② 青変する。$2KI + Cl_2 \longrightarrow 2KCl + I_2$

③ 白濁する。$2H_2S + SO_2 \longrightarrow 3S + 2H_2O$

④ 白濁する。
$Ca(OH)_2 + CO_2 \longrightarrow CaCO_3 + H_2O$

(3) B，G

2 (1) ア (2) イ (3) A：ア B：エ C：イ
(4) イ

解説

1 A〜Gの製法についてまとめると，

A $Ca(OH)_2 + 2NH_4Cl \longrightarrow CaCl_2 + 2H_2O + 2NH_3$
　　　　　　H^+ の引き抜き

弱塩基の遊離によりアンモニアを生成する。この反応は加熱が必要である。

B $Ag + 2HNO_3 \longrightarrow AgNO_3 + H_2O + NO_2$

濃硝酸の酸化作用により二酸化窒素(赤褐色)を生成する。この反応は加熱が不要である。

C $Cu + 2H_2SO_4 \longrightarrow CuSO_4 + 2H_2O + SO_2$

濃硫酸の酸化作用により二酸化硫黄を生成する。

この反応は加熱が必要である。

D $2KClO_3 \longrightarrow 2KCl + 3O_2$

塩素酸カリウムが自己酸化還元反応により，熱分解し，酸素を生成する。酸化マンガン(Ⅳ)は触媒であり，加熱が必要である。

E $4HCl + MnO_2 \longrightarrow Cl_2 + 2H_2O + MnCl_2$

酸化マンガン(Ⅳ)の酸化作用により，塩素(黄緑色)を生成する。酸化マンガンは酸化剤であり，加熱が必要である。

F $FeS + H_2SO_4 \longrightarrow H_2S + FeSO_4$
　　　　押しつけ

弱酸の遊離により，硫化水素を生成する。この反応では加熱は不要である。

G $2NaHCO_3 \longrightarrow Na_2CO_3 + H_2O + CO_2$

炭酸水素ナトリウムが熱分解し，二酸化炭素を生成する。炭酸水素ナトリウム間の水素イオンの移動によるもので，加熱が必要である。

(3) A：弱塩基の遊離であるから，

アンモニウム塩 ＋ 強塩基 → ‥‥
$NH_4{}^+$ 　　　　OH^-

という条件さえ満たせば，アンモニアは発生する。

B：鉄と濃硝酸の反応では不動態を形成する。

C：$2Ag + 2H_2SO_4 \longrightarrow Ag_2SO_4 + SO_2 + 2H_2O$

2 (1) 錯塩 A，B，C は水溶液中で次のように電離し，1 mol の A から 3 mol の Cl^-，1 mol の B から 2 mol の Cl^-，1 mol の C から 1 mol の Cl^- が生じることに着目する。

A：$[Co(NH_3)_6]Cl_3 \longrightarrow [Co(NH_3)_6]^{3+} + 3Cl^-$

B：$[Co(NH_3)_5Cl]Cl_2 \longrightarrow [Co(NH_3)_5Cl]^{2+} + 2Cl^-$

C：$[Co(NH_3)_4Cl_2]Cl \longrightarrow [Co(NH_3)_4Cl_2]^+ + Cl^-$

(2) $[Co(NH_3)_4Cl_2]^+$ には2種類の異性体が存在する。

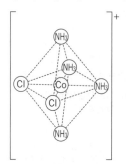
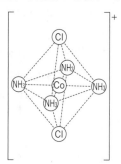

cis-$[Co(NH_3)_4Cl_2]^+$ 　　　 $trans$-$[Co(NH_3)_4Cl_2]^+$

(3) 肉眼で黄色に見える A では青紫色の光を吸収し，赤紫色に見える B では緑色の光を吸収する。

(4) 錯塩が吸収する光のエネルギーは A，B，C の順に低くなる。配位子である Cl^- の数が増すほど，吸収する光のエネルギーは低くなる。

第 4 章 有機化合物

15 有機化合物の分類，異性体，元素分析

STEP 1 基本問題 p.84〜85

1 ア，ウ，オ

2 ア，オ，ク

3 (1) N・NH_4Cl (2) H・$CuSO_4・5H_2O$
(3) C・$CaCO_3$ (4) S・PbS (5) Cl・$CuCl_2$

4 (1) 炭素：**2.4 mg**，水素：**0.40 mg**
(2) CH_2O

5 ① ヒドロキシ基 ② アルコール
③ ヒドロキシ基 ④ フェノール類
⑤ エーテル結合 ⑥ エーテル
⑦ ホルミル基（アルデヒド基）
⑧ アルデヒド ⑨ カルボニル基
⑩ ケトン ⑪ カルボキシ基
⑫ カルボン酸 ⑬ エステル結合
⑭ エステル ⑮ スルホ基
⑯ スルホン酸 ⑰ ニトロ基
⑱ ニトロ化合物 ⑲ アミノ基 ⑳ アミン
(1) コ (2) イ，カ，ク (3) エ
(4) イ，カ，ク，ケ，コ

6 (1) ウ，カ (2) イ，オ (3) オ (4) イ

解説

4 「炭素について」

$CO_2：\dfrac{8.8×10^{-3}\,g}{44}=2.0×10^{-4}\,mol$

よって，有機化合物に含まれていた炭素原子は，
$2.0×10^{-4}\,mol$（2.4 mg）である。

「水素について」

$H_2O：\dfrac{3.6×10^{-3}\,g}{18}=2.0×10^{-4}\,mol$

よって，有機化合物に含まれていた水素原子は，
$\underset{H_2Oの物質量}{2.0×10^{-4}\,mol}×2=\underset{水素原子の物質量}{4.0×10^{-4}\,mol}$（0.40 mg）

「酸素について」

$\underset{\substack{有機化合物\\全体の質量}}{6.0\,mg} - \underset{\substack{有機化合物中\\の炭素の質量}}{2.4\,mg} - \underset{\substack{有機化合物中\\の水素の質量}}{0.40\,mg} = \underset{\substack{酸素の質量}}{3.2\,mg}$

よって，有機化合物に含まれていた酸素原子は，
$2.0×10^{-4}\,mol$（3.2 mg）である。

以上より有機化合物中に含まれる炭素，水素，酸素の物質量比は，

$C：H：O=2.0×10^{-4}\,mol：4.0×10^{-4}\,mol：2.0×10^{-4}\,mol$
$=1：2：1$ ∴ 組成式は CH_2O

6 エは分子式が異なるので，異性体ではない。

$H_3C-C≡C-CH_3$ ⇨ C_4H_6

⇨ C_4H_8

(1) 構造異性体の見極め方は「同じ分子式なのに，炭素骨格の種類，結合の種類，置換基や原子団の種類が異なるかどうか」である。ウはいずれも分子式が C_4H_8 であるが，次のような相違点がある。

環状，すべて C−C　　鎖状，C＝C 1つあり

カはいずれも分子式が $C_4H_6Cl_2$ であるが，炭素に着目すると，違いがある。

枝分かれ　　　　　直鎖

(2)〜(4) 高校化学でのシス−トランス異性体の見極め方は「炭素−炭素間二重結合をもっていて，炭素間二重結合の周囲で，

固定する。　　　入れ換える。　　違うものになる。

という状態であること」である。これにあてはまるのはオである。カは上の判定方法を試すと同じものになってしまうので，これは該当しない。

鏡像異性体の見極め方は「1つの炭素原子に4つの異なる原子，または原子団が結合している」である。なお，このときの中心となる炭素原子を「不斉炭素原子」という。

STEP 2 標準問題 p.86〜89

1 イ

2 (1) 未知試料を完全に酸化するため。
（未知試料の不完全燃焼を防ぐため。）
(2) A：塩化カルシウム B：ソーダ石灰
(3) A：H_2O B：CO_2
(4) Bで用いるソーダ石灰は二酸化炭素だけでなく水も吸収してしまうので，水素と炭素を分別回収することができなくなってしまうから。

3 (1) 組成式：$C_4H_{10}O$，分子式：$C_4H_{10}O$

(2)組成式：CH_2，分子式：C_4H_8　(3)$n=8$

(4)水：$0.2(n+1)$〔mol〕，酸素：$0.3n$〔mol〕

4 (1)イ，オ，カ　(2)シ　(3)ア，エ，ス

(4)ウ，ク　(5)ケ　(6)サ　(7)コ

(8)ケ，サ

5 (1)A：カルボニル基・ウ

B：ヒドロキシ基・ケ，ス

C：エーテル結合・エ

D：ヒドロキシ基・イ，サ

E：ホルミル基（アルデヒド基）・カ

F：エステル結合・オ

G：スルホ基・セ

H：ニトロ基・コ

I：アミノ基・キ，シ

J：アミド結合・ソ

K：カルボキシ基・ア

(2)① E　② G　③ B，K　④ D

⑤ I　⑥ G，K

6 (1)メチル基　(2)エチル基

(3)イソプロピル基　(4)プロピル基

(5)フェニル基　(6)ビニル基

7 ウ，エ

8 (1)イ，ウ　(2)ア　(3)① 1　② 0　③ 0

(4)イ，ウ，オ

9 (1)異性体の数：3つ

構造式：$H_3C-CH-CH_2-CH_3$

　　　　　　|

　　　　　　CH_3

(2)異性体の数：4つ

構造式：$H_3C-CH-CH_2-Cl$

　　　　　　|

　　　　　　Cl

(3)異性体の数：3つ

構造式：$H_3C-CH_2-O-CH_3$

(4)異性体の数：6つ

構造式：$H_2C=CH-CH_2-CH_3$

10 (1)① C_3H_8O　② C_3H_8O　③ 3・1

(2)① 組成式：CHO　分子式：$C_4H_4O_4$

② 2　③ 3　④

　　　H＼　　　＼COOH

　　　　　C＝C

　　　H＼　　　＼COOH

(3)① 組成式：CH_2O　分子式：$C_3H_6O_3$

② 4つの異なる原子，原子団が結合した
炭素原子

③

　　　　CH_3

　　　　|

　H$-$C$-$OH

　　　　|

　　　COOH

(4)① $C_2H_5NO_2$　② アミノ基

③ H_2N-CH_2-COOH

④ $H_3C-CH_2-NO_2$

解説▶

1 オ　誤り。有機化合物を実験室で最初に合成した
のはドイツのウェーラーで，シアン酸アンモニウム
NH_4OCN を加熱し，尿素$(NH_2)_2CO$ を合成した。

3 (1)

$$C:H:O=\frac{64.6}{12}:\frac{13.5}{1.0}:\frac{100-64.6-13.5}{16}$$

$$≒5.38:13.5:1.37$$

整数の値で近似すると，

$$\frac{5.38}{1.37}:\frac{13.5}{1.37}:\frac{1.37}{1.37}≒3.92:9.85:1≒4:10:1$$

よって，組成式は $C_4H_{10}O$ で，分子式は$(C_4H_{10}O)_n$

「分子量は 80 以下」と書かれているので，

$$(C_4H_{10}O)_n≦80 \Rightarrow 74n≦80 \Rightarrow n=1$$

∴　分子式は $C_4H_{10}O$ となる。

(2)炭化水素であるので分子式 C_xH_y で表される。これ
を用いて，燃焼の反応式をつくると，

$$C_xH_y+\left(x+\frac{y}{4}\right)O_2 \longrightarrow xCO_2+\frac{y}{2}H_2O$$

「二酸化炭素と水が同じ物質量だけ得られた」と書か
れているので，$x=\frac{y}{2}$ が決まり，炭化水素の分子式は
C_xH_{2x} となる。

0 ℃，$1.0×10^5$ Pa における炭化水素の密度よりモル
質量を求めると，

$$2.5\ g/L×22.4\ L/mol=56\ g/mol$$

モル質量と分子量は同じ値であるので，

$$C_xH_{2x}=56 \Rightarrow x=4$$

∴　分子式は C_4H_8 となる。

(3)燃焼の化学反応式をつくると，

$$C_8H_nO_2+\left(7+\frac{n}{4}\right)O_2 \longrightarrow 8CO_2+\frac{n}{2}H_2O$$

ここで，有機化合物と水について，物質量の比と反応
式の係数比をとると，

$$\frac{34×10^{-3}\ g}{128+n}:\frac{18×10^{-3}\ g}{18}=1:\frac{n}{2} \Rightarrow n=8$$

(4)燃焼の化学反応式をつくると，

$$C_nH_{2n+2}O+\frac{3n}{2}O_2 \longrightarrow nCO_2+(n+1)H_2O$$

生成した水の物質量を n_{H_2O}〔mol〕，消費された酸素の
物質量を n_{O_2}〔mol〕とおくと，

$$0.2\,\text{mol} : n_{H_2O}\,[\text{mol}] : n_{O_2}\,[\text{mol}] = 1 : (n+1) : \frac{3}{2}n$$
$$\underbrace{}_{\text{反応式の係数比}}$$
$$\therefore n_{H_2O} = 0.2(n+1)\,[\text{mol}],\quad n_{O_2} = 0.3n\,[\text{mol}]$$

5 (2)④ ヒドロキシ基だけでなくカルボキシ基も金属ナトリウムと反応して水素を発生するが，カルボキシ基は酸性を示すので除外する。

7 ウ 立体構造だけではなく結合の順序も異なる。
例 C_4H_8 ①，②，③が互いに構造異性体である。③の a，b は互いに立体異性体であり，構造異性体ではない。

① 直鎖で，C＝Cが端　　　　② 枝分かれ

③ 直鎖で，C＝Cが真ん中

9 (1)炭素骨格は次の3種類，そのうち直鎖のものに水素原子を付けてみると C_5H_{12} は二重結合をもたないことがわかる。枝分かれを1つもつのはイの構造。

ア
```
  H H H H H
  | | | | |
H-C-C-C-C-C-H
  | | | | |
  H H H H H
```
イ
```
C-C-C-C
    |
    C
```
ウ
```
  C
  |
C-C-C
  |
  C
```

(2)炭素骨格は直鎖のものしか存在しない。塩素原子の位置を考えると，次のような位置が考えられる。

```
Cl
|
C-C-C    2つ目のClを結合させる
↑ ↑ ↑
① ② ③ ← 場所の種類
```
```
        Cl
        |
    C-C-C
    ↑ ↑ ↑
   (②)④(②)
```

構造式の形で列挙すると，

①
```
Cl
|
C-C-C
|
Cl
```
②
```
Cl
|
C-C-C
  |
  Cl
```
③
```
Cl
|
C-C-C
    |
    Cl
```
④
```
  Cl
  |
C-C-C
  |
  Cl
```

不斉炭素原子とは「結合する4つの原子または原子団がすべて異なる炭素原子」のことであるから，すべての異性体について，Hを添えて考えると，②の真ん中の炭素が不斉炭素原子になっていることがわかる。

②
```
    Cl H  H
    |  |  |
H - C -C*-C - H
    |  |  |
    H  Cl H
```
Clつきのc　　Clなしのc
違う原子団

(3)炭素骨格は直鎖の1つだけ。まず，直鎖でO原子を端に結合させて異性体を1つ書いてみると，二重結合を1つも含まないことがわかる。二重結合を1つも含まない酸素原子を使う官能基は，
－OH：ヒドロキシ基

```
  H  H  H
  |  |  |
H-C--C--C-H
  |  |  |
  H  H  O-H
```

－O－：エーテル結合
の2種類であるから，これらの官能基の位置を決めていく。

> **ここに注意**　原子・結合と官能基
>
> O 原子1個，二重結合なし
> 　－OH，　　　　－O－
> 　ヒドロキシ基　　エーテル結合
>
> O 原子1個，二重結合あり
> ```
>     O              O
>    //              ||
> -C              -C-
>    \
>     H
> ```
> 　ホルミル（アルデヒド）基　　カルボニル基
>
> O 原子2個，二重結合あり
> ```
>    O              O
>    ||             ||
> -C-OH          -C-O-
> ```
> 　カルボキシ基　　エステル結合

▼ OH 基を結合させる場合
```
C-C-C  ⟶  C-C-C
↑ ↑ ↑      |
① ②(①)     OH

       ⟶  C-C-C
              |
              OH
```

▼ －O－ 結合を結合させる場合
```
C-C-C  ⟶  C-O-C-C
 ↑ ↑
③ (③)
```

(4)炭素骨格は直鎖のものと枝分かれのものが考えられ，次の2種類になる。
```
C-C-C-C        C-C-C
                 |
                 C
```

　直鎖のものに水素原子を書き込むと，炭素－炭素間に二重結合が必要であることがわかる。
```
          H H H H
          | | | |
結合がいる  H-C-C-C-C-H
              |
          H   H
```

　また，このように水素が不足している場合は，環状化合物もあり得る。
```
  H
  |
H-C-C-H
  |
H-C-C-H
  |
  H
```
枝分かれなし
```
    H
    |
H-C-H
    |
  C-H
   /
H-C   C-H
  |   |
  H   H
```
枝分かれあり

　よって，炭素骨格は鎖状が2，環状が2である。鎖状については，二重結合の位置を考える必要がある。

②については，シス－トランス異性体が存在することも注意しよう。

10 多くの元素分析の問題は質量の単位に mg を用いるので，物質量の単位も mmol（ミリモル，$1 \text{ mol} = 1000 \text{ mmol}$）を用いるとやりやすい。

(1)① 「炭素について」

$\quad CO_2 : \dfrac{48.7 \text{ mg}}{44} = 1.106\cdots \text{mmol} \fallingdotseq 1.11 \text{ mmol}$

$\quad$ よって，有機化合物に含まれていた炭素原子は，$1.11 \text{ mmol}(13.272 \text{ mg} \fallingdotseq 13.3 \text{ mg})$ である。

「水素について」

$\quad H_2O : \dfrac{26.4 \text{ mg}}{18} \fallingdotseq 1.467 \text{ mmol}$

$\quad$ よって，有機化合物に含まれていた水素原子は，$2.934 \text{ mmol} \fallingdotseq 2.93 \text{ mmol}(2.934 \text{ mg} \fallingdotseq 2.93 \text{ mg})$ である。

「酸素について」

$\quad 22.0 \text{ mg} - 13.27 \text{ mg} - 2.93 \text{ mg} = 5.80 \text{ mg} \quad \therefore 5.8 \text{ mg}$

$\quad$ よって，有機化合物に含まれていた酸素原子は，$\dfrac{5.8 \text{ mg}}{16} = 0.3625 \text{ mmol} \fallingdotseq 0.363 \text{ mmol}$ である。したがって，

$\quad C : H : O = 1.11 \text{ mmol} : 2.93 \text{ mmol} : 0.363 \text{ mmol}$

$\qquad \cdots 3 : 8 : 1 \qquad \therefore$ 組成式は C_3H_8O

② OH 基には酸素原子が 1 個しか入っていない。

③ C_3H_8O の異性体については **9** (3)を参照。

(2)① 「炭素について」

$\quad CO_2 : \dfrac{70.4 \text{ mg}}{44} = 1.6 \text{ mmol}$

$\quad$ よって，有機化合物に含まれていた炭素原子は，$1.6 \text{ mmol}(19.2 \text{ mg})$ である。

「水素について」

$\quad H_2O : \dfrac{14.4 \text{ mg}}{18} = 0.80 \text{ mmol}$

$\quad$ よって，有機化合物に含まれていた水素原子は，$1.6 \text{ mmol}(1.6 \text{ mg})$ である。

「酸素について」

$\quad 46.4 \text{ mg} - 19.2 \text{ mg} - 1.6 \text{ mg} = 25.6 \text{ mg}$

$\quad$ よって，有機化合物に含まれていた酸素原子は，$\dfrac{25.6 \text{ mg}}{16} = 1.6 \text{ mmol}$ である。したがって，

$C : H : O = 1.6 \text{ mmol} : 1.6 \text{ mmol} : 1.6 \text{ mmol}$

$\qquad = 1 : 1 : 1 \qquad \therefore$ 組成式は CHO

分子量が 116 であるから，$(CHO)_n = 116 \Rightarrow n = 4$

ゆえに，分子式は $C_4H_4O_4$ となる。

② カルボキシ基 $COOH$ の数を x とおくと，

$$\underbrace{x \text{ 価} \times \dfrac{58 \times 10^{-3}}{116} \text{ mol}}_{H^+ \text{の物質量}} = \underbrace{1 \text{ 価} \times 1.0 \times 10^{-3} \text{ mol}}_{OH^- \text{の物質量}}$$

$$x = 2$$

③，④ $C_2H_2(COOH)_2$ として考えられる構造は次の 3 つである。

(3)① 「炭素について」

$\quad CO_2 : \dfrac{58.7 \text{ mg}}{44} = 1.334\cdots \text{mmol} \fallingdotseq 1.33 \text{ mmol}$

$\quad$ よって，有機化合物に含まれていた炭素原子は，$1.33 \text{ mmol}(16.0 \text{ mg})$ である。

「水素について」 $\quad H_2O : \dfrac{24.3 \text{ mg}}{18} = 1.35 \text{ mmol}$

$\quad$ よって，有機化合物に含まれていた水素原子は，$2.70 \text{ mmol}(2.7 \text{ mg})$ である。

「酸素について」 $\quad 40.0 \text{ mg} - 16.0 \text{ mg} - 2.7 \text{ mg} = 21.3 \text{ mg}$

$\quad$ よって，有機化合物に含まれていた酸素原子は，$\dfrac{21.3 \text{ mg}}{16} = 1.33 \text{ mmol}$ である。したがって，

$\quad C : H : O = 1.33 \text{ mmol} : 2.70 \text{ mmol} : 1.33 \text{ mmol}$

$\qquad \fallingdotseq 1 : 2 : 1 \qquad \therefore$ 組成式は CH_2O

分子量が 90 であるから，$(CH_2O)_n = 90 \Rightarrow n = 3$

ゆえに，分子式は $C_3H_6O_3$ となる。

③ 不斉炭素をかき，そのまわりに炭素数の異なる炭化水素基や官能基を置いて考えるとよい。

(4)① 「炭素について」

43

$$CO_2 : \frac{178\ mg}{44} = 4.045\cdots mmol \fallingdotseq 4.05\ mmol$$

よって，有機化合物に含まれていた炭素原子は，4.05 mmol（48.6 mg）である。

「水素について」　$H_2O : \frac{89\ mg}{18} \fallingdotseq 4.94\ mmol$

よって，有機化合物に含まれていた水素原子は，9.88 mmol（9.88 mg）である。

「窒素について」　$N_2 : \frac{28\ mg}{28} = 1.0\ mmol$

よって，有機化合物に含まれていた窒素原子は，2.0 mmol（28 mg）である。

「酸素について」

$151\ mg - 48.6\ mg - 9.88\ mg - 28\ mg = 64\ mg$

よって，有機化合物に含まれていた酸素原子は，4.0 mmol である。したがって，

$C : H : N : O = 4.05 : 9.88 : 2.0 : 4.0 \fallingdotseq 2 : 5 : 1 : 2$

∴　組成式は $C_2H_5NO_2$

分子量が 75 であるから，$(C_2H_5NO_2)_n = 75 \Rightarrow n = 1$ ゆえに，分子式は $C_2H_5NO_2$ となる。

②，③カルボキシ基が含まれているので $C_2H_5NO_2$ は $CH_4N(COOH)$ となる。O を含まずに，N を 1 つ含む官能基はアミノ基 NH_2 のみであるので，$CH_2(NH_2)COOH$ となる。

④ N 原子を含む官能基はアミノ基 NH_2 以外に，ニトロ基 NO_2 とアミド結合 NHCO が考えられる。ニトロ基を含む化合物としては次の物質が存在する。

$C_2H_5NO_2 \Rightarrow C_2H_5-NO_2$

16 脂肪族炭化水素

STEP ① 基本問題　p.90〜91

1　ア　H_3C-CH_3　　イ　$H_3C-CH_2-CH_3$

ウ
$$\begin{array}{c} CH_2-CH_2 \\ H_2C \qquad\qquad CH_2 \\ CH_2-CH_2 \end{array}$$

エ　$H_2C=CH_2$　　　　オ　$HC\equiv CH$

カ
$$\begin{array}{c} H \qquad\qquad H \\ C=C \\ H_3C \qquad\quad CH_3 \end{array}$$

キ　
$$\begin{array}{c} H_3C \qquad\qquad H \\ C=C \\ H \qquad\quad CH_3 \end{array}$$

(1) ア，イ　(2) エ，カ，キ　(3) オ　(4) ウ

2　(1) エ　(2) ウ　(3) イ

3　① 天然ガス　② 無　③ 気　④ 酢酸ナトリウム　⑤ 置換

---

(1) $CH_3COONa + NaOH$
$$\longrightarrow Na_2CO_3 + CH_4$$
(2) $CH_4 \longrightarrow CH_3Cl \longrightarrow CH_2Cl_2$
$$\longrightarrow CHCl_3 \longrightarrow CCl_4$$

4　① C_2H_4　② エタノール
③ 170（160）　④ C_2H_2
⑤ 炭化カルシウム（カルシウムカーバイド）
⑥ 赤紫　⑦ 付加　⑧ 赤褐　⑨ 白
⑩ アセチレン
(1) A：$C_2H_5OH \longrightarrow C_2H_4 + H_2O$
　 B：$CaC_2 + 2H_2O \longrightarrow Ca(OH)_2 + C_2H_2$

(2)

	エチレン	アセチレン
水素	$\begin{array}{c} H\ \ H \\ H-C-C-H \\ H\ \ H \end{array}$ エタン	$\begin{array}{c} H\qquad H \\ C=C \\ H\qquad H \end{array}$ エチレン
臭素	$\begin{array}{c} H\ \ H \\ H-C-C-H \\ Br\ \ Br \end{array}$ 1,2-ジブロモエタン	$\begin{array}{c} Br\qquad H \\ C=C \\ H\qquad Br \end{array}$ 1,2-ジブロモエチレン
水	$\begin{array}{c} H\ \ H \\ H-C-C-H \\ H\ \ OH \end{array}$ エタノール	$\begin{array}{c} H\qquad H \\ H-C-C \\ H\qquad O \end{array}$ アセトアルデヒド

5　① ポリエチレン　② n　③ $\left[\begin{array}{c} H\ \ H \\ -C-C- \\ H\ \ H \end{array}\right]_n$

④ 高分子化合物　⑤ 付加重合

⑥
$$n\ \begin{array}{c} H\quad H \\ C=C \\ Cl\quad H \end{array} \longrightarrow \left[\begin{array}{c} H\ \ H \\ -C-C- \\ Cl\ \ H \end{array}\right]_n$$

解説▶

4　アセチレンへの水付加だけは単純な付加反応ではないため注意が必要である。この反応では付加によって生じるビニルアルコールが不安定であるため，直ちにアセトアルデヒドに変化している。

$$\begin{array}{ccc} & & 触媒 \\ H-C\equiv C-H & \rightarrow & \left[\begin{array}{c} H-C=C-H \\ H-OH \end{array}\right] \rightarrow \begin{array}{c} H \\ H-C-C-H \\ H\ O \end{array} \\ アセチレン+水 & ビニルアルコール & アセトアルデヒド \end{array}$$

1 (1) **ウ**　(2) **ウ**

2 ① **4**　② **エタン**　③ **アセチレン**

　　④ **高**　⑤ **ない**　⑥ **しない**

　　⑦ **シクロアルカン**　⑧ **14**

　　⑨ **三重**　⑩ **二重**　⑪ **多**

3 (1) HC≡CH　(2) H₂C=CH
　　　　　　　　　　　　　　|
　　　　　　　　　　　　OCOCH₃

　(3) ⬡　(4) H₂C=CH
　　　　　　　　　　|
　　　　　　　　　Cl

　(5) H₃C−C−H　(6) H₂C=CH₂
　　　　　‖
　　　　　O

　(7) H₃C−CH₂　(8) H₃C−CH₂
　　　　　|　　　　　　　|
　　　　Cl　　　　　　OH

　(9) H₃C−CH₃

4 (1) **エ**　(2) **オ**

5 (1) **9.0 mL**　(2) **2**　(3) **11 mol**

　(4) **0.30 mol**

解説▶

1 (1) C=C二重結合の周囲6個の原子は同一平面上に固定される。**ア**について，分子の形と構造式を次に示す。

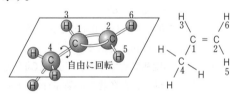
自由に回転

二重結合をもつ**ウ**，**エ**について，同じように構造式をみて判断する。**イ**は三重結合をもつ。

ウ　　　　　　　　**エ**

H₃＼　　＼／H₆　　　　H＼　　　／H
　　C=C　　　　　　　　H₃＼C=C／
Cl₄／　　＼H₅　　　　H／₁　₂＼H
　　　　　　　　　　　　　C₄
　　　　　　　　　　　H／　＼H

(2) **イ** C≡C三重結合の周囲4個の原子は同一直線上に固定される。**イ**について，分子の形と構造式を次に示す。

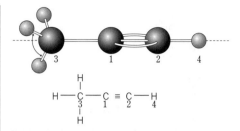

H−C−C≡C−H
　　|₃　₁　₂　₄
　　H

2 (1) ブタンには異性体が存在する。

(2) 炭素原子間の結合の長さは，結合に含まれる結合を表す線の数が多いほど短くなる。

(3) 分子量が増えるに伴って，分子間にはたらくファンデルワールス力が増大し，沸点や融点が上がる。
<u>炭素数が4以下のアルカンはすべて常温・常圧で気体であること</u>を覚えておこう。

(4) 二重結合や三重結合のような不飽和結合は回転できない。

(5) アルキンにはC=C結合が含まれていないためシス-トランス異性体は存在しない。

(6) 一般式によって次のようにまとめることができる。

	C_nH_{2n+2}	C_nH_{2n}	C_nH_{2n-2}
鎖状	アルカン	アルケン	アルキン
環状	−	シクロアルカン	シクロアルケン

(7) 同族体とは同じ一般式で表される化合物群のことを指す。炭素が1つ増えると同時に水素は2つ増える。

(8) 不飽和度を用いると，分子内にどのような構造を含むか推測することができる。

> **ここに注意** 不飽和度
> $C_xH_yO_z$（$z=0$であってもかまわない）において
> 　　　　　　　　飽和時の水素数　化合物の水素数
> 　　　　　　　　　　⋮　　　　　　　⋮
> 　不飽和度 $I = \dfrac{(2x+2)-y}{2}$
>
> 不飽和度1
> ・二重結合を1つ含む（C=CもしくはC=O）
> ・環状構造を1つ含む
> 不飽和度2
> ・C≡C結合を1つ含む
> ・不飽和度1の構造を2つもつ
> 不飽和度3以上
> ・不飽和度1，2の構造を複数もつ

C_nH_{2n-2}の不飽和度は

　　　　　　2x+2　　　y
　　　　　　⋮　　　　　⋮
$I = \dfrac{(2n+2)-(2n-2)}{2} = 2$

であるから，

・鎖式で三重結合を1つもつ
　└→ $I=2$ に相当
・鎖式で二重結合を2つもつ
　└→ $I=1$ を2つ
・環式で二重結合を1つもつ
　└→ $I=1$　└→ $I=1$

のいずれかの構造をもつことがわかる。

4 (1)水素を付加させたとき，**ア〜オ**はそれぞれ次のような炭化水素になる。

ア

$$CH_3CH_2CH_2CH-CH_2CH_3$$
$$\quad\quad\quad\quad | \quad\quad\quad$$
$$CH_3CH_2$$

イ

$$CH_3CH_2CH_2$$
$$\quad\quad\quad |$$
$$CH_3CH-CH_3$$

ウ

$$CH_3-CH_2CH_2CH_2CH_2CH_3$$

エ

$$CH_3CH_2$$
$$\quad\quad\quad |$$
$$CH_3CH_2CH_2CH^*-CH_3$$

オ

$$\quad\quad CH_3$$
$$\quad\quad |$$
$$CH_3CH-CH_2CH_2CH_2CH_3$$

(2)水素を1分子付加させたときの物質の構造を書いてみて，①の条件を満たすかどうか判断すると，

ア

$$\quad\quad\quad\quad CH_3$$
$$\quad\quad\quad\quad |$$
$$CH_3-CH_2-CH-CH=CH_2$$

イ

$$\quad\quad\quad CH_3$$
$$\quad\quad\quad |$$
$$CH_3-CH-CH=CH-CH_3$$

ウ

$$\quad\quad\quad\quad\quad\quad CH_3$$
$$\quad\quad\quad\quad\quad\quad |$$
$$CH_3-CH_2-CH_2-CH-CH=CH_2$$

エ

$$\quad\quad CH_3\quad\quad CH_3$$
$$\quad\quad |\quad\quad\quad |$$
$$CH_3-CH-CH=CH-CH-CH_3$$

オ

$$\quad\quad\quad\quad CH_3\quad\quad CH_3$$
$$\quad\quad\quad\quad |\quad\quad\quad |$$
$$CH_3-CH_2-CH-CH=CH-CH-CH_3$$

となり，**イ**，**エ**，**オ**が①の条件を満たす。この3つについて②の条件を満たすかどうかを判断すると，次に示すように**オ**のみが不斉炭素原子をもつ。

オ

$$\quad\quad\quad\quad CH_3\quad\quad\quad CH_3$$
$$\quad\quad\quad\quad |\quad\quad\quad\quad |$$
$$CH_3-CH_2-CH^*-CH_2-CH_2-CH-CH_3$$

5 (1)「水素について」

$$H_2O \text{から，}\underset{\substack{H_2O \text{の}\\ \text{質量}}}{9.0 \text{ mg}} \times \underset{H_2O:H}{\frac{2}{18}} = \underset{H \text{の質量}}{1.0 \text{ mg}}$$

「炭素について」

$$\underset{\substack{\text{有機化合物}\\ \text{の質量}}}{5.8 \text{ mg}} - \underset{\substack{\text{水素原子の}\\ \text{質量}}}{1.0 \text{ mg}} = \underset{\substack{\text{炭素原子の}\\ \text{質量}}}{4.8 \text{ mg}}$$

得られる二酸化炭素の0℃，1.0×10^5 Pa における体積〔mL〕は，

$$\underset{\substack{\text{炭素原子の物質量}}}{\underbrace{\frac{4.8\times10^{-3}\text{ g}}{12}}} \times \underset{\text{mol}\to\text{mL}}{\underbrace{22400}} = 8.96 ≒ 9.0 \text{ mL}$$

(2)アルケン C_nH_{2n} に対する臭素 Br_2 の付加反応の反応式は，

$$C_nH_{2n} + Br_2 \longrightarrow C_nH_{2n}Br_2$$

である。アルケンの分子量は $14n$ であるから，臭素付加による生成物 $C_nH_{2n}Br_2$ の分子量は $14n+160$ である。これを踏まえて，この反応の量的関係について，

$$\underset{\substack{C_nH_{2n} \text{の}\\ \text{物質量}}}{\frac{5.60}{14n}} : \underset{\substack{C_nH_{2n}Br_2 \text{の}\\ \text{物質量}}}{\frac{37.6}{14n+160}} = \underset{\text{反応式の係数比}}{1:1} \Rightarrow n=2$$

(3)条件 **a**，**b** を満たすと物質の不飽和度が増加する。具体的には，

　a：1つの環からなる⟹不飽和度1増

　b：二重結合を2つもつ⟹不飽和度2増

　つまり，不飽和度は合計3であるから，炭素の数を x，水素の数を y とおくと，x と y について，

$$\underset{\text{不飽和度}}{3} = \frac{2x+2-y}{2} \Rightarrow y=2x-4$$

となるので，分子式は C_xH_{2x-4} であることが決まる。**c** の条件より，

$$\underset{\text{炭素原子の数}}{x} + 4 = \underset{\text{水素原子の数}}{2x-4} \Rightarrow x=8$$

となるので，最終的に分子式は C_8H_{12} である。

　C_8H_{12} の燃焼の式は，

$$C_8H_{12} + 11O_2 \longrightarrow 8CO_2 + 6H_2O$$

であるから，この炭化水素 C_8H_{12} 1.0 mol を完全燃焼させるのに必要な酸素は 11 mol である。

(4)炭素数4の鎖式不飽和炭化水素の分子式を C_4H_y とおく。燃焼によって得られた各物質の質量〔mg〕より，この物質に含まれる炭素原子と水素原子の物質量比を計算すると，

$$CO_2:\frac{88 \text{ mg}}{44} = 2.0 \text{ mmol}, \quad H_2O:\frac{27 \text{ mg}}{18} = 1.5 \text{ mmol}$$

　よって，水素原子は 1.5 mmol × 2 = 3.0 mmol となり，C：H = 2：3 であることがわかる。つまり，本問の鎖式不飽和炭化水素の分子式は C_4H_6 である。

　一方で，炭素数4の飽和炭化水素（アルカン）の分子式は C_4H_{10} であるから，水素付加の反応式は，次のようになる。

$$C_4H_6 + 2H_2 \longrightarrow C_4H_{10}$$

　これを用いて，消費された水素の物質量〔mol〕を計算すると，

$$\underset{\substack{C_4H_6 \text{の}\\ \text{物質量}}}{\frac{8.1 \text{ g}}{54}} \times \underset{\substack{\text{反応式の}\\ \text{係数比}}}{2} = 0.30 \text{ mol}$$

17 酸素を含む脂肪族化合物

1 (1)① ジエチルエーテル　② $C_2H_5OC_2H_5$

(2)③ エタノール　④ C_2H_5OH

(3)⑤ メタノール　⑥ CH_3OH

2 (1)$2C_2H_5OH \longrightarrow C_2H_5OC_2H_5 + H_2O$, キ

(2)$C_2H_5OH \longrightarrow C_2H_4 + H_2O$, カ

(3)$2C_2H_5OH + 2Na \longrightarrow 2C_2H_5ONa + H_2$, ア

(4)$C_6H_{12}O_6 \longrightarrow 2C_2H_5OH + 2CO_2$, オ

3 (1)① 乾留　② アセトン　③ CH_3COCH_3

(2)④ 気　⑤ ホルマリン

⑥ ホルムアルデヒド　⑦ $HCHO$

(3)⑧ アセチレン　⑨ エチレン

⑩ アセトアルデヒド　⑪ CH_3CHO

4 ① アンモニア性硝酸銀　② 銀

③ フェーリング　④ 酸化銅(Ⅰ)　⑤ 赤

5 ア，エ，オ，カ，キ，ケ

6 ア $H-COOH$　イ CH_3-COOH

ウ
$$CH_3-CO$$
$$\quad\quad\quad\rangle O$$
$$CH_3-CO$$

エ
$$HOOC \quad\quad\quad H$$
$$\quad\quad C=C$$
$$H \quad\quad\quad COOH$$

オ
$$HOOC \quad\quad COOH$$
$$\quad\quad C=C$$
$$H \quad\quad\quad H$$

カ
$$\quad\quad NH_2$$
$$\quad\quad |$$
$$H_3C-CH-COOH$$

キ
$$\quad\quad OH$$
$$\quad\quad |$$
$$H_3C-CH-COOH$$

(1)エ，オ　(2)キ　(3)カ　(4)ア　(5)オ

7 (1)酢酸メチル，酢酸，メタノール

(2)ギ酸エチル，ギ酸，エタノール

(3)酢酸エチル，酢酸，エタノール

解説

7 (3)はエステル結合が OCO と表記されているので，

$$C_2H_5OCOCH_3 \Rightarrow \underbrace{C_2H_5-O}_{\substack{\text{もともとエタノール} \\ \text{だった部分}}} \vdots \underbrace{\overset{\overset{\textstyle O}{\|}}{C-CH_3}}_{\substack{\text{もともと酢酸} \\ \text{だった部分}}}$$

1 (1)ア，エ　(2)オ　(3)イ　(4)カ　(5)ウ

(6)オ

2 (1)1-プロパノール
$$\quad\quad\quad\quad\quad\quad\quad OH$$
$$\quad\quad\quad\quad\quad\quad\quad |$$
$$\quad\quad H_3C-CH_2-CH_2$$

2-プロパノール
$$\quad\quad\quad\quad\quad\quad OH$$
$$\quad\quad\quad\quad\quad\quad |$$
$$\quad\quad H_3C-CH-CH_3$$

エチルメチルエーテル
$$\quad\quad H_3C-O-CH_2-CH_3$$

(2)① エチルメチルエーテル

② エチルメチルエーテル

③ 1-プロパノール　④ 2-プロパノール

⑤ エチルメチルエーテル

⑥ エチルメチルエーテル

3 (1)① Cu_2O　② H_2　(2)B：アセトン

D：1-プロパノール　E：2-プロパノール

(3)ア，イ，エ

4 (1)A：
$$HOOC \quad\quad\quad COOH, \text{マレイン酸}$$
$$\quad\quad C=C$$
$$H \quad\quad\quad H$$

B：
$$HOOC \quad\quad\quad H \quad\quad, \text{フマル酸}$$
$$\quad\quad C=C$$
$$H \quad\quad\quad COOH$$

(2)① 試験管の上部に水を生じた。② 分子内の2つのカルボキシ基が互いに離れているから。

(3)2つ

5 イ

6 (1)$C_2H_5COOH + NaHCO_3$
$$\quad\quad\longrightarrow C_2H_5COONa + H_2O + CO_2$$

(2)エタノール

(3)A：
$$\quad\quad\quad\overset{\overset{\textstyle O}{\|}}{H-C}-O-CH_2-CH_3$$

C：
$$\quad\quad H_3C-\overset{\overset{\textstyle O}{\|}}{C}-O-CH_3$$　(4)ウ

7 (1)イ，アセトアルデヒド，酸化

(2)エ，ホルムアルデヒド，酸化

(3)ア，酢酸エチル，エステル化(脱水縮合)

(4)ウ，セッケン，けん化

8 (1)エ　(2)ア　(3)オ　(4)イ　(5)ウ

9 (1)組成式：C_2H_4O　分子式：$C_4H_8O_2$

(2) A：

$$H_3C - \overset{\overset{\displaystyle O}{\|}}{C} - O - CH_2 - CH_3$$

B：

$$H - \overset{\overset{\displaystyle O}{\|}}{C} - O - \underset{\underset{\displaystyle CH_3}{|}}{CH} - CH_3$$

C：

$$H - \overset{\overset{\displaystyle O}{\|}}{C} - O - CH_2 - CH_2 - CH_3$$

10 (1)オ (2)ウ (3)エ (4)イ

11 (1) 102 (2) 11 L

12 (1) 800 (2) 1.3×10^3 L

13 (1)① ○ ② ○ (2)乳化

(3)① ○ ② グリセリン

(4)① 弱塩基性 ② ○

(5)① ○ ② ○

(6)① 乾性油 ② ○

解説

2 本問の C_3H_8O のように分子式が $C_nH_{2n+2}O$ で表される分子は不飽和度が0であるので C＝C 結合や C＝O 結合が入っていないことになり，飽和一価アルコールか飽和エーテルのどちらかになる。

> **ここに注意** よく出る分子式と化合物の分類の例
>
> $C_nH_{2n+2}O$ 不飽和度0
> ◎飽和一価アルコールか飽和エーテル
> $C_nH_{2n}O$ 不飽和度1
> ◎飽和で CHO を1つもつアルデヒド
> ◎飽和で CO を1つもつケトン
> ○C＝C 結合を1つもつアルコール
> ○環状の飽和一価アルコール など
> $C_nH_{2n}O_2$ 不飽和度1
> ◎飽和一価カルボン酸または飽和エステル
> ※◎印は頻出。

3 （3行目）「フェーリング液に加えて加熱すると **A** のみ赤色沈殿を生じ，**B**，**C** では生じなかった」

フェーリング反応は本冊 p.95 **4** にあるようにアルデヒドを検出する反応である。よって，

〔Ⅰ〕**A** はアルデヒドである。
炭素数3のアルデヒドは，
$CH_3 - CH_2 - CHO$（プロピオンアルデヒド）
しか存在しない。

〔Ⅱ〕**B**，**C** はアルデヒドではない。

（4行目）「**A** と **B** は還元することができ…」

アルデヒドやケトンは，還元してアルコールに変化させることができる。よって，

〔Ⅲ〕**A**，**B** は C＝O 結合をもつ。
〔Ⅰ〕で **A** は決定しており，矛盾もしない。
〔Ⅱ〕より **B** はアルデヒドではないことがわかっているので，**B** はケトンである。炭素数3のケトンは，
$CH_3 - CO - CH_3$（アセトン）
しか存在しない。

（5行目）「**C** は還元せずともナトリウムと反応して…」

〔Ⅳ〕**C** はアルコールである。

（6行目）「（**C** は）臭素水を脱色した」

〔Ⅴ〕**C** には C＝C 結合が含まれている。

〔Ⅳ〕，〔Ⅴ〕を合わせると，
$CH_2 = CH - CH_2OH$

になる。プロペン $CH_2 = CH - CH_3$ に OH 基を結合させる際に C＝C 結合と OH 基が隣接すると不安定になり物質が変化してしまうので注意。

> **ここに注意** ケト・エノール平衡
>
> エノール形構造　　　ケト形構造
>
> $$-\overset{|}{C}=\overset{|}{C}- \qquad -\overset{|}{C}-\overset{|}{C}-$$
> $$\qquad | \qquad\qquad\quad | \quad \|$$
> $$\qquad OH \qquad\qquad H \quad O$$
>
> 炭素数の小さいエノール形構造はケト形構造に変異してしまう。
>
> ㊔　H　H　　　　　　　H　H　㊦
> $$H-\overset{|}{C}=\overset{|}{C} \rightleftharpoons H-\overset{|}{C}-\overset{|}{C}$$
> $$\qquad\quad | \qquad\qquad\quad | \quad \|$$
> $$\qquad\quad OH \qquad\qquad H \quad O$$
>
> エノール形　　　　ケト形
> （ビニルアルコール）（アセトアルデヒド）

(3) エ **D** は **A** のプロピオンアルデヒドを還元して得られた物質であるから第一級アルコールである。強く酸化すると，カルボン酸（プロピオン酸）になるので正しい。

オ **E** は **B** のアセトンを還元して得られた物質であるから，第二級アルコールである。炭酸水素ナトリウムと反応するのはアルコールではなくカルボン酸であるから誤り。

4 臭素 Br_2 を付加して同じ物質になることから，**A** と **B** は互いに立体異性体と判断する。

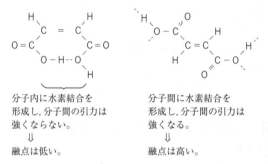

「Aが低い温度で融解した」ことで，分子間にはたらく引力が小さいものを選ぶ。カルボキシ基は水素結合を形成するが，マレイン酸とフマル酸では水素結合を生じやすい場所が異なり，分子間引力は異なる。

マレイン酸	フマル酸

分子内に水素結合を形成し，分子間の引力は強くならない。
⇩
融点は低い。

分子間に水素結合を形成し，分子間の引力は強くなる。
⇩
融点は高い。

(2) マレイン酸の分子内脱水については，本冊 p.95 **6** を参照。

5 化合物Aの分子式を $C_xH_yO_2$ とおくと，①より，
$$C_xH_yO_2 + aO_2 \longrightarrow 5CO_2 + 5H_2O$$
したがって，$x=5$, $y=10$（不飽和度1）

不飽和度1について，②に「還元すると」と書かれているので，Aはアルデヒドもしくはケトンであり，C=O結合を含んでいることがわかる。同時にBはアルコールであることがわかる。したがって，この段階でAは**イ**か**エ**であることになり，**イ**について，その脱水反応によって生じる不飽和炭化水素は次のようになる。

イの場合

イの還元生成物

ⅰ), ⅱ)は，炭素原子がすべて同じ平面にある。

6 （2行目）「炭酸水素ナトリウム水溶液を加えるとBは気体を発生し，A，Cは発生しなかった。」
炭酸水素ナトリウム水溶液はカルボキシ基 $-COOH$ を検出するために用いられる。
したがって，**Bはカルボン酸**であり，A，Cはそう

ではない。
（3行目）「Aを加水分解すると酸性物質Dと中性物質Eを生じ，」
加水分解できる物質はエステルであるので，**Aはエステル**である。エステルを加水分解して生じる物質はカルボン酸とアルコールであるので，**Dはカルボン酸**，**Eはアルコール**である。ここで，各分子に含まれる炭素の数（以下，炭素数）について，
$$\frac{Aの炭素数}{3} = Dの炭素数 + Eの炭素数$$
であるので，DとEについては，
（ギ酸＋エタノール）　　（酢酸＋メタノール）
炭素数1　炭素数2　　　　炭素数2　炭素数1
のどちらかであることが推測される。
（4行目）「Eはヨードホルム反応を示した。」
Eはメタノールかエタノールであり，ヨードホルム反応を示すのはエタノールのみであるから，**Eはエタノール**。同時に**Dはギ酸**，**Aはギ酸エチル**であることが決まる。
（5行目）「Cを加水分解すると酸性物質Fと中性物質Gを生じた。」
これまでの結果から，**Fは酢酸**，**Gはメタノール**，**Cは酢酸メチル**であることが決まる。
(4) **ア** ギ酸エチルには還元性を示す構造(CHO)が含まれている。

8 各反応の分類は次の通り　(1) 酸化　(2) ヨードホルム反応　(3) 置換　(4) 分子内脱水　(5) 分子間脱水（脱水縮合）　**ア**：ヨードホルム反応　**イ**：分子内脱水　**ウ**：分子間脱水　**エ**：酸化　**オ**：置換

9 (1) $CO_2 : \dfrac{36.0\,mg}{44} = 0.818\cdots mmol \fallingdotseq 0.82\,mmol$
よって，有機化合物に含まれていた炭素原子は，
$0.82\,mmol(9.816 \fallingdotseq 9.82\,mg)$
$H_2O : \dfrac{14.7\,mg}{18} = 0.816\cdots mmol \fallingdotseq 0.82\,mmol$
よって，有機化合物に含まれていた水素原子は，
$1.632\,mmol \fallingdotseq 1.63\,mmol(1.632\,mg \fallingdotseq 1.63\,mg)$
$18.0\,mg - 9.82\,mg - 1.63\,mg = 6.55\,mg$
よって，有機化合物に含まれていた酸素原子は，
$0.409\cdots mmol \fallingdotseq 0.41\,mmol$
したがって，
$C : H : O = 0.82 : 1.63 : 0.41 \fallingdotseq 2 : 4 : 1$
∴ 組成式は C_2H_4O
分子量が100未満であるから，$(C_2H_4O)_n < 100 \Rightarrow n \leq 2$
エステル結合には酸素原子が2つ必要であるから，$n=1$ はあり得ない。ゆえに，分子式は $C_4H_8O_2$ となる。

(2)（3行目）「それぞれを加水分解すると…」

まとめると次のようになる。

 ① A→カルボン酸**L** + アルコール**S**

 ② B→カルボン酸**M** + アルコール**T**

 ③ C→カルボン酸**M** + アルコール**U**

（6行目）「**S**を酸化すると**L**になり，」

アルコールの酸化における原子数の増加は，

$$\text{アルコール} \xrightarrow{-2H} \text{アルデヒド} \xrightarrow{+O} \text{カルボン酸}$$

であるから，炭素数の増減はなく，**S**も**L**も一分子内に同じ炭素数が含まれている。

 ④ **L**は酢酸，**S**はエタノールである。

（6行目）「**T**を酸化しても酸性の物質は得られなかった」

酸化しても酸性物質とならないのはアルコールが第二級アルコールであったことを意味しているので，

 ⑤ **T**は第二級アルコールである。

（7行目）「**M**は還元性を示した」

還元性を示すカルボン酸はギ酸しかないので，

 ⑥ **M**はギ酸である。ここで，

$$\underset{4}{\underline{\text{Bの炭素数}}}=\underset{1}{\underline{\text{Mの炭素数}}}+\text{Tの炭素数}$$

であるから，アルコール**T**の炭素数は3である。これに⑤を合わせると，

 ⑦ アルコール**T**は2-プロパノールである。同様に，

$$\underset{4}{\underline{\text{Cの炭素数}}}=\underset{1}{\underline{\text{Mの炭素数}}}+\text{Uの炭素数}$$

であるから，アルコール**U**の炭素数は3になる。炭素数3のアルコールは次に示す2つしかないので，

1-プロパノール   2-プロパノール

         ⇒**T**として確定

$$\underset{\text{H}_3\text{C}-\text{CH}_2-\text{CH}_2}{\overset{\displaystyle \text{OH}}{\overset{|}{}}}\qquad \underset{\text{H}_3\text{C}-\text{CH}-\text{CH}_3}{\overset{\displaystyle \text{OH}}{\overset{|}{}}}$$

 ⑧ **U**は1-プロパノールである。

11 (1) 1-ブタノール C_4H_9OH とカルボン酸 $C_nH_{2n+1}COOH$ の反応は次の反応式で示される。

$$C_4H_9OH+C_nH_{2n+1}COOH \longrightarrow C_nH_{2n+1}COOC_4H_9+H_2O$$

エステルの分子量を M とおくと，

$$\underset{\substack{\text{1-ブタノール}\\\text{の物質量}}}{\underline{\frac{14.8\,\text{g}}{74}}}:\underset{\substack{\text{エステルの}\\\text{物質量}}}{\underline{\frac{31.6\,\text{g}}{M}}}=1:1$$

$$M=158$$

カルボン酸の分子量を x とすると，

$$74+x=158+18 \quad \therefore \quad x=102$$

(2) アルコールの分子量は $12m+n+17$ で表される。ナトリウムとの反応式は，

$$2C_mH_nOH+2Na \longrightarrow 2C_mH_nONa+H_2$$

であるので，

$$\underset{\substack{\text{アルコールの}\\\text{物質量}}}{\underline{\frac{42\,\text{g}}{12m+n+17}}}:\underset{\text{水素の物質量}}{\underline{0.25\,\text{mol}}}=2:1 \quad \Rightarrow \quad 12m+n=67$$

ここで考えられる m と n の個数については，

$n \leqq 2m+1$ の条件があるので，$(m,\ n)=(5,\ 7)$ のみが成り立つ。

> **ここに注意**　炭素数と水素数の条件
>
> $C_xH_yO_z$ において，
>
> y の最大値は $2x+2$（不飽和度0）である。
>
> また，炭化水素基 C_mH_n- においては，
>
> n の最大値は $2m+1$ である。

水素付加によって，Hの数が上限の11になることから，水素付加の反応式は，

$$\underset{\text{不飽和アルコール}}{C_5H_7OH}+2H_2 \longrightarrow \underset{\text{飽和アルコール}}{C_5H_{11}OH}$$

したがって，

$$\underset{C_5H_7OH\text{の物質量}}{\underline{\frac{21\,\text{g}}{67+17}}}:\underset{H_2\text{の物質量}}{\underline{\frac{V\,[\text{L}]}{22.4}}}=1:2 \quad \Rightarrow \quad V=11.2\fallingdotseq 11\,\text{L}$$

12 (1) 油脂**X**の分子量を M とおく。油脂のけん化の反応式は，

$$
\begin{array}{l}
\text{R}\ -\text{CO}-\text{O}-\text{CH}_2\\
\text{R}'-\text{CO}-\text{O}-\text{CH}\quad+\quad 3NaOH\\
\text{R}''-\text{CO}-\text{O}-\text{CH}_2\\
\text{油脂}
\end{array}
$$

$$
\begin{array}{l}
\text{R}\ -\text{COONa}\qquad \text{HO}-\text{CH}_2\\
\longrightarrow \text{R}'-\text{COONa}\quad+\quad \text{HO}-\text{CH}\\
\text{R}''-\text{COONa}\qquad \text{HO}-\text{CH}_2\\
\text{セッケン}\qquad\qquad \text{グリセリン}
\end{array}
$$

したがって，

$$\underset{\substack{\text{油脂の}\\\text{物質量}}}{\underline{\frac{1.00\,\text{g}}{M}}}:\underset{NaOH\text{の物質量}}{\underline{0.100\,\text{mol/L}\times\frac{37.5}{1000}\,\text{L}}}=1:3 \quad \Rightarrow \quad M=800$$

(2) **11**(2)に示したように C_{17} の炭化水素基のHの数の上限は $2\times17+1=35$ である。これより，反応式は，

$$
\begin{array}{l}
\text{CH}_2-\text{OCO}-C_{17}H_{31}\\
\text{CH}-\text{OCO}-C_{17}H_{31}\quad+6H_2 \longrightarrow\\
\text{CH}_2-\text{OCO}-C_{17}H_{31}
\end{array}
\quad
\begin{array}{l}
\text{CH}_2-\text{OCO}-C_{17}H_{35}\\
\text{CH}-\text{OCO}-C_{17}H_{35}\\
\text{CH}_2-\text{OCO}-C_{17}H_{35}
\end{array}
$$

となるので，水素の体積を $V\,[\text{L}]$ とすると，

$$\underset{\text{油脂の物質量}}{\underline{1\,\text{mol}}}:\underset{\text{水素の物質量}}{\underline{\frac{V}{22.4}\,\text{mol}}}=1:6 \quad \Rightarrow \quad V=134.4\fallingdotseq 1.3\times10^2\,\text{L}$$

18　芳香族化合物，生活と有機化合物

STEP ① 基本問題   p.100～101

1 (1) エ・D (2) ア・B (3) ウ・F

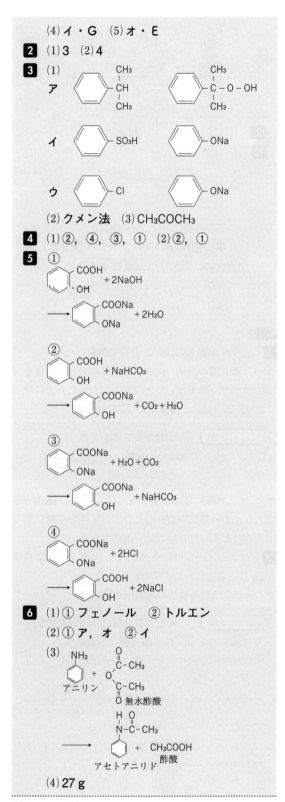

(4) イ・G　(5) オ・E

2 (1) 3　(2) 4

3 (1)
ア　

イ　

ウ　

(2) クメン法　(3) CH₃COCH₃

4 (1)②, ④, ③, ①　(2)②, ①

5 ①

②

③

④

6 (1)① フェノール　② トルエン
(2)① ア, オ　② イ
(3)

(4) 27 g

解説▶

1 (5) トルエンだけでなく，エチルベンゼンやスチレンのように「ベンゼン＋アルキル基」の構造であればす

べて安息香酸になる。

2 (1)
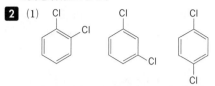

(2)
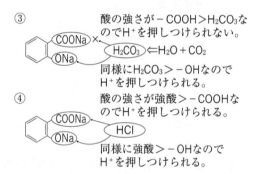

一置換体	二置換体	

4 (1) 酸の強さ：
塩酸・硫酸＞カルボン酸＞炭酸＞フェノール

5 ① 中和反応である。
②
酸の強さが－COOH＞H₂CO₃なので H⁺を押しつけられる。
同様に H₂CO₃＞－OH なので H⁺を押しつけられない。

③
酸の強さが－COOH＞H₂CO₃なので H⁺を押しつけられない。
同様に H₂CO₃＞－OH なので H⁺を押しつけられる。

④
酸の強さが強酸＞－COOHなので H⁺を押しつけられる。
同様に強酸＞－OH なので H⁺を押しつけられる。

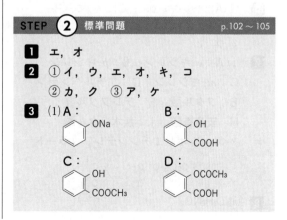

6 (4) (3)に示した化学反応式より，1 mol のアニリンから 1 mol のアセトアニリドが生成する。求めるアセトアニリドの質量を x〔g〕とすると，次の関係が成立する。

$$\frac{18.6}{93} = \frac{x}{135}$$

よって，アセトアニリドの質量は 27 g

STEP ② 標準問題　　　　p.102〜105

1 エ, オ

2 ① イ, ウ, エ, オ, キ, コ
② カ, ク　③ ア, ケ

3 (1) A :

B :

C :

D :

51

(2)①

$\underset{\text{COOH}}{\overset{\text{OH}}{\bigcirc}} + CH_3OH \longrightarrow \underset{\text{COOCH}_3}{\overset{\text{OH}}{\bigcirc}} + H_2O$

②

$\underset{\text{COOH}}{\overset{\text{OH}}{\bigcirc}} + (CH_3CO)_2O$

$\longrightarrow \underset{\text{COOH}}{\overset{\text{OCOCH}_3}{\bigcirc}} + CH_3COOH$

(3) a：消炎鎮痛剤（消炎外用薬）
　　b：解熱鎮痛剤　(4) D

4 (1) A：〈benzene〉-NO2　B：〈benzene〉-NH2

　　C：〈benzene〉-N2Cl

(2)① ウ　② イ　③ キ　④ オ
(3) ア：溶解する。
　イ：赤紫色に変色する。　ウ：黒変する。
(4) 氷冷する。

〈benzene〉-N2Cl + H2O → 〈benzene〉-OH + N2 + HCl

(5) 〈benzene〉-N2Cl + 〈benzene〉-ONa

　→ 〈benzene〉-N＝N-〈benzene〉-OH + NaCl

p-ヒドロキシアゾベンゼン（p-フェニルアゾフェノール），橙赤色

5 (1) 上層　(2) 化合物C（フェノール）の酸性が炭酸より弱く，操作bでは塩を形成できないため。
(3) A：アニリン　B：安息香酸
　　C：フェノール　D：ニトロベンゼン
(4)① D　② B　③ C
(5) エタノールが水に溶けてしまうため。

6 (1)A：〈benzene〉-CH2-OH　C：〈benzene〉-O-CH3

(2) ウ

7 (1) A：o-キシレン　B：p-キシレン
　　C：m-キシレン　D：エチルベンゼン
　　E：フタル酸　F：テレフタル酸
　　H：安息香酸　I：無水フタル酸
(2) エ　(3) ポリエチレンテレフタラート

$\left[O \!-\! (CH_2)_2 \!-\! O \!-\! \underset{\text{O}}{\overset{}{C}} \!-\! \bigcirc \!-\! \underset{\text{O}}{\overset{}{C}} \right]_n$

8 (1) $C_7H_7NO_2$

(2) A：H_3C-〈benzene〉-NO_2　B：H_3C-〈benzene〉-NH_2

　　C：H_3C-〈benzene〉-N＝N-〈benzene〉-OH

(3) H_2N-〈benzene〉-COOH

9 (1) 331　(2) オ　(3) 26 g

10 (1)

〈benzene〉-NH2 + H_2SO_4

　$\longrightarrow$ H_2N-〈benzene〉-SO_3H ＋ H_2O

(2) 水に溶けないスルファニル酸を水に溶けやすいナトリウム塩にするため。

(3) $(H_3C)_2N$-〈benzene〉-N＝N-〈benzene〉-SO_3Na

解説

1 イ すすが出るのは炭素含有率が多いため。
ウ ベンゼン環の炭素−炭素間は二重結合と単結合を交互に示すが，結果としてどの炭素間も同じ長さになっており，二重結合と単結合のほぼ中間の値をとる。

> **ここに注意　炭素間の長さのまとめ**
> C−C ＞ ベンゼン環の炭素間 ＞ C＝C ＞ C≡C
> 　　　　　　※原子間に電子が多いほうが短い。

オ ベンゼン環の極性は極めて小さいため，極性分子である水との間に引力をつくれず，極性分子間に割って入ることもできないため，混ざらない。

2 イ フェノールは融点が41℃，エタノールは沸点が78℃，融点が−114℃である。
ウ OH が含まれる物質の水溶液の性質は次の通り。

> **ここに注意　OH を含む物質の水溶液の性質**
> ・NaOH など金属の水酸化物　…塩基性
> ・C_6H_5OH などベンゼン環に OH が直結している物質　…酸性
> ・その他の OH 基を含む有機化合物　…中性

オ これはフェノールの検出反応である。
コ フェノールは臭素と置換反応を生じ，2,4,6-トリブロモフェノールを生じる。

〈benzene〉-OH + $3Br_2 \longrightarrow$ Br-〈benzene(OH)(Br)(Br)〉 + $3HBr$
（白色沈殿）

3 (2)② エステル化であるが，アセチル基(−COCH₃)を導入するのでアセチル化ともいわれる。

(4) 塩化鉄(Ⅲ)はベンゼン環に直結した OH 基(フェノール性 OH)を検出する試薬である。

4 (3)ア

ウ アニリンブラックになる。

5 (2), (3)抽出の分離操作は次の通り。

> **ここに注意** 芳香族化合物の水溶性
>
> 芳香族化合物は水に溶けない(例外として，安息香酸は温水には溶ける)ので，中和によって塩の状態にして溶かす。
>
> エーテル層 ── 分子
>
> 水層 ── 塩
>
> 下層(水層)だけ流し出す。
>
> 分子 ──中和→ 塩
>
> 塩 ──弱酸遊離や弱塩基遊離→ 分子

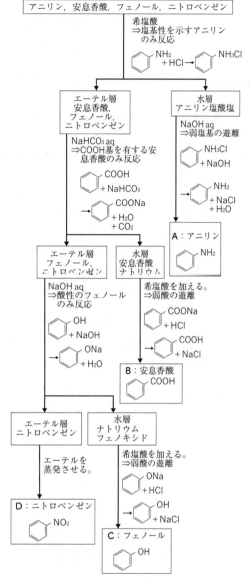

(4) A…NH₂ をもっている。

B…COOH をもっている(もしくは SO₃H)。

C…フェノール性 OH をもっている。

D…酸性または塩基性を示す官能基をもっていない。

となる。これに①～③をあてはめていくと，

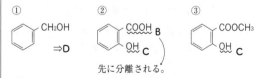

先に分離される。

6 芳香族化合物 C₇H₈O の異性体は次の5種類。

一置換体

ベンジルアルコール　　　メチルフェニルエーテル

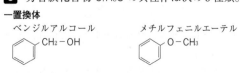

二置換体

o-クレゾール　　　　m-クレゾール　　　　p-クレゾール

（2行目）「ナトリウムを加えると，**A**，**B** のみが反応した。」

① **A**，**B** には OH 基が含まれており，**C** はメチルフェニルエーテルである。

（3行目）「塩化鉄(Ⅲ)水溶液を加えると，**B** のみ反応した。」

② **B** はクレゾールである（o，m，p はわからない）。

　①と合わせると，**A** はベンジルアルコールである。

(2) **ア** ベンジルアルコールは第一級アルコールであり，弱く酸化するとベンズアルデヒドとなり，さらに酸化すると安息香酸となる。

※ベンズアルデヒドは銀鏡反応を示す

オ 最も融点，沸点が低いのは OH 基をもたないメチルフェニルエーテルである。

7 (1) エチルベンゼン　　　　　　　安息香酸

o-キシレン　　　　　m-キシレン　　　　　p-キシレン

フタル酸　　　　　イソフタル酸　　　　テレフタル酸

（3行目）「**H** は **E**〜**G** とは異なる分子式で表される化合物であった。」

　H は $C_7H_6O_2$ の安息香酸，その他は $C_8H_6O_4$ の二価カルボン酸である。

（4行目）「**E** は加熱すると **I** に変化した。」

　加熱するだけで変化することから，**E** はフタル酸である。この反応は分子内脱水反応である。

（5行目）「**F** はエチレングリコールとともに高分子化合物の材料…」

　エチレングリコールと芳香族二価カルボン酸を用い

る代表的な高分子化合物はポリエチレンテレフタラート(PET)であり，その際に利用される二価カルボン酸はテレフタル酸である。

8 (1) 質量比を原子量で割ってモル比に変換する。

$$C:H:N:O = \frac{61.35}{12} : \frac{5.08}{1.0} : \frac{10.28}{14} : \frac{23.29}{16}$$
$$\fallingdotseq 7:7:1:2$$

組成式は $C_7H_7NO_2$ で，分子量が 200 以下なので，

　$(C_7H_7NO_2)_n \leqq 200$

　$137n \leqq 200$　⇒　$n \leqq 1.46$

よって，分子式も $C_7H_7NO_2$ となる。

(2)（3行目）「スズと塩酸を作用させると，**B** になった。」

スズと塩酸を作用させるとニトロ基 NO_2 がアミノ基 NH_2 に還元される（正確にはアミンの塩酸塩 $NH_3^+Cl^-$ になる）。

$\begin{cases} \text{**A** にはニトロ基が含まれる} \\ \text{**B** にはアミノ基が含まれる} \end{cases}$ ことがわかる。

（1行目）「2つの置換基が，互いにパラ位にある」

$C_7H_7NO_2$ を $C_6H_4 + CH_3 + NO_2$ と分けて，**A** の構造が決まる。

また，これに伴って **B** の構造も決まる。

（4行目）「**B** の希塩酸…亜硝酸ナトリウムを加え，」

亜硝酸ナトリウムはジアゾ化のための試薬である。

（5行目）「ナトリウムフェノキシド水溶液を加えたところ，橙赤色」

　ジアゾ化とカップリング反応を受けているので，**C** はアゾ化合物になる。

9 (1) 分子量 94 の芳香族化合物は C_6H_6O で，臭素水との反応から 2,4,6-トリブロモフェノールを生じる。よって，$C_6H_2Br_3OH = 331$

(2) **ア**〜**オ** の物質を酸化すると，次のようになる。

ア COOH　**イ** COOH　**ウ** COOH　**エ** COOH　**オ** COOH

分子量 122　　　156.5　　　167　　　122　　　166

オ は二価カルボン酸なので，水酸化ナトリウム水溶液との反応の量的関係は，**B** の分子量を M とおくと，

$$\underbrace{\frac{1.00\,\text{g}}{M}\,\text{mol} \times 2\,\text{価}}_{\substack{\text{カルボン酸 B から} \\ \text{得られる } H^+ \text{の物質量}}} = \underbrace{1.00\,\text{mol/L} \times \frac{12.0}{1000}\text{L} \times 1\,\text{価}}_{\substack{\text{NaOH 水溶液から得られる} \\ OH^- \text{の物質量}}}$$

$$M = 166.6\cdots$$

となり，**オ** の分子量とほぼ一致する。

(3)

$$\frac{39}{78} \text{ mol} \xrightarrow[80\%]{} 0.40 \text{ mol} \xrightarrow[70\%]{} 0.28 \text{ mol}$$
$$\Downarrow \times 93 \text{ g/mol}$$
$$26.04 \text{ g}$$

10 (1) スルファニル酸とは p-アミノベンゼンスルホン酸のことである。

(2) スルファニル酸を炭酸ナトリウム水溶液に加えて加熱すると, 中和反応によってナトリウム塩が生じる。

$$2H_2N\!-\!\!\langle\ \rangle\!\!-\!SO_3H + Na_2CO_3$$

$$\longrightarrow\ 2H_2N\!-\!\!\langle\ \rangle\!\!-\!SO_3{}^-Na^+ + CO_2 + H_2O$$

(3) (2)で生じたナトリウム塩をジアゾ化すると, 次の反応が起こる。

$$H_2N\!-\!\!\langle\ \rangle\!\!-\!SO_3{}^-Na^+ + NaNO_2 + 2HCl$$

$$\longrightarrow\ Cl^-N_2{}^+\!-\!\!\langle\ \rangle\!\!-\!SO_3{}^-Na^+ + NaCl + 2H_2O$$

得られた塩を N,N-ジメチルアニリンとカップリング反応させると, 中和滴定の指示薬に用いられるメチルオレンジが得られる。

STEP ③ チャレンジ例題 ④　　　p.106〜107

1 ① 酸化還元　② 14　③ 6　④ 2　⑤ 7
⑥ アセトン　⑦ C_3H_6O　⑧ 2　⑨ 2
⑩ 3　⑪ $3C_3H_8O + Cr_2O_7{}^{2-} + 8H^+$
　　　　$\longrightarrow 3C_3H_6O + 2Cr^{3+} + 7H_2O$
⑫ ヨードホルム　⑬ 1　⑭ カルボン酸
⑮ CH_3COONa　⑯ 1　⑰ 3　⑱ 4

2 (1) A：2　B：3　C：14　D：3　E：4
① $C_6H_5NH_3Cl$
(2) F：4　G：4　H：2　I：2
② o-$C_6H_4(COOH)_2$

3 (1)① カルボン酸　② HO　③ HO
④ ホルムアルデヒド　⑤ ギ酸　⑥ 炭酸
(2)⑦ 　⑧ 　⑨ 2
(3)⑩ 　⑪

4 A：

B：

解説▶

1 (1) 二クロム酸イオンによるアルコールの酸化は次のように考えられている。

(注)　正確な順序は O 原子側の H^+ の脱離, 非共有電子対の脱離, C 原子側の H^+ の脱離＋電子対の整理である。

(2) ヨードホルム反応では $C=O$ もしくは $CH-OH$ の隣の CH_3- がヨウ素 I_2 と反応し, ヨードホルムに変化する。

　この置換反応が起こるとき, 1分子のカルボニル化合物1つにつき3分子の I_2 が必要となる。

　生じた HI は NaOH と中和反応する。また, $CI_3{}^-$ がヨードホルムになる際に OH と置換されるので, 合計4分子の NaOH が必要となる。

2 (1) ニトロベンゼンがアニリン塩酸塩に還元されることを e^- を含んだイオン反応式で表すと,

（I）　$C_6H_5NO_2 \longrightarrow \underline{C_6H_5NH_3Cl}$
　　　　O が左辺に比べて
　　　　2個少ない。
　　　　⇒右辺に H_2O を2個追加

（II）　$C_6H_5NO_2 \longrightarrow C_6H_5NH_3Cl + 2H_2O$
　　　　H が右辺に比べて
　　　　7個少ない。
　　　　⇒左辺に H^+ を7個追加

（III）　$C_6H_5NO_2 + 7H^+ \longrightarrow C_6H_5NH_3Cl + 2H_2O$
　　　　Cl が右辺に比べて
　　　　1個少ない。
　　　　⇒HCl から Cl^- の形で
　　　　得られるので, Cl^- を1個追加

(IV)　$C_6H_5NO_2 + 7H^+ + Cl^- \longrightarrow C_6H_5NH_3Cl + 2H_2O$

　　　左辺のほうが電荷が
　　　正に6個多い。
　　　⇒左辺にe⁻を6個加える。

(V)　$C_6H_5NO_2 + 7H^+ + Cl^- + 6e^- \longrightarrow C_6H_5NH_3Cl + 2H_2O$
　　　　　　　　　　　　　　　　…①

また、スズは塩化スズ(IV)になることが問題からわかるので、スズの還元剤としてのe⁻を含んだイオン反応式を書くと、

　　$Sn \longrightarrow Sn^{4+} + 4e^-$　　　…②

①×2+②×3　より、

　$2C_6H_5NO_2 + 14H^+ + 2Cl^- + 3Sn$
　　　　　$\longrightarrow 2C_6H_5NH_3Cl + 4H_2O + 3Sn^{4+}$

H⁺は塩酸HClから得られているので、両辺に12Cl⁻を加えて、イオンを分子式や組成式にまとめると、

　$2C_6H_5NO_2 + 3Sn + 14HCl$
　　　　　$\longrightarrow 2C_6H_5NH_3Cl + 3SnCl_4 + 4H_2O$

(2) $o\text{-}C_6H_4(CH_3)_2 + 4H_2O + 2K^+$
　　　$\longrightarrow o\text{-}C_6H_4(COOK)_2 + 14H^+ + 12e^-$　…①

　$\underset{中性}{MnO_4^- + 2H_2O} + 3e^- \longrightarrow MnO_2 + 4OH^-$　…②

①+②×4 より、

　$o\text{-}C_6H_4(CH_3)_2 + 12H_2O + 2K^+ + 4MnO_4^-$
　　　$\longrightarrow o\text{-}C_6H_4(COOK)_2 + 14H^+ + 4MnO_2 + 16OH^-$

両辺にK⁺を2つ追加して、まとめると完成。

3 (2)ではカルボン酸と二酸化炭素を得たとあるので、

C=O結合をつないで、
元のアルケンのC=Cにする。

ただし、カルボン酸や炭酸のOHは元々はH原子であったので、これを元に戻すと、次のようになる。

開裂前はC=C

⑨ を満たすC_5H_{10}は、次の2種類である。

⑪ ここまでに という構造が確定する。

4　A：ヨードホルム反応を示すアルデヒドはアセトアルデヒドしかない。

　　アルケン　＝　アルデヒド　＋　ケトン
　　　C_5　　　　　　C_2

ケトンは、アセトンであることが確定する。

アセトアルデヒド　　アセトン

B：ケトンは炭素数が3以上でないとつくれない。

　　アルケン　＝　アルデヒド　＋　ケトン
　　　C_5　　　　　　　　　　　C_3以上

　アルデヒドは炭素数2以下であることになり、2は不適であるから炭素数1のホルムアルデヒドに決まる。同時にケトンは炭素数4のエチルメチルケトンとなり、Aと同じやり方でBの構造が決まる。

STEP 3　チャレンジ問題 4　　　p.108～109

1 (1) C　(2) 記号：A，C
構造式：

(3) オ

(4) G：$Br-CH_2-CH_2-CH_2-O-CH_3$

H：$NaNH_2$

(5) ① ウ　② カ

2 (1) アルコール，エーテル
(2) $CH_3-CH_2-CH_2-\underset{\underset{O}{\|}}{C}-CH_3$

$CH_3-CH_2-\underset{\underset{O}{\|}}{C}-CH_2-CH_3$

$CH_3-\underset{\underset{CH_3}{|}}{CH}-\underset{\underset{O}{\|}}{C}-CH_3$

(3) $CH_3-CH_2-\underset{\underset{CH_3}{|}}{CH}-CH_2-OH$

(4) $CH_3-O-CH_2-CH_2-CH_2-CH_3$

$CH_3-CH_2-O-CH_2-CH_2-CH_3$

(5) $CH_3-CH_2-CH_2-\underset{\underset{OH}{|}}{CH}-CH_3$

$CH_3-\overset{\overset{CH_3}{|}}{CH}-\overset{\overset{OH}{|}}{CH}-CH_3$

(6) $CH_3-CH_2-CH_2-CH_2-CH_2-OH$

3 (1) フェノール

(2) B:
COOH
COOH

F:
(無水フタル酸の構造)

(3) E:
CH₂OH

G:
CHO

H:
COOH

(4)
CONH (ベンゼン環間)
COO (ベンゼン環間)

COOCH₂ (ベンゼン環)

NHCO COOCH₂

となる。ここから４種類の物質が等しい物質量で得られるよう考えなければならないので，とりあえずAには異なる３種類の物質を縮合させ，Bからは１種類の縮合生成物を得るものと決めてまとめていくと，

$$\underset{①}{A} + \underset{①}{C} \longrightarrow \text{◯-COO-◯} + H_2O$$

$$\underset{①}{A} + \underset{①}{D} \longrightarrow \text{◯-CONH-◯} + H_2O$$

$$\underset{①}{A} + \underset{①}{E} \longrightarrow \text{◯-COO-CH₂-◯} + H_2O$$

$$\underset{①}{D} + \underset{①}{B} + \underset{①}{E} \longrightarrow \text{◯-NHCO-◯-COO-CH₂-◯} + 2H_2O$$

（□囲みの数字は物質量比を表す。）

解説▶

1 (1) 分子内に不斉炭素原子があるものには鏡像異性体が存在する。

(2) A，Cでは，アルコールの分子内脱水が起こることに着目して考える。

(5) Aに白金触媒下で水素を付加するとＩが生じ，Ｉを硫酸酸性の二クロム酸カリウム水溶液で酸化させるとＥが生じる。

2 アルコールとエーテルは互いに構造異性体の関係である。

3 (2) Bについて，加熱だけで脱水することから，2つのカルボキシ基がオルト位に結合している。Fの炭素の数が8であるので，B，Fはそれぞれフタル酸と無水フタル酸である。

(3) E，G，Hを図に表すと，

$$\underset{C_7H_8O}{E} \xrightarrow{-2H} \underset{C_7H_6O}{G} \xrightarrow{+O} \underset{C_7H_6O_2}{H}$$

(4) この段階で，Dだけが決定されていない。

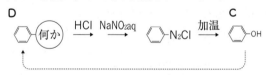

何かは，NH₂ なので，Dはアニリンである。

A:
③ ◯-COOH

C:
① ◯-OH

B:
①
COOH
COOH

D:
② ◯-NH₂

E:
② ◯-CH₂-OH

（□囲みの数字は
物質量比を表す。）

57

第 5 章　高分子化合物

19　合成高分子化合物

STEP 1 基本問題　p.110〜111

1 ① 高分子化合物　② 有機高分子化合物
③ 無機高分子化合物
④ 天然高分子化合物
⑤ 合成高分子化合物

2 (1) ナイロン 66・ア，ウ・ス
(2) ポリアクリロニトリル・コ・シ
(3) ナイロン 6・サ・セ
(4) ポリエチレンテレフタラート・
エ，キ・ス
(5) ポリ酢酸ビニル・オ・シ
(6) ビニロン・オ，ケ・シ
(7) フェノール樹脂・イ，ケ・ソ
(8) シリコーン樹脂・カ・ス

3 (1) ① 熱可塑性　② 熱硬化性
(2) a：①　b：①　c：②　d：②
e：①　f：①　(3) ア：d　イ：c

4 ① ラテックス　② 酸　③ 生ゴム
④ C_5H_8
⑤ イソプレン(2-メチル-1,3-ブタジエ
ン)
⑥ 二重　⑦ 硫黄　⑧ 架橋　⑨ 加硫
⑩ 弾性ゴム　⑪ エボナイト

5 ① 重合度
(1) 8.4×10^2
(2) アジピン酸：2.1×10^2 mol
アミド結合：2.7×10^{-2} mol

解説

2 教科書に載っている基本的な物質

① **ナイロン 66**　② **ポリエチレンテレフタラート**

原料，重合反応の種類，反応式，構造式は書ける
ように。

③ **ナイロン 6**

原料，重合反応の種類は書けるように。反応式，構
造式は原料の構造式が与えられたら書ける程度に。

④ **ビニル系化合物(ポリ酢酸ビニル，ポリビニルアル
コール，ポリ塩化ビニル，ポリアクリロニトリル)**

原料，重合反応の種類，反応式，構造式，用途は
書けるように。特にアセチレンからビニロンまでは

大がかりな反応ではあるが頻出。

⑤ **フェノール樹脂，尿素樹脂，メラミン樹脂**

原料，重合反応の種類は覚えておこう。反応式を
書くことはないと考えてよい。構造式も定まった構
造が存在しないので，書くことはないと思われるが，
その一例をみて，各々の樹脂を識別することはよく
ある。反応式，構造式で問うことが少ない分，用途
は頻出。

⑥ **シリコーン樹脂**

⑤の樹脂と同じ熱硬化性樹脂である。無機合成高
分子化合物であり，化学的に安定，難燃性など，有機
合成高分子化合物との相違についてもおさえよう。

⑦ その他にも，次の樹脂の名称と特徴は知っておく
とよい。

・ポリカーボネート　　　・アラミド繊維(ケブラー)
・テフロン　　　・ポリスチレン

5 (1)
$$\left[\begin{array}{c} CH_2-CH \\ | \\ OCOCH_3 \end{array} \right]_n \Rightarrow \text{分子量は } 86n \text{ と表せる。}$$

$86n = 7.2 \times 10^4 \implies n = 837.2\cdots \fallingdotseq 8.4 \times 10^2$

(2) ナイロン 66 の合成の反応式は，

$n\,H_2N{+}CH_2{)_6}NH_2 + n\,HOOC{+}CH_2{)_4}COOH$

$\longrightarrow \left[NH{+}CH_2{)_6}NH-CO{+}CH_2{)_4}CO \right]_n + 2n\,H_2O$

分子量 4.8×10^4 のナイロン 66 の重合度 n を求めると，

$226n = 4.8 \times 10^4$　$n = 212.3\cdots \fallingdotseq 2.12 \times 10^2$

よって，化学反応式の係数比より，

$$\underset{\substack{\text{アジピン酸の} \\ \text{物質量}}}{x \text{ mol}} : \underset{\substack{\text{ナイロン 66 の} \\ \text{物質量}}}{1 \text{ mol}} = \underset{\substack{\text{反応式の} \\ \text{係数比}}}{2.12 \times 10^2 : 1}$$

$x \fallingdotseq 2.1 \times 10^2$ mol

また，ナイロン 66 のくり返し単位には 2 つのアミ
ド結合が含まれるので，このナイロン 1 分子には $2.12 \times 10^2 \times 2$ 個のアミド結合が含まれている。

$$\left[NH{+}CH_2{)_6}NH-CO{+}CH_2{)_4}CO \right]_{212}$$

ここに注意！

$$\underset{\substack{\text{ナイロン 66 の} \\ \text{物質量}}}{\frac{3.0 \text{ g}}{4.8 \times 10^4}} \times \underset{\substack{\text{ナイロン 66 と} \\ \text{アミド結合の比}}}{2.12 \times 10^2 \times 2} \fallingdotseq 2.7 \times 10^{-2} \text{ mol}$$

STEP 2 標準問題　p.112〜113

1 (1) a：ポリエチレンテレフタラート
b：ナイロン 6　c：ナイロン 66
(2) ① b，c　② a　(3) 252，0.30 g
(4) 3：2

58

2 (1) A：アセチレン $HC{\equiv}CH$

B：酢酸ビニル $H_2C{=}CH$
       |
       $OCOCH_3$

C：ポリ酢酸ビニル $\left[\!\!\begin{array}{c}H_2C{-}CH\\ \ \ |\\ \ \ OCOCH_3\end{array}\!\!\right]_n$

D：ポリビニルアルコール $\left[\!\!\begin{array}{c}H_2C{-}CH\\ |\\ OH\end{array}\!\!\right]_n$

E：ビニロン

(2) ① D　② C　③ E

(3) X：付加反応　Y：けん化

Z：アセタール化

(4) 構造式：$CH_2{=}CH$
      |
      OH

理由：炭素　炭素間の二重結合とヒドロ
キシ基が隣接しており，単量体が安定に
存在できないため。

(5) 4640

3 (1) A：低密度　B：高密度　C：結晶

D：非結晶(非晶質，無定形)　E：融点

F：軟化点

(2) HDPE は結晶部分が多く含まれてい
るため。

4 (1) ① c　② 構造式：$\left[\!\!\begin{array}{c}CH_2\ \ \ \ CH_2\\ \diagdown\ \diagup\\ C{=}C\\ \diagup\ \ \diagdown\\ H\ \ \ \ \ CH_3\end{array}\!\!\right]_n$

特徴：すべてシス体で，鎖状分子である。
③ 変化：赤褐色が脱色する。

反応：付加反応

(2) ① b，エ　② a，d，オ　③ e，ウ
④ c，ア

解説▶

1 (3) 合成繊維の平均分子量を M とすると，

$$\Pi = cRT$$

$$4.15\times10^2\,\mathrm{Pa} = \frac{\dfrac{1.61}{M}\,\mathrm{mol}}{0.200\,\mathrm{L}}\times8.3\times10^3\times300\,\mathrm{K}$$

$M = 48300$ であるから，平均重合度 n は，

$192n = 48300$　$n = 251.5\cdots \doteqdot \underline{252}$

また，加水分解の反応式は，

$$\left[\!\!\begin{array}{c}C\\ \|\\ O\end{array}\!\!-\!\!\bigcirc\!\!-\!\!\begin{array}{c}C\\ \|\\ O\end{array}\!\!-O{-}(CH_2)_2 O\right]_n + 2nH_2O$$

$$\longrightarrow n HOOC{-}\bigcirc{-}COOH + n HO{-}(CH_2)_2{-}OH$$

必要な水の量は，$\underbrace{\dfrac{1.61}{48300}\,\mathrm{mol}}_{\substack{a\text{の高分子の}\\ \text{物質量}}}\times\underbrace{2\times252\times18}_{\text{係数比}} = 0.3024$
$\doteqdot 0.30\,\mathrm{g}$

(4) この合成繊維の構造式は，次のように表す。

$$\left[\underbrace{\!\!\begin{array}{c}CH_2{-}CH\\ |\\ CN\end{array}\!\!}_{x}\ \ \underbrace{\!\!\begin{array}{c}CH_2{-}CH\\ |\\ Cl\end{array}\!\!}_{y}\right]_n \quad \left(\begin{array}{c}n,\ x,\ y\,\text{は}\\ \text{自然数}\end{array}\right)$$

$$\underbrace{(3x+2y)\times12}_{C\text{の原子の数}} : \underbrace{y\times35.5}_{Cl\text{の原子の数}} = 156:71$$

$$x:y = 3:2$$

つまり，この合成繊維は次のように表される。

$$\left[\!\!\begin{array}{c}CH_2{-}CH\\ |\\ CN\end{array}\!\!\bigg|_{3}\ \ \begin{array}{c}CH_2{-}CH\\ |\\ Cl\end{array}\!\!\bigg|_{2}\right]_n$$

2 (5) ポリビニルアルコールの重合度を n とすると，

$$\left[\!\!\begin{array}{c}CH_2{-}CH\\ |\\ OH\end{array}\!\!\right]_n$$ で炭素数が 200 であるから，

$n = 100$ である。つまり，

$$\left[\!\!\begin{array}{c}CH_2{-}CH\\ |\\ OH\end{array}\!\!\right]_{100}$$

となるが，このうち 40% がアセタール化されるので，

$$\left(\!\!\begin{array}{c}CH_2{-}CH\\ |\\ OH\end{array}\!\!\right)_{40}\ \left(\!\!\begin{array}{c}CH_2{-}CH\\ |\\ OH\end{array}\!\!\right)_{60}$$

アセタール化　　　　アセタール化
される。　　　　　　されない。

となる。アセタール化されたあとの構造式を書くと，

$$\left(\!\!\begin{array}{c}CH_2{-}CH{-}CH_2{-}CH\\ |\quad\quad\ \ |\\ O{-}CH_2{-}O\end{array}\!\!\right)_{20}\ \left(\!\!\begin{array}{c}CH_2{-}CH\\ |\\ OH\end{array}\!\!\right)_{60}$$

(　)の中の構成単位が 2 個分
に増えているので半分にする。

$$100\times20\ +\ 44\times60\ =\ \underline{4640}$$

4 (2) イ 導電性高分子化合物の性質を記したもので
ある。

ウ 多くのゴムの老化は C=C 結合が酸化されていく
ことによって引き起こされる。シリコーンゴムには
C=C 結合が含まれないので，酸化されることがなく，
老化しにくい。

20　糖類・アミノ酸とタンパク質

STEP ① 基本問題　p.114～115

1 a：ア，イ，カ　b：ウ，キ，ク
　c：エ，オ

<table>
<tr><td></td><td>(1)ア，イ，カ，キ，ク （2)イ，カ</td></tr>
</table>

(1)ア，イ，カ，キ，ク　(2)イ，カ
(3)オ　(4)エ

2 ① ヒドロキシ　② ホルミル(アルデヒド)　③ 還元　④ 1　⑤ α　⑥ デンプン(デキストリン，グリコーゲン)　⑦ セルロース

3 (1)ア：マルトース　イ：セロビオース
ウ：スクロース　(2)① ア　② ウ　③ ウ

4 ① デンプン　② α-グルコース
③ アミロース　④ アミロペクチン
⑤ 青紫(赤紫〜青紫)　⑥ ヨウ素デンプン
⑦ β-グルコース　⑧ セルロース

5 ① α-アミノ酸　② グリシン
③ 不斉炭素原子　④ 鏡像　⑤ 陽
⑥ 双性　⑦ 陰　⑧ 等電点

6 ①，② カルボキシ，アミノ(順不同)
③ ペプチド　④ トリペプチド　⑤ 水素
⑥ ジスルフィド
⑦ 静電気的引(クーロン)　⑧ 酵素
⑨，⑩ 熱，pH，重金属イオン，アルコール，有機溶媒，紫外線　のうちから2つ。
⑪ 変性

解説▶

1 グルコースは α型，β型，鎖式構造の3つすべての構造式をノーヒントで書けるように暗記する必要があり，フルクトースは β型の五員環構造と鎖状のどちらか一方をみて，もう片方を推測できる程度に暗記しておくとよい。二糖，多糖は本問の中でラクトース以外は構造式をみて，どの物質であるか判断できるようにしておけばよい。

　その他，ガラクトースやラクトース，またその他の糖(マンノース，トレハロース，マンナンなど)は問題で構造式の提示があると考えて，特に暗記する必要はないであろう。

2 α-グルコースと β-グルコースは縮合によって，それぞれ次のような物質へと変化する。

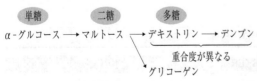

3 (2)① α-グルコース，マルトース，デンプンなどの流れは **2** でも示した。デンプンは酵素や酸の存在下で容易に加水分解する。このとき次のようになるが，ここに示す2点には気をつけておきたい。

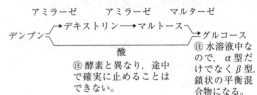

② 教科書に載っている還元性を示さない二糖はスクロースだけである。

5 ①〜④ α-アミノ酸は多くの種類があるが，次のものぐらいは覚えておきたい(●は必須アミノ酸)。

名称	構造式
グリシン (Gly)	H−CH−COOH 　　　NH₂ 最も単純な α-アミノ酸で鏡像異性体が存在しない。
アラニン (Ala)	CH₃−CH−COOH 　　　　NH₂ 鏡像異性体が存在するものの中で最も単純。
システイン (Cys)	CH₂−CH−COOH SH　　NH₂ 硫黄反応を示す。
●フェニルアラニン (Phe)	⬡−CH₂−CH−COOH 　　　　　　NH₂ キサントプロテイン反応を示す。
グルタミン酸 (Glu)	CH₂−CH₂−CH−COOH COOH　　　　NH₂ 酸性アミノ酸
●リシン (Lys)	CH₂−CH₂−CH₂−CH₂−CH−COOH NH₂　　　　　　　　　NH₂ 塩基性アミノ酸

※これらのうち，構造式を丸暗記するべきなのは，グリシンとアラニンの2つである。残りは通常，暗記しなくてもたいていの問題は解ける。

1 (1)① 転化糖　② グリコシド結合

(2)

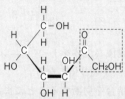

2 (1) A：$(C_6H_{10}O_5)_n$　B：デキストリン

C：マルトース　D：グルコース

E：グリコーゲン　F：β-グルコース

G：アセテート　H：半合成繊維

I：再生繊維

(2)① デンプンは分子量が極めて大きく，多くのヒドロキシ基が含まれており，一部は分子内水素結合でらせん構造をつくるのに用いられるが，その他が溶媒の水と水素結合を形成して水和するため。

② セルロースは分子間水素結合により，シート構造を形成し，溶媒分子が分子間に入り込めないため。

③ アセチル化によって，セルロースの分子間結合を形成していたヒドロキシ基が極性の小さな置換基に変化するため。

(3)① ×　② ○

3 (1) A：セルロース　B：グルコース

C：マルトース　D：スクロース

E：トレハロース

(2)グリコシド結合を形成することで各構成単糖が鎖状構造をとることができなくなってしまうため。

(3)低い　(4)フルクトース

4 (1) A：α-アミノ酸　B，C：アミノ，カルボキシ(順不同)　D：ペプチド

E：$n-1$

(2)① $H_2N-CH_2-COOCH_3$

② $H_3CCONH-CH_2-COOH$

(3)① 3　② 6

(4)結合：水素結合，イオン結合，ジスルフィド結合

二次構造の例：α-ヘリックス，

β-シート

(5)現象：変性

要因：紫外線，アルコール濃度の変化，重金属イオン濃度の変化のうちから2つ。

5 (1) X：$H_3N^+-CH_2-COOH$

Y：$H_3N^+-CH_2-COO^-$

Z：$H_2N-CH_2-COO^-$

(2)6.0

6 (1)① ニンヒドリン反応

② ビウレット反応

③ キサントプロテイン反応

(2)① 赤〜青紫色を呈する。

② 赤紫色を呈する。

③ 濃硝酸を加えて熱すると黄色沈殿を生じ，濃アンモニア水を加えると橙黄色になる。　④ 黒色沈殿を生じる。

(3)② ペプチド結合を2つ以上含む。

③ ベンゼン環を含む。

④ 硫黄原子を含む。

7 (1)① 最適pH　② 酵素：ペプシン

基質：タンパク質　③ 酵素1

(2)b：基質特異性　c：反応特異性

(3)①

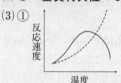

② 酵素はタンパク質でできており，温度を上げすぎると高次構造が破壊されて，触媒活性が失われてしまうため。

③ 変性したタンパク質の高次構造が元に戻らないので触媒活性が失われたままになる。

8 A：アミラーゼ　B：マルトース

C：グルコース　D：グルコース

E，F：エタノール，二酸化炭素

G：インベルターゼ　H，I：フルクトース，グルコース　J：油脂　K，L：脂肪酸，モノグリセリド

（＊E，F／H，I／K，Lは順不同）

9 (1)① 361 g　② 194 g　(2)40％　(3)3.0 g

(4)243　(5)60％　(6)113％　(7)8.6％

1 (1) スクロースを加水分解するとフルクトースとグルコースの等量混合物になる。スクロースの場合に限って加水分解を転化といい、フルクトースとグルコースの混合物を転化糖という。

$$\underset{\text{スクロース}}{C_{12}H_{22}O_{11}} + H_2O \longrightarrow \underset{\underbrace{\underset{\text{フルクトース}}{C_6H_{12}O_6} + \underset{\text{グルコース}}{C_6H_{12}O_6}}_{\text{転化糖}}}{}$$

(2) 六員環構造をみると、グルコースではないことから、本問の糖はフルクトースであることがわかる。
環状構造から鎖状構造をつくるときはすべての炭素に酸素原子が1つずつ結合するように切断する。

2 (3)① 加水分解は水溶液中で行われるため、生じた β-グルコースの一部は必ず、鎖状、α型に変化して、混合物となる。

② ヨウ素デンプン反応はデンプン分子のらせん構造の内部に I_2 が入り込むことで生じる。熱すると I_2 がらせん構造の外側に出て色が消えるが、冷却すると再び呈色する。

3 A：水に溶けにくい⇒セルロースのみ。
B、C：銀鏡反応を示す⇒還元糖⇒マルトース、グルコースのどちらか。1%水溶液の凝固点降下度がC〜Eとは異なる⇒凝固点降下度は質量モル濃度に比例するので、1%水溶液の質量モル濃度がC〜Eとは異なると読み換えることができる。スクロース、マルトース、グルコース、トレハロースのうち、分子量が他と異なるのは、4つの中で唯一単糖であるグルコースのみであり、他に比べて分子量が小さい。したがって、Bはグルコースであり、凝固点降下度はC〜Eに比べ大きい。
D：加水分解すると、C、Eにはみられない単糖がみられる。⇒マルトース（C）とスクロース、トレハロースの加水分解の生成物は、
・マルトース → グルコース2分子
・スクロース → グルコース＋フルクトース
・トレハロース → グルコース2分子

つまり、Dはスクロース。他にはみられない単糖はフルクトース。

4 (3)① 数学の順列と同じ考え方で考える。

$$H_2N-\bigcirc-\bigcirc-\bigcirc-COOH$$

グリシン　グリシン　アラニン
グリシン　アラニン　グリシン
アラニン　グリシン　グリシン

$$\frac{3!}{2!\cdot 1!}=3$$

② アラニンに関して鏡像異性体を L-アラニンと D-アラニンと区別すると、①の2倍になる。

(5) 変性は(4)で挙げた結合を切断することによって生じる。重金属イオンはイオン結合を、アルコールは水素結合を切断する。また、加熱も弱い結合を切断してしまう。

5 (2)①式、②式の電離平衡について、平衡定数を [X]、[Y]、[Z]、$[H^+]$ を用いて表すと、

$$K_1 = \frac{[Y][H^+]}{[X]} = 4.0\times 10^{-3}\ \text{mol/L}$$

$$K_2 = \frac{[Z][H^+]}{[Y]} = 2.5\times 10^{-10}\ \text{mol/L}$$

辺々掛けて、[Y]（双性イオン濃度）を消去すると、

$$K_1 \times K_2 = \frac{[Z]}{[X]}[H^+]^2 = 1.0\times 10^{-12}\ (\text{mol/L})^2$$

等電点では[Z]＝[X]であるので、
$$[H^+]^2 = 1.0\times 10^{-12}\ (\text{mol/L})^2$$
$$[H^+] = 1.0\times 10^{-6}\ \text{mol/L}$$

よって、[Z]＝[X]のときは、pH＝6.0

9 (1)① デンプンをマルトースに分解するときの化学反応式はデンプンの係数を1、水の係数を x、マルトースの係数を y とおくと、

$$(C_6H_{10}O_5)_n + xH_2O \longrightarrow yC_{12}H_{22}O_{11}$$

$x,\ y$ を n を用いて表すと $x=\frac{1}{2}n,\ y=\frac{1}{2}n$ になるので、反応式は、

$$(C_6H_{10}O_5)_n + \frac{1}{2}nH_2O \longrightarrow \frac{1}{2}nC_{12}H_{22}O_{11}$$

ここに注意 糖類の化学式と分子量計算

① 一般的な単糖（グルコース、フルクトースなどの六炭糖※）

　　分子式　$C_6H_{12}O_6$　　分子量　180

　　分子量は $(CH_2O)_6 \Rightarrow 30\times 6 = 180$

※核酸を構成する糖であるリボース、デオキシリボースは五炭糖であり、それぞれ $C_5H_{10}O_5$、$C_5H_{10}O_4$ である。

② ①の単糖から生じる二糖（マルトース、スクロースなど）

　　分子式　$C_{12}H_{22}O_{11}$　　分子量　342

　　$(C_6H_{12}O_6)\times 2 - H_2O \Rightarrow C_{12}H_{22}O_{11}$

　　$180\times 2\ \ -18 \Rightarrow\ 342$
　　いずれも脱水縮合でできるから

③ 多糖(デンプン，セルロースなど)
　分子式　$(C_6H_{10}O_5)_n$　分子量　$162n$

デンプン342 gを用いたときに得られるマルトースの質量は，

$$\underset{\substack{\text{デンプンの}\\\text{物質量〔mol〕}}}{\frac{342\,g}{162n}} \times \underset{\substack{\text{デンプン:マルトース}\\\text{の係数比 }1:\frac{1}{2}n}}{\frac{1}{2}n} \times \underset{\substack{\text{マルトースの}\\\text{分子量}}}{342} = 361\,g$$

② デンプンを完全に加水分解するときの反応式は，

$$(C_6H_{10}O_5)_n + nH_2O \longrightarrow nC_6H_{12}O_6 \quad \cdots \text{I}$$

また，グルコースをアルコール発酵で分解すると，

$$C_6H_{12}O_6 \longrightarrow 2C_2H_5OH + 2CO_2 \quad \cdots \text{II}$$

I，II式よりデンプン，グルコース，エタノールの量的関係(物質量比)について，

　　デンプン：グルコース：エタノール
　　　　1　　：　　n　　：　　$2n$

となるので，デンプン342 gから得られるエタノールの質量は，

$$\underset{\substack{\text{デンプンの}\\\text{物質量}}}{\frac{342\,g}{162n}} \times \underset{\substack{\text{デンプン:エタノール}\\\text{の係数比 }1:2n}}{2n} \times \underset{\substack{\text{エタノール}\\\text{の分子量}}}{46} \fallingdotseq 194\,g$$

(2) スクロース，マルトース，ラクトースがそれぞれ x〔mol〕，y〔mol〕，z〔mol〕あるとすると，

　　スクロース $\longrightarrow$ グルコース＋フルクトース
　　x〔mol〕　　　　x〔mol〕　　　x〔mol〕
　　マルトース $\longrightarrow$ グルコース×2
　　y〔mol〕　　　　$2y$〔mol〕
　　ラクトース $\longrightarrow$ グルコース＋ガラクトース
　　z〔mol〕　　　　z〔mol〕　　　z〔mol〕

であるので，単糖ごとに集計すると，

　　グルコース　　　$x+2y+z$〔mol〕
　　フルクトース　　x　〔mol〕
　　ガラクトース　　z　〔mol〕

となる。問題に与えられた比と合わせると，

$$x+2y+z : x : z = 10 : 2 : 3 \cdots ①$$

$x:z = 2:3$ であるから，$x=2t$，$z=3t$ とおくと，①式は，

$$5t+2y : 2t = 10 : 2 \Rightarrow y=2.5t$$

よって，$x:y:z = 2t : 2.5t : 3t$
　　　　　　　$=4:5:6$

ラクトースの割合は $\dfrac{6}{4+5+6} \times 100 = 40\%$

(3) 与えられた反応式より，アルデヒド基とX($=Cu_2O$)の物質量比が1：1であることがわかる。スクロースを完全に加水分解すると，

スクロース→グルコース＋フルクトース

　　　　　CHO基が1　　CHO基の代用が
　　　　　つ含まれる。　できる構造が1つ
　　　　　　　　　　　含まれる。

となるので，スクロース1つからアルデヒド基は2つ得られると解釈できる。これより，反応の量的関係(物質量比)について，

　　スクロース：アルデヒド基：X($=Cu_2O$)
　＝　　　1　　：　　2　　：　　2

となる。スクロース3.6 gから得られるX($=Cu_2O$)の質量は，

$$\underset{\substack{\text{スクロースの}\\\text{物質量}}}{\frac{3.6\,g}{342}} \times \underset{\substack{\text{スクロース:X}\\=1:2}}{2} \times \underset{\substack{\text{Xの式量}}}{144} = 3.03\cdots \fallingdotseq 3.0$$

(4) セルロースのアセチル化について構造式を書くと，

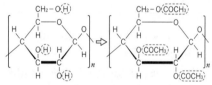

1 mol の OH 基が $OCOCH_3$ 基に変わることで，42 gの増加になるので，セルロースに含まれるくり返し単位(上図の[　]の中) 1 mol について，$42 \times 3\,g$増加する。式にして書くと，

$$[C_6H_7O_2(OH)_3]_n + 3n(CH_3CO)_2O$$
分子量：$(111 + \underline{17\times3})n$
$$\longrightarrow [C_6H_7O_2(OCOCH_3)_3]_n + 3nCH_3COOH$$
分子量：$(111 + \underline{59\times3})n$
　　　　　　OH基1つにつき42増加

トリアセチルセルロースについて，

$$\underset{\substack{\text{分子量}}}{(111+59\times3)n} \times \underset{\substack{\text{物質量}}}{3.60\times10^{-4}} = \underset{\substack{\text{質量}}}{25.2}$$
$$288\,n \times 3.60\times10^{-4} = 25.2$$
$$n = 243.0\cdots$$
$$\fallingdotseq 243$$

(5) (4)より 1 mol の OH 基がアセチル化されて $OCOCH_3$ 基に変わることで 42 gの増加になる。本問のセルロースは $132-90=42$ g増加しているので，1 mol の OH 基がアセチル化されたことがわかる。

90 gのセルロースに含まれる OH 基の数は，

$$\underset{\substack{\text{セルロースの}\\\text{物質量}}}{\frac{90}{162n}} \times \underset{\substack{\text{セルロース}\\\text{1分子に含まれる}\\\text{OH基の数}}}{3n} = \frac{5}{3}\,mol$$

であるから，アセチル化された OH 基の割合は，

$$\frac{1 \text{ mol}}{\frac{5}{3} \text{ mol}} \times 100 = 60\%$$

(6) ヘキサペプチドは6分子のアミノ酸が脱水縮合により結合したペプチドであるから，加水分解は，

$$\underbrace{A-B-C-D-E-F}_{\text{ヘキサペプチド}} + 5H_2O \longrightarrow \underbrace{A+B+C+D+E+F}_{\text{アミノ酸}}$$

という式で表される。質量保存の法則より反応前後の物質の総質量は変化しないので，

$$\underset{670}{\text{ヘキサペプチド}} + \underset{90}{5 \times H_2O} = \underset{760}{\text{アミノ酸合計}}$$

となる。よって，

$$\frac{760}{670} \times 100 = 113.4\cdots \doteqdot 113\%$$

(7) 食品 2.00 g の内訳を表すと，

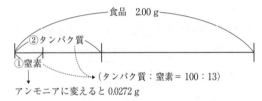

（タンパク質：窒素 = 100：13）
アンモニアに変えると 0.0272 g

となる。まず，アンモニア 0.0272 g に含まれる窒素は，

$$0.0272 \text{ g} \times \frac{\overset{\text{N の原子量}}{14}}{\underset{\text{NH}_3 \text{の分子量}}{17}} = 0.0224 \text{ g} \cdots\cdots 図の①$$

これがタンパク質の13.0%であるから，タンパク質全体は，

$$0.0224 \text{ g} \div \frac{13}{100} = \frac{56}{325} \text{ g} \cdots\cdots 図の②$$

食品全体におけるタンパク質の質量百分率は，

$$\frac{\frac{56}{325} \text{ g}}{2.00 \text{ g}} \times 100 = 8.61\cdots \doteqdot 8.6\%$$

21 生活と高分子化合物

STEP ① 基本問題　　　　p.120～121

1 (1) 機能性高分子　(2) 導電性高分子
(3) 生分解性高分子　(4) 吸水性高分子
(5) 感光性高分子

2 ① スチレン　② *p*-ジビニルベンゼン

③ $\text{[CH}_2\text{-CH-CH}_2\text{-CH-CH}_2\text{-CH}$
（benzene rings with）SO_3H　SO_3H　$\text{-CH-CH}_2\text{-}\cdots\text{]}_n$

④ ナトリウムイオン　⑤ 水素イオン
⑥ 強酸　⑦ 陽　⑧ 陰　⑨ 塩化物イオン
⑩ イオン交換

3 ① 縮合

② $n\text{HO-CH-COOH}$
　　　　　$|$
　　　　　CH_3

$$\longrightarrow \text{[O-CH-CO]}_n + n\text{H}_2\text{O}$$
　　　　　　$\quad\quad\ \ |$
　　　　　　$\quad\quad\ \ \text{CH}_3$

③ エステル　④ 加水分解　⑤ 乳酸
⑥，⑦ 水，二酸化炭素（順不同）

4 (1) オ・ケ　(2) ア・キ　(3) イ・カ
(4) エ・コ　(5) ウ・ク

5 (1) ケミカルリサイクル・ウ
(2) サーマルリサイクル・イ
(3) マテリアルリサイクル・ア

解説▶

2 陽イオン交換樹脂に導入されるスルホ基は強酸性を示すため，水の中では完全電離する。ここで電離した H^+ と水溶液中の Na^+ は自由に拡散し，次の反応が生じる。

$$R-SO_3H + NaCl \rightleftharpoons R-SO_3Na + HCl \quad\cdots\cdots①$$

可逆反応であり，一度では完全に交換してしまうことは難しいため，長い筒状の容器（カラム）を用いて効率よく反応させている。

また，イオン交換は可逆反応であるので H^+ を多く含む溶液（強酸）を流し込むと，①の平衡において，ルシャトリエの原理によってイオン交換樹脂が再生する方向に平衡が移動する。このようにして使用後のイオン交換樹脂は再生される。

STEP ② 標準問題　　　　p.122～123

1 (1) A：化学　B：植物　C：動物
D：セルロース　E：グルコース
F：セリシン　G：フィブロイン
H：ケラチン　I：ナイロン66
J：アミド　K：アクリル　L：羊毛
M：炭素

(2) アミド結合の部分で分子間水素結合を形成し，分子が平行に配列した結晶状態をつくることができるため。

(3) 名称：共重合，　特性：難燃性

2 (1) 5.2×10^2　(2) CO_2：91 g，H_2O：19 g
(3) 55%

3 (1) 試料溶液が流れていく間に多くのイオン交換樹脂と接触できるため。

(2) $2R-SO_3H + CuSO_4$
$$\longrightarrow (R-SO_3)_2Cu + H_2SO_4$$

(3) 8

(4) 塩酸などの強酸の水溶液で洗う。

4 (1) ポリビニルアルコール

(2) 174　(3) 7.4×10⁴ → 7.4×10^4

解説

2 (1) くり返し単位1つ分の式量は116であるから、重合度を n とすると、

$$60000 = 116 \times n \;\Rightarrow\; n = 517.2\cdots$$
$$\fallingdotseq 5.2\times10^2$$

(2) 二酸化炭素と水に分解するので、次の化学反応式が書ける。

$$\left[\begin{array}{c}\text{HO}-\text{C}=\text{O}\\ \text{CH}_2\;\;\text{O}\\ \text{O}-\text{CH}\end{array}\right]_n +3n\text{O}_2 \longrightarrow 4n\text{CO}_2 + 2n\text{H}_2\text{O}$$

「CO₂について」

$$\underset{\substack{\text{ポリリンゴ}\\\text{酸の物質量}=1:4n}}{\frac{60.0\ \text{g}}{116n}} \times \underset{\text{ポリリンゴ酸}:\text{CO}_2}{4n} \times 44 = 91.0\cdots \fallingdotseq 91\ \text{g}$$

「H₂Oについて」

$$\underset{\substack{\text{ポリリンゴ}\\\text{酸の物質量}=1:2n}}{\frac{60.0\ \text{g}}{116n}} \times \underset{\text{ポリリンゴ酸}:\text{H}_2\text{O}}{2n} \times 18 = 18.6\cdots \fallingdotseq 19\ \text{g}$$

(3) 1つのカルボキシ基がアラニンと反応すると、

$$\left|\text{HO}-\text{C}=\text{O}\right| \quad \boxed{\text{HOOC}-\text{CH}-\text{CH}_3}$$
$$\begin{array}{c}\text{CH}_2\;\;\text{O}\\ -\text{O}-\text{CH}-\text{C}-\end{array} \longrightarrow \begin{array}{c}\boxed{\text{NH}-\text{C}=\text{O}}\\ \text{CH}_2\;\;\text{O}\\ -\text{O}-\text{CH}-\text{C}-\end{array}$$

というようになり分子量は71増加する。本問では分子量が $80000-60000=20000$ 増加しているので、

$$\frac{20000}{71} = 281.6\cdots \fallingdotseq 282\ \text{個}$$

のカルボキシ基が反応したことになる。1分子に含まれるリンゴ酸の構成単位の数(つまり重合度)は(1)より517であるから、

$$\frac{282}{517} \times 100 = 54.5\cdots \fallingdotseq 55\%$$

3 (3)(2)の反応式より、流出液には H_2SO_4 が含まれており、その物質量は NaOH 水溶液との中和滴定によって、

$$\underset{\substack{\text{NaOH}\\\text{物質量}\quad= 2 : 1}}{0.20\ \text{mol/L} \times \frac{5.0}{1000}\ \text{L} \times \frac{1}{2}} = 5.0\times10^{-4}\ \text{mol}$$

と求められる。これより(2)の反応式の量的関係を用いて、$CuSO_4$ の物質量を求めると、

$$\underset{\substack{\text{H}_2\text{SO}_4\text{ の}\quad\quad\quad\text{CuSO}_4:\text{H}_2\text{SO}_4\\\text{物質量}\quad\quad\quad=\quad1\quad:\quad1}}{\frac{5.0\times10^{-4}\ \text{mol}}{} \times 1} = 5.0\times10^{-4}\ \text{mol}$$

であることがわかる。よって、硫酸銅(Ⅱ)・n 水和物について、

$$\underset{\substack{\text{CuSO}_4\quad n\text{H}_2\text{O}}}{\frac{0.1518\ \text{g}}{159.6 + 18n}} = 5.0\times10^{-4}\ \text{mol} \;\Rightarrow\; n = 8$$

4 (3) ポリビニルアルコールの繰り返し単位中のヒドロキシ基の数は、

$$\frac{2.2\times10^4}{44.0} = 500\ \text{個}$$

求める高分子化合物の分子量は、次の通りである。

$$500 \times \frac{80}{100} \times 174 + 500 \times \frac{100-80}{100} \times 44.0 = 7.4\times10^4$$

STEP ③ チャレンジ例題 5 p.124～125

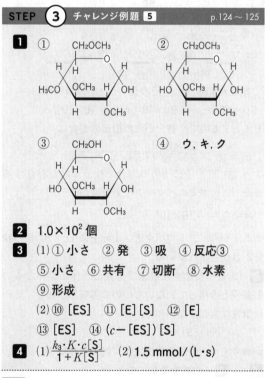

1 ①②③④

2 1.0×10^2 個

3 (1)① 小さ　② 発　③ 吸　④ 反応③
⑤ 小さ　⑥ 共有　⑦ 切断　⑧ 水素
⑨ 形成

(2)⑩ [ES]　⑪ [E][S]　⑫ [E]
⑬ [ES]　⑭ $(c-[\text{ES}])[\text{S}]$

4 (1) $\dfrac{k_3 \cdot K \cdot c[\text{S}]}{1+K[\text{S}]}$　(2) 1.5 mmol/(L·s)

解説

1 アミロペクチンの中には次の4種類のグルコース単位が含まれ、それぞれグリコシド結合は、次の図のようにまとまる。

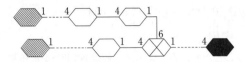

○印は1つ1つがグルコースの構成単位を示し、数字はグリコシド結合を形成している炭素の番号である。

凡例

⬡(斜線) 左末端…正確には非還元末端という。

⊠ 枝分かれの根元

⬡(黒) 右末端…正確には還元末端という。このグルコースの1位の炭素のOCH₃は加水分解され、OHに戻る。

⬡ その他

2 加水分解生成物は**1**より分子量の大きいほうから、

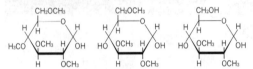

非還元末端　　　その他　　　枝分かれの根元

$5.0×10^{-4}$ mol　$9.0×10^{-3}$ mol　$5.0×10^{-4}$ mol

とまとまるので、枝分かれの根元の割合は、

$$\frac{5.0×10^{-4}}{9.0×10^{-3}+5.0×10^{-4}+5.0×10^{-4}}=\frac{1}{20}$$ となる。

よって、20分子に1個の割合で枝分かれが存在する。また、このアミロペクチンは重合度が、

$$\frac{3.24×10^5}{162}=2.0×10^3$$

であるから、アミロペクチン1分子に$1.0×10^2$個の枝分かれが含まれている。

3 (2)最初に加えた酵素は基質と合体しているものと基質と合体していないものの2種類しかなく、その合計量は変化しないので、

$$c=[ES]+[E]$$

が成り立つ。これを平衡定数に代入すればよい。

4 (1)**3** (2)の式を変形すると、

$$[ES]=\frac{K・c[S]}{1+K[S]}$$

が得られる。これを$v_3=k_3[ES]$に代入して、

$$v_3=\frac{k_3・K・c[S]}{1+K[S]}$$

(2)[S]が大きくなると[ES]が大きくなると本文にあるので、結果としてv_3は大きくなることが予想される。しかし、問題はv_3の最大が存在するといっているので[S]→∞としたときに、v_3が何らかの値に収束していくことが考えられる。

$$v_3=\frac{k_3・K・c}{\dfrac{1}{[S]}+K}$$

と変形でき、[S]→∞のとき$\dfrac{1}{[S]}→0$となるので、

$$v_3=\frac{k_3・K・c}{K}=k_3・c$$

に収束する。よって、$v_3=1.5$ mmol・L^{-1}・s^{-1}

STEP ③ チャレンジ問題 5 p126〜128

1 (1) A：H_2N-CH_2-COOH

B：$H_2N-\overset{*}{C}H-COOH$
　　　　　　$|$
　　　　　CH_2-COOH

(2)① 記号：b
構造式：$H_3N^+-CH_2-COO^-$
② 記号：c　構造式：$H_2N-CH_2-COO^-$

(3)① 記号：f
構造式：$H_3N^+-CH-COO^-$
　　　　　　　　$|$
　　　　　　CH_2-COO^-
② 記号：g　構造式：$H_2N-CH-COO^-$
　　　　　　　　　　　　$|$
　　　　　　　　　　CH_2-COO^-

(4) $\dfrac{[b]}{[a]}=4\left(\dfrac{[a]}{[b]}=0.25\right)$

2 (1)① X－Y－X－Y, Y－X－X－Y
② X－Y－Y－X, Y－Y－X－X
(2)Y, X－Y, X　(3)①と③, ②と⑥
(4)水酸化ナトリウムを加えて加熱し、冷却後に酢酸鉛(Ⅱ)水溶液を加えたときに黒い沈殿を生じたほうが⑥を含む。

3 (1)1つの不斉炭素原子を含み、1対の鏡像異性体が存在する。(27字)
(2)$H_3N^+CH(CH_3)COOH$
(3) A：グルコース, 乳酸　B：アラニン
C：グルコース　D：乳酸
(4)酸性水溶液中で陽イオンになっていない糖やヒドロキシ酸は樹脂に吸着しないため。吸着されたアミノ酸は希塩酸中の水素イオンと交換されるため。(67字)
(5)銀鏡反応, フェーリング反応

解説

1 (1)元素分析により各アミノ酸の構造を決定していく。Aについて、各元素の含有量は、

C：178 mg$×\dfrac{12}{44}≒48.5$ mg

H：89 mg$×\dfrac{2.0}{18}≒9.89$ mg

N：28 mg

O：151 mg$-(48.5+9.89+28)=64.61$ mg

よって、物質量比は、

$$C:H:O:N=\frac{48.5}{12}:\frac{9.89}{1.0}:\frac{64.61}{16}:\frac{28}{14}$$
$$\fallingdotseq 2:5:2:1$$

∴組成式は $C_2H_5O_2N$ である。また，分子量について，
$$(C_2H_5O_2N)_n=75 \qquad \therefore n=1$$

となるので，分子式も $C_2H_5O_2N$ である。アミノ酸であるから COOH と NH_2 の2つの官能基を含んでいることを考慮すると，A は H_2N-CH_2-COOH で表されるグリシンであることが決まる。

B について，各元素の含有量は，

$$C : 528\,mg \times \frac{12}{44}=144\,mg$$

$$H : 183\,mg \times \frac{2.0}{18}\fallingdotseq 20.3\,mg$$

$$N : 41\,mg$$

$$O : 397-(144+20.3+41)=191.7\,mg$$

よって，物質量比は，

$$C:H:O:N=\frac{144}{12}:\frac{20.3}{1.0}:\frac{191.7}{16}:\frac{41}{14}$$
$$\fallingdotseq 4:7:4:1$$

∴組成式は $C_4H_7O_4N$ である。また，分子量について，
$$(C_4H_7O_4N)_n=133 \qquad \therefore n=1$$

となるので，分子式も $C_4H_7O_4N$ である。アミノ酸であることと，水溶液のpHが2.96と酸性を示していることから，B は $C_2H_3(COOH)_2NH_2$ となることが決まる。天然に存在すると書かれているので，α-アミノ酸であると判断し，次の構造が決まる。

$$\begin{array}{c} CH_2-COOH \\ | \\ H_2N-C-COOH \\ | \\ H \end{array}$$

(2)アミノ酸 A の電離平衡について，a，b，c の構造を明らかにしてまとめなおすと，

$$\underset{a}{H_3N^+-CH_2-COOH} \underset{+H^+}{\overset{-H^+}{\rightleftharpoons}} \underset{b}{H_3N^+-CH_2-COO^-} \underset{+H^+}{\overset{-H^+}{\rightleftharpoons}} \underset{c}{H_2N-CH_2-COO^-}$$

アミノ酸 A は水溶液にすると pH=6.00 であることから，等電点が6.00であることがわかる。①においては pH=4.00～8.00 と幅があるが，6.00近辺であると考えれば最も多いのは，b である。また，②については pH=11.0 であるから，塩基性下であることがわかり，b から H^+ が奪われた c が該当する。

(3)定量的に評価しないと難しくなる。K_{a3}～K_{a5} を[d]～[g]ならびに[H^+]を用いて表すと，

$$K_{a3}=\frac{[e][H^+]}{[d]} \Rightarrow \frac{[e]}{[d]}=\frac{K_{a3}}{[H^+]} \qquad \cdots(\text{I})$$

$$K_{a4}=\frac{[f][H^+]}{[e]} \Rightarrow \frac{[f]}{[e]}=\frac{K_{a4}}{[H^+]} \qquad \cdots(\text{II})$$

$$K_{a5}=\frac{[g][H^+]}{[f]} \Rightarrow \frac{[g]}{[f]}=\frac{K_{a5}}{[H^+]} \qquad \cdots(\text{III})$$

となる。①については pH=8.00 と読み取り，[H^+]=1.0×10^{-8} mol/L を(I)～(III)に代入すると，

$$\frac{[e]}{[d]}=10^{6.12} \Rightarrow [e]=[d]\times10^{6.12}$$

$$\frac{[f]}{[e]}=10^{4.35} \Rightarrow [f]=[e]\times10^{4.35}$$
$$=[d]\times10^{10.47}$$

$$\frac{[g]}{[f]}=10^{-1.6} \quad [g]=[f]\times10^{-1.6}$$
$$=[d]\times10^{8.87}$$

となり，[f]が最大であることがわかる。また，②については pH=11.0 と読み取って[H^+]=1.0×10^{-11} mol/L を(I)～(III)に代入すればよい。計算により[g]が最大であることがわかる。

なお，アミノ酸 B の電離は次のようになる。

$$\begin{array}{c} d \\ \overset{H}{\underset{CH_2-COOH}{H_3N^+-C-COOH}} \end{array}$$

$$\underset{+H^+}{\overset{-H^+ \quad e}{\rightleftharpoons}} \begin{array}{c} \overset{H}{\underset{CH_2-COOH}{H_3N^+-C-COO^-}} \end{array} \quad \underset{\text{側鎖より}}{\underset{\text{先に電離}}{\longleftarrow}}$$

$$\underset{+H^+}{\overset{-H^+ \quad f}{\rightleftharpoons}} \begin{array}{c} \overset{H}{\underset{CH_2-COO^-}{H_3N^+-C-COO^-}} \end{array}$$

$$\underset{+H^+}{\overset{-H^+ \quad g}{\rightleftharpoons}} \begin{array}{c} \overset{H}{\underset{CH_2-COO^-}{H_2N-C-COO^-}} \end{array}$$

(4) $\dfrac{[b]}{[a]}=\dfrac{K_{a1}}{[H^+]}=\dfrac{10^{-2.34}}{10^{-2.94}}=10^{0.6}$

$\dfrac{[c]}{[b]}=\dfrac{K_{a2}}{[H^+]}=\dfrac{10^{-9.60}}{10^{-2.94}}=10^{-6.66}$

つまり[c]≪[b]と考えることができるので存在していると考えられるイオンは a，b であり，その濃度比は，

$$\frac{[b]}{[a]}=10^{0.6}=(10^{0.30})^2=2^2=4 \text{ 倍}$$

2 (1)① 遊離のアミノ酸 Y を生じるためには次のような構造になっていることが条件となる。

$$\overset{\text{ここが切断される。}}{\overbrace{\quad}}$$
$$\blacklozenge-\blacklozenge-X\,|\,Y$$
$$\underset{\text{何らかのアミノ酸}}{\Uparrow\quad\Uparrow}$$

テトラペプチドには X，Y がそれぞれ2分子ずつ含まれているので，左2つの何らかのアミノ酸の部分には X，Y それぞれ1分子ずつが入る。

②トリペプチドを生じるためには次のような構造になっていることが条件となる。

条件（I）

切断箇所

いずれも切断してはいけない。

X－Y－Y－◆　何らかのアミノ酸

トリペプチドになる。

条件（II）

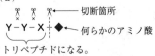

切断箇所

Y－Y－X－◆　何らかのアミノ酸

トリペプチドになる。

いずれの条件においても，Yを2分子とも含んでしまっているため，何らかのアミノ酸の部分にはXのみがあてはまる。

(2) 酵素Zによって加水分解して，1種類の成分しか含まれていなかったということから，次のようなことが考えられる。

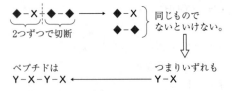

◆－X◆－◆ ── ◆－X
　　　　　　　　◆－◆

2つずつで切断

同じものでないといけない。

ペプチドは
Y－X－Y－X ← つまりいずれも Y－X

(3) 本問の調査対象はX－Yというジペプチドである。キサントプロテイン反応もビウレット反応も示さないことから，④は否定される。不斉炭素原子については各側鎖の構造によって次のように個数が変わる。

① 0個
② 1個
③ 2個(左図)
④ 1個
⑤ 1個
⑥ 1個

CH₃
|
CH₂
|
*
CH－CH₃
|
*
H₂N－CH－COOH

不斉炭素原子が分子内に2個ということから，

ケースI　②，⑤，⑥のうちから2つ
ケースII　①，③の組み合わせ

という2つのケースが考えられる。pH＝7付近で電気的に中性ということから⑤は入っていない。したがって，②－⑥の組み合わせと①－③の組み合わせであることがわかる。

(4) ⑥に硫黄が含まれていることに注目する。

3 (2)～(4) まず，酸性溶液中における3種の有機化合物は次のような状態になっている。

アラニン　　H_3N^+－CH(CH₃)－COOH（陽イオン）
乳酸　　　　HO－CH(CH₃)－COOH（分子）
グルコース　$C_6H_{12}O_6$　　　　（分子）

よって，陽イオン交換樹脂に吸着されるのはアラニンのみであり，乳酸とグルコースはAに溶出する。この吸着されたアラニンは大量のH^+を含む溶液を流すことで樹脂から洗い出すことができ，アラニンはBに溶出する。酸で洗う手順は，本冊p.123 **3** では再生として学習しているが，物質の分離においても分離した物質を回収するための重要な手順である。なお，アラニンの電荷を負にかえて溶出させるほうが回収はたやすいので，ふつうは塩基性溶液を流す。

次にAを塩基性溶液にしたものの中に含まれている2種の有機化合物は次の状態になっている。

乳酸　　　　$HO－CH(CH_3)－COO^-$　　（陰イオン）
グルコース　$C_6H_{12}O_6$　　　　（分子）

よって，陰イオン交換樹脂に吸着されるのは乳酸であり，グルコースはCに溶出する。この吸着された乳酸は水酸化ナトリウム水溶液中の水酸化物イオンと交換され，Dに溶出する。